mare

Laura Trethewey

BIS ZUM GRUND DER WELT

Das abenteuerliche Rennen
um die Kartierung des Meeresbodens

Aus dem amerikanischen Englisch
von Rudolf Mast

mare

Für meine Mutter, deren Liebe tiefer ist
als der Marianengraben

INHALT

VORWORT

Ein Hydrograf erzählte mir einst, wie seine Einstellung zur Vermessung des Meeresbodens von einem Schwamm ins Wanken gebracht wurde – keinem gewöhnlichen Haushaltsschwamm, sondern einem sonderbaren Tiefseeschwamm, der zu den ältesten Lebensformen auf der Erde zählt.

Der Mann arbeitet auf einem Forschungsschiff namens *Nautilus* und verbringt seine Tage damit, den Meeresboden zu erkunden. Heute ist etwa ein Viertel des Meeresbodens kartiert, weniger als ein Prozent ist mit ferngesteuerten Unterwasserfahrzeugen, kurz ROV, erkundet worden, wie sie sich auch an Bord der *Nautilus* finden. Ein solcher Tauchroboter ist so groß wie ein Auto und mit Sensoren, Scheinwerfern und Videokameras ausgerüstet. Letzteren verdankt Renato Kane seine erste Begegnung mit dem Schwamm, die sein Denken umkrempeln sollte.

Kane arbeitet seit mehr als zehn Jahren auf der *Nautilus*, und in dieser Zeit hat er viele Tauchgänge erlebt, bei denen der Tauchroboter über den Meeresgrund gestrichen ist, Sedimente aufgelesen, neue Arten entdeckt, befremdliche tierische Verhaltensformen beobachtet, schillernde hydrothermale Quellen passiert und in Großaufnahme Bilder von Lebewesen geliefert hat, die sich in Tiefseekorallen verbergen. Kane kann von Glück sagen, dass er diesen Job hat, und dessen ist er sich sehr wohl bewusst, aber nach einer gewissen Zeit wird jede Aufgabe zur Gewohnheit. Von Zeit zu Zeit aber wird die Routine durchbrochen, weil etwas der Erkundung des Meeresbodens einen tieferen Sinn verleiht. So wie jener Schwamm, den er auf dem Grund des Pazifischen Ozeans gesehen hat.

Der grauweiße Schwamm, der an diesem Tag vor der Kamera des Tauchroboters der *Nautilus* erschien, war riesig, gut und gern so groß wie das ROV selbst. Und er musste Hunderte Jahre alt sein, vermutete Kane, vielleicht sogar tausend. Tiefseeschwämme wachsen extrem langsam. Der *Monorhaphis chuni* wird bis zu elftausend Jahre alt und treibt dornenartige Skelettnadeln aus, die bis zu zwei Meter lang werden. Was es mit dieser enorm langen Lebensdauer auf sich hat, ist noch nicht geklärt, aber weil viele Lebewesen der Tiefsee ein hohes Alter erreichen, wird vermutet, dass es mit den Lebensbedingungen auf dem Meeresgrund zu tun hat, die von Dunkelheit, Kälte und Mangel bestimmt sind. Und dieses unbegreiflich lange Leben des Schwamms sah Kane plötzlich an sich vorbeiziehen. Das Tier, das meist für eine Pflanze gehalten wird, hatte über Jahrhunderte an einem Fleck gesessen, während Kriege wüteten, Pandemien und Propheten kamen und gingen, Weltreiche entstanden und untergingen, hatte an der Stelle ausgeharrt, Tausende Meter unter der Meeresoberfläche, und sein ganzes Leben lang nichts als dunkles, kaltes, unbewegtes Wasser kennengelernt. In der Abgeschiedenheit unter der kilometerdicken Wassersäule des Ozeans verläuft das Leben eines Tiefseeschwamms, vergleicht man es mit dem eines Menschen, unvorstellbar gleichförmig. Er lebt in vollständiger Dunkelheit, Druck und Temperatur sind konstant, eine Strömung ist in diesen Tiefen kaum zu spüren – bis eines Tages eine große, hell blinkende Maschine aus der Dunkelheit auftaucht, ihn anglotzt, weiterzieht und den Schwamm zurücklässt, der im Kielwasser des Roboters leicht schwankt. In dieser kurzen Begegnung übernimmt der Mensch die Rolle des Außerirdischen, der eine andere Welt besucht, ohne die Erde zu verlassen.

Nachdem er den Schwamm passiert hatte, setzte der Tauchroboter seine Arbeit unbeirrt fort. Kane konnte das nicht. Der Gedanke an diesen einzigartigen Moment ließ ihn nicht los. Die Tiefseeforscherin Sylvia Earle beschreibt es so: »Wenn man an einer beliebigen Position einen Stein in den Ozean wirft, wird er mit großer Wahrscheinlichkeit an einer Stelle landen, an der noch kein Mensch war.«[1]

Dieser Tauchgang, mehr noch alle Tauchgänge, die Kane über die Jahre auf der *Nautilus* miterlebt hatte, begannen schwer auf ihm zu lasten. Zwar werden sie alle aufgezeichnet und archiviert, aber das Schiff würde nie wieder an die entsprechenden Stellen zurückkehren. »Das, was du in diesem Moment siehst, wird nie wieder jemand sehen«, so erklärt Kane mir später.

Wir saßen im Datenraum der *Nautilus*, die entlang der Küste von Kalifornien Richtung Norden fuhr. Die Bullaugen an den Wänden erinnerten an Waschmaschinen im Spülgang. Brodelnde Wellen schlugen gegen das Glas und ließen erahnen, wie stürmisch das Wetter draußen war. Der Raum selbst wurde von Bildschirmen dominiert: Computermonitore vor einem halben Dutzend Rechner und Videomonitore, die eine ganze Wand bedeckten. Auf jedem von ihnen trafen in Echtzeit Daten aus der Wasserwelt draußen ein: neue Karten vom Meeresgrund, neue Erkenntnisse und Datensätze, die auszuwerten und zu verstehen die Fachleute Jahre kosten würde. Die Erkundung des Ozeans ist einer jener heute selten gewordenen Bereiche der Wissenschaft, in denen bahnbrechende Erkenntnisse meist zufällig gewonnen werden. Darin liegt die Last, aber auch die Lust daran, Meeresforschung zu betreiben: Was auch immer einen in der Tiefsee erwartet, könnte etwas Neues sein.

Und noch harrt so viel Neues der Entdeckung.

»Über die Oberfläche des Mondes wissen wir mehr als über den Grund des Ozeans.« Dieser oder ein ähnlich formulierter Satz steht in nahezu jedem Artikel, den man heute über die Tiefsee lesen kann. Als Journalistin, deren Schwerpunkt der Ozean ist und die deshalb sehr viel über Meeresthemen schreibt und liest, ist er mir so oft begegnet, dass ich das Zählen aufgegeben habe. Mitunter wird der Mond gegen den Mars oder einen anderen Himmelskörper ausgetauscht, aber meist wird die Behauptung wörtlich übernommen, ohne dass Gründe angeführt würden. Wann immer ich dem Satz begegne, frage ich mich daher, warum: Warum wissen wir so wenig über den Ozean? Und woran liegt es, dass wir andere Planeten besser kennen als unseren eigenen?

Wer sich wie ich mit dem zitierten Satz ein wenig länger befasst, wird feststellen, dass er sich weniger auf den Meeresboden selbst als vor allem auf dessen Vermessung bezieht – obwohl auch unser Wissen um die Tiefsee als Lebensraum und dessen Geschichte ausgesprochen dürftig ist, wenn man es damit vergleicht, was wir über das Leben an Land wissen. Die beste, weil umfassendste Karte, die wir vom Ozean haben, stammt aus Satellitendaten, und die Auflösung ist so gering, dass komplette unterseeische Berge fehlen. Die Topografie des Mondes, von Mars und Venus und anderen Himmelskörpern wird längst mit deutlich höherer Auflösung vermessen als der Meeresboden der Erde. Ein Ergebnis dieser Vernachlässigung ist, dass die Fläche des Meeresbodens, die es noch zu kartieren gilt, in etwa doppelt so groß ist wie die Fläche aller Kontinente zusammengenommen.

Im Jahr 2017 entstand in Zusammenarbeit der Vereinten Nationen und der privaten Nippon Foundation ein Projekt mit der Bezeichnung Seabed 2030, das sich zum Ziel gesetzt hat, bis zum namensgebenden Zeitpunkt eine vollständige Karte des Meeresbodens aller Ozeane zu erstellen. Unter der Leitung eines zusammengewürfelten Haufens von Hydrografen aus aller Welt nahm sich Seabed 2030 zum Ziel, Schiffe, die, vom Kreuzfahrtschiff bis zur Luxusjacht, ohnehin auf den Weltmeeren unterwegs sind, dazu anzuhalten, relevante Daten zu sammeln und zu übermitteln. Parallel sollten neue autonome Technologien genutzt werden, um den Meeresgrund mithilfe von Drohnen zu vermessen. Hinter allem steht die Hoffnung, an einem Wendepunkt in der Geschichte, an dem die Erde aufgrund des Klimawandels eine Reihe von miteinander zusammenhängenden Krisen durchlebt, dank Seabed 2030 eine Karte erstellen zu können, die uns dabei hilft, uns selbst und den Planeten zu bewahren. Dann müssten wir auch nie wieder lesen, dass wir den Mond besser kennen als den Ozean, und uns fragen, warum das so ist – denn endlich wäre die Karte vollständig.

Von der Vorstellung elektrisiert, heftete ich mich an die Fersen von Seabed 2030 und stellte sehr bald fest, dass es gute Gründe dafür gibt, dass der Meeresgrund noch nicht kartiert ist. Der erste und naheliegendste: Der Ozean ist riesig. Er bedeckt 71 Prozent der Erdoberfläche. Und doch ist es nicht leicht, Menschen, die auf den verbleibenden 29 Prozent leben, anschaulich zu machen, wie groß 71 Prozent tatsächlich sind. Sie sind unermesslich groß – so groß, dass es unseren Verstand übersteigt. Unser Planet besteht zum allergrößten Teil aus einem ebenen blauen Meer, und damit ist nur die Oberfläche beschrieben. Im Durchschnitt ist dieser Ozean vier Kilometer tief – also ungefähr zehnmal so tief, wie das Empire State Building in New York hoch ist.[2] Die fünf Ozeanbecken enthalten zusammen mehr als 1,3 Milliarden Kubikkilometer Salzwasser, die 99 Prozent des bewohnbaren Raums der Erde ausmachen. Auf diese Unterwasserwelt werden die meisten von uns nie auch nur einen Blick werfen.

Der Ozean ist aber auch, um es vorsichtig zu sagen, ein gnadenloses Arbeitsumfeld. Der Hydrograf, der den Meeresgrund vermessen will, sieht sich einer Vielzahl von Widersachern gegenüber. Zunächst einmal benötigt man ein mit Diesel betriebenes Vermessungsschiff, spezielle Fachkenntnisse und ein teures, für die Tiefsee geeignetes Echolot. Auf dem Meer muss man gegen Wind, Wasser, Wellen, Sonne und Salz ankämpfen, die der Ausrüstung zusetzen und das Personal auf eine harte Probe stellen. Derweil tut sich unter einem ein Paralleluniversum auf, in dem ewige Dunkelheit, eisige Kälte und ein Druck herrschen, der Knochen brechen lässt. In meiner Zeit an Bord der *Nautilus* beispielsweise war das Wetter so schlecht, dass wir gerade mal ein Gebiet von der Größe Rhode Islands kartieren konnten, bevor wir umdrehen mussten. In Regionen wie dem riesigen, weitgehend unkartierten Südlichen Ozean rund um die Antarktis bekommt man es regelmäßig mit Wellen zu tun, die so hoch sind wie Wolkenkratzer.

All das macht die Vermessung des Meeresbodens zu einem sehr, sehr teuren Unterfangen. Seabed 2030 veranschlagt die Kosten für das selbstgesteckte Ziel auf drei bis fünf Milliarden Dollar. (Zum Vergleich: Die Marsmission, die 2020 begann und mit der Landung des Rovers *Perseverance* auf dem Roten Planeten endete, verschlang in etwa dieselbe Summe.[3]) Je weiter sich Vermessungsschiffe der Küste nähern, desto komplexer wird das Kartieren – und desto komplizierter die Politik. Wer umstrittene Seegebiete kartieren will, betritt ein geopolitisches Minenfeld. Auch wenn Seabed 2030 ausschließlich wissenschaftliche Ziele verfolgt, empfinden viele Staaten das Eindringen in ihr Hoheitsgebiet als Verletzung ihrer Souveränität oder, anders formuliert, als Spionage. Zu den Hindernissen gehören auch Konflikte mit dem Naturschutz. Die Vermessung des Meeresbodens erfolgt in den meisten Fällen mit hochmodernen Fächer- oder Multibeam-Echoloten. Von der Handelsschifffahrt über Marineübungen bis hin zur Suche nach und der Erschließung von Öl- und Gasquellen – der zunehmend industrialisierte Ozean ist ein akustischer Albtraum für Wale und andere Meerestiere, die ein extrem empfindliches Gehör haben, von dem letztlich ihr Überleben abhängt. Sollen wir dem Lärm, der schon jetzt in unseren Meeren herrscht, wirklich weiteren hinzufügen?

In diese Fragen tauchte ich während einer Reise auf der *Nautilus* ein, die der Kartierung diente. Ich sprach mit Dutzenden Hydrografen aus aller Welt. Ich besuchte Konferenzen, Vorlesungen und internationale Treffen, auf denen neue Namen für Berge und Täler vergeben wurden, die kurz zuvor gefunden worden waren. Ich flog in ein abgelegenes arktisches Dorf, um zu beobachten, wie Inuit unkartierte Küstenlinien erfassen. Ich tauchte im Golf von Mexiko und lernte Karten des Meeresbodens kennen, die Archäologen auf die Spur von Überresten der frühen Menschheitsgeschichte führten. Ich lief in der Nähe von San Francisco durch einen Flugzeughangar voller Drohnen zur Vermessung des Meeresbodens.

Die Geschichte der Kartierung wirft eine weitere beunruhigende Frage auf. Was passiert, wenn Seabed 2030 ein Erfolg wird? Aus der Geschichte des Kolonialismus wissen wir nur zu genau, dass eine Karte kein neutrales Hilfsmittel ist. Oder wie der Journalist Stephen Hall einst schrieb: »Eine Karte ist stets die Ankündigung einer Form der Ausbeutung.« Dieser Satz folgte mir bis Jamaika, wo ich Zeugin wurde, wie die Regierungen der Welt Regeln und Bestimmungen für den Rohstoffabbau am Meeresgrund diskutierten. Die umfassende Industrialisierung des Planeten hat nun auch das letzte bislang verschonte Ökosystem der Erde in den Blick genommen – ebnen die Karten den Weg dorthin?

Einer Wahrheit bin ich mir sehr deutlich bewusst geworden, während ich neben Renato Kane auf der *Nautilus* saß: Wir sind heute in der Lage, den kompletten Ozean zu vermessen. Mehr noch: Die Geräte und die Technologie stehen uns schon seit Jahrzehnten zur Verfügung. Warum haben wir es nicht getan? Diese Frage führt zurück zu dem Satz, der am Anfang meiner Entdeckungsreise stand: Wir kennen die Oberfläche des Mondes besser als den Grund des Ozeans. Es ist ein Klischee, und doch klingt es in einer Zeit, in der eine neue Phase der Erforschung des Weltalls ansteht, besonders glaubhaft. Die NASA hat zig Milliarden Dollar in das Artemis-Programm gesteckt, um Astronauten auf den Mond und nach

Möglichkeit auch auf den Mars zu bringen.[4] Unterdessen droht eine unentdeckte Welt unter Wasser in Vergessenheit zu geraten.

Kapitel 1

EXPEDITION IN DIE TIEFE

1.

Es war die sonderbarste Stellenbeschreibung, die Cassie Bongiovanni je gelesen hatte, und in letzter Zeit hatte sie wahrlich viele gelesen. Die begabte, fünfundzwanzig Jahre alte Studentin der Hydrografie an der Universität von New Hampshire stand wenige Wochen vor ihrem Masterabschluss und sondierte auf der Suche nach ihrer ersten Anstellung den Markt. Ihr kam es vor, als führten sämtliche Kommilitonen, die mit ihr am Zentrum für Küsten- und Tiefseekartierung (CCOM) studierten, ständig Bewerbungsgespräche, wenn sie nicht schon einen Arbeitsvertrag in der Tasche hatten.

»Offen gestanden bekam ich Panik«, so Cassies Erinnerung. »Das Studium ist so hoch angesehen, dass nahezu jeder, der es erfolgreich abschließt, im Handumdrehen einen Job findet. Ich wollte nicht diejenige sein, der das nicht gelingt.«

Dann traf eine E-Mail in ihrem Postfach ein, weitergeleitet vom Freund einer Freundin, der in der NOAA arbeitete, der nationalen Wetter- und Ozeanografiebehörde der USA. Gesucht wurden »qualifizierte Personen«, die, wie es etwas kryptisch hieß, bereit wären, für 110 Tage an Bord eines Schiffes zu gehen und mithilfe eines Sonarsystems Vermessungen vorzunehmen. Um welches System es sich handelte, ging daraus ebenso wenig hervor wie die Region, in der die Vermessungen stattfinden, oder welchem Zweck die so entstehenden Karten dienen sollten. Aber die Mail erreichte Cassie Bongiovanni in einem Moment, in dem ihr die Angst vor der Zukunft nicht allzu viel Wahl ließ.

Das war im Herbst 2018, zu einer Zeit also, in der an Jobs in der »Meereswirtschaft« kein Mangel herrschen sollte, nachdem die Organisation für wirtschaftliche Zusammenarbeit und Entwicklung (OECD) für den Wirtschaftsraum Meer eine Phase beispiellosen Wachstums und entsprechender Investitionen vorausgesagt hatte.[1] Der wirtschaftliche Ertrag, den die Ozeane abwerfen, würde sich von 1,5 Billionen Dollar im Jahr 2010 auf mehr als drei Billionen Dollar im Jahr 2030 verdoppeln. Dieses Wachstum würden nicht allein die traditionellen Akteure generieren, die auf den Weltmeeren aktiv sind – die Schifffahrt, die Fischerei sowie die Förderung von Öl und Gas –, sondern auch neue Mitspieler wie Windkraft, Aquakultur, maritime Biotechnologie und Rohstoffabbau. Diese Neueinsteiger brachten viel Geld und große Träume mit. Und fast alle waren auf Fachleute wie Cassie Bongiovanni angewiesen.

Nicht nur die Wirtschaft zeigte vermehrtes Interesse am Meer. Nach Jahren schwindender öffentlicher Investitionen und niederschmetternder Berichte über den Zustand der Meere hatte für die Meeresforschung unvermittelt ein Goldenes Zeitalter begonnen. In den späten Nullerjahren und zu Beginn des neuen Jahrzehnts hatten einige prominente philanthropische Milliardäre entsprechende Forschungseinrichtungen gegründet und hochmoderne Schiffe bauen lassen. Ray Dalio, der Chef von Bridgewater Associates, des größten Hedgefonds der Welt, gründete in dieser Zeit OceanX, eine Meeresforschungseinrichtung mit angeschlossener Medienproduktion. Eric Schmidt, früher Chef von Google, und seine Frau Wendy hoben das Schmidt Ocean Institute aus der Taufe und erwarben ein Schiff, das sie *Falkor* nannten. Für den Namen stand der Glücksdrache aus der englischen Ausgabe von *Die unendliche Geschichte* Pate. Paul Allen, Mitbegründer von Microsoft, und Marc

Benioff, Chef der Firma Salesforce, stifteten an mehreren Universitäten der Westküste Studiengänge für Meeresforschung. Die reichsten Menschen der Welt steckten plötzlich Unsummen in die Erforschung des Ozeans.

Auch die internationale Gemeinschaft blieb nicht untätig. Im Jahr 2017 erklärte die Vollversammlung der Vereinten Nationen den Zeitraum von 2021 bis 2030 zur Dekade der Ozeanforschung für nachhaltige Entwicklung. Noch im selben Jahr wurde Seabed 2030 mit dem Ziel gegründet, bis zum Ende des folgenden Jahrzehnts sämtliche Weltmeere zu vermessen – ein ambitioniertes Vorhaben, das die Menschheit seit mehr als viertausend Jahren vor sich herschiebt. Nun kündigte Seabed 2030 an, es in nur dreizehn Jahren zum Abschluss zu bringen.

Als Cassie Bongiovanni ihrem Abschluss als Hydrografin an einer der wichtigsten Universitäten des Landes entgegensah, hatten also Regierungen, Ökonomen und illustre Milliardäre gleichermaßen den Ozean für sich entdeckt. In dem entstehenden Wirtschaftszweig sollte sich eine Anstellung für sie finden. Es gab ein paar Kontakte, ein paar Telefonate, sogar einige Gespräche, die recht verheißungsvoll verliefen und doch zu nichts Greifbarem führten. Mit ihrem Studium hatte sie 2016, also zwei Jahre zuvor, begonnen. Damals wurde der Anteil des kartierten Meeresbodens auf etwa fünfzehn Prozent geschätzt. Es gab also noch alle Hände voll zu tun. Nun musste sich nur jemand finden, der ihr eine Chance gab.

Die besagten fünfzehn Prozent kartierten Meeresbodens befinden sich in der Hauptsache in Küstennähe. Nationale Regierungen sind aufgrund internationaler Abkommen dazu verpflichtet, ihre Hoheitsgewässer zu vermessen. In internationalen Gewässern hingegen ist die Kartierung überaus lückenhaft. Auf den detailliertesten Karten, über die Seabed 2030 verfügt, sind die Kontinente durch dünne Vermessungslinien verbunden, die ein Schlaglicht auf winzige Flecken des Meeresbodens werfen, während der große Rest in Dunkelheit versinkt. Die Linien entsprechen in der Regel den Routen der Handelsschifffahrt, auf denen gut 95 Prozent des internationalen Warentransports abgewickelt werden, oder sie zeigen an, wo die großen Unterseekabel verlaufen, die gut neunzig Prozent der weltweiten Datenübertragung übernehmen.[2] In manchen Regionen, so im Golf von Mexiko vor der Küste von Louisiana oder in der Großen Syrte vor Libyen, ist der Meeresgrund gründlich vermessen, weil unter dem urzeitlichen Schlick fossile Brennstoffe lagern. Doch über dem Großteil des internationalen Meeresbodens liegt ein Schleier der Dunkelheit. Darunter verbirgt sich das letzte große Rätsel dieser Welt.

Beim Blick auf die E-Mail und deren sonderbare Suche nach Hydrografen spürte Cassie, wie die ungewisse Zukunft auf ihr lastete. In nur wenigen Wochen würde sie ihre Masterarbeit verteidigen. Anschließend wäre sie in rascher Folge damit konfrontiert, dass ihr Studium und damit auch die studentische Krankenversicherung beendet wäre, sie aus dem Wohnheim ausziehen und vermutlich bei ihren Eltern in Dallas unterkommen müsste, was sich wie eine Niederlage anfühlte. Was hatte sie denn zu verlieren? Sie verfasste eine Antwort, hängte ihren Lebenslauf an und drückte auf »Senden«.

Sich selbst beschreibt Cassie als schüchtern, ihre Stärken sieht sie im Planen und Organisieren. Sie hat große braune Augen, hohe Wangenknochen und ein gewinnendes Lächeln. Das lange braune Haar bindet sie meist zu einem Dutt oder einem französischen Zopf. Auf den ersten Blick mag sie zurückhaltend oder gar zugeknöpft wirken. Doch sehr bald erweist sich, dass ihr Sinn für Humor, ihr Einfühlungsvermögen und ihre Intelligenz gleichermaßen ausgeprägt sind. Und sie ist durch und durch das, was man einen Millennial nennt: Sie hält sich für »total verpeilt«, reißt Witze über Pokémon GO (die ich nicht verstehe) und überraschte mich einmal mit einer Anspielung auf den Film *Save the Last Dance* von 2001 mit Julia Stiles (damit konnte ich etwas anfangen).

»Und warum ich?«, fragte sie in ihrer charakteristischen zurückhaltenden Art, als ich den Kontakt zu ihr aufnahm. Wird mir diese Frage gestellt, weiß ich als Journalistin, dass ich auf eine Goldader gestoßen bin. Die Cassies dieser Welt interessieren mich besonders, die Menschen, die im Hintergrund wirken, im Verborgenen, die für ausgeschlossen halten, dass sie etwas Interessantes zu erzählen haben könnten. Tatsächlich erweisen sie sich meist als privilegierter Zugang zur Wahrheit.

Nun gelten jene Forscher und Abenteurer, die sich dem Ozean verschrieben haben, nicht gerade als Ausgeburt an Bescheidenheit. Und auch das nahm mich für Cassie Bongiovanni ein: Sie gibt nicht vor, die einzige rechtmäßige Erbin von Roald Amundsen zu sein, die darauf brennt, den Südpol zu erreichen, sie hält sich auch nicht für einen zeitgenössischen Kapitän Nemo.[3] Und sie zählt auch nicht zu jenem elitären Zirkel, dessen Mitglieder heute die Weltmeere erkunden, wie beispielsweise Ray Dalio und der Regisseur James Cameron, die ganze Teams hinter sich scharen, um ihrer Leidenschaft zu frönen. 2018 aber war sie im Begriff, etwas Außergewöhnliches zu tun, etwas, das in der langen und verwickelten Geschichte der Meeresforschung noch niemand getan hatte.

Wenn Cassie über die Vermessung des Meeresbodens spricht, darüber, wie es sich anfühlt, etwas zu sehen, was zuvor noch niemand gesehen hat, dann höre ich in ihrer Stimme jene Neugier, die für jede Form von Forschung unerlässlich ist.

Aufgewachsen in Dallas, weit weg von jedem Meer, dafür zwischen Förderpumpen, begann Cassie früh, sich für die Erde zu interessieren. So kam sie zu einem Bachelorabschluss in Geologie – im ölreichen Texas ein ziemlich normaler Werdegang, wie sie selbst meint. Im Sommer flüchtete die Familie aus der Stadt an die Küste. Meist ging es mit dem Auto Richtung Nordosten, um Verwandte in New Jersey zu besuchen. Dort war es auch, wo Cassie eine Eingebung hatte: Sie liebte das Meer durchaus, aber »mir war nicht bewusst, dass es außer Meeresbiologie irgendein Fachgebiet gab, das sich mit dem Ozean befasst«. Doch in der zweiten Hälfte ihres Bachelorstudiums nahm sie an einer Einführungsveranstaltung für Ozeanografie teil und erfuhr, dass sie sich auf die Geologie jenes Teils der Erde spezialisieren konnte, der unter Wasser lag. Je intensiver sie sich mit der Ozeanografie befasste und je mehr entsprechende Kurse sie belegte, desto klarer wurde ihr, dass die Vermessung des Meeresbodens eine Möglichkeit bot, ihre Liebe zum Meer und zur Erde zu kombinieren und daraus einen Beruf zu machen.

Noch am selben Tag, an dem sie ihre Bewerbung abgeschickt hatte, klingelte ihr Telefon. Ein Mann mit neuseeländischem Akzent stellte sich als Rob McCallum vor und legte mit den Worten los: »Ich würde Ihnen gern etwas über Five Deeps erzählen.«

2.

Während Cassie auf der Suche nach einem Job war, suchte Victor Vescovo nach der nächsten großen Herausforderung. Auch Victor stammt aus Dallas, und wie Cassie hat er italienische Wurzeln. Damit enden die Gemeinsamkeiten aber auch schon. Victor Vescovo hatte als Investor ein Vermögen gemacht und, wenn er nicht gerade für die U.S. Navy als Nachrichtenoffizier aktiv war, sein Geld dafür verwendet, sich als moderner Abenteurer zu betätigen. Er absolvierte erfolgreich den Explorers Grand Slam, wofür er die jeweils höchsten Berge aller Kontinente besteigen sowie per Ski den Nord- und den Südpol erreichen musste. Er besitzt einen Helikopter und ein Flugzeug sowie die entsprechenden Fluglizenzen. Anders, als man erwarten könnte, sieht er aber weder aus wie der adrenalingetriebene texanische Finanzmann, noch spricht er so. Er hat taubenblaue Augen, einen blassen, fast weißen Teint und langes, aschblondes Haar, das er zu einem Pferdeschwanz bindet. Seine Stimme klingt sanft und nachdenklich, aber wenn es um Militärgeschichte oder Science-Fiction geht, kann die Begeisterung schon mal mit ihm durchgehen. Er wirkt wie jemand, der sich in seinem Leben noch nie gelangweilt hat. Nun hatte er sich in den Kopf gesetzt, der erste Mensch zu werden, der die tiefsten Stellen aller fünf Weltmeere erreicht.

Die Idee reifte allmählich. Im Laufe der Nullerjahre – Victor diente einer Firma als Vorstandsvorsitzender und drei weiteren als Aufsichtsrat – hatte er begonnen, nach einem neuen Abenteuer Ausschau zu halten, dem er sich stellen könnte.[4] Für das Bergsteigen wurde er allmählich zu alt, aber der Hunger nach einer neuen Herausforderung war geblieben. Es musste nur etwas sein, wofür mehr Hirn als Muskeln nötig war. Über die Jahre hatte er aufmerksam die Rekordversuche des britischen Geschäftsmanns Richard Branson und dessen Versuch verfolgt, zu den tiefsten Stellen aller fünf Ozeane zu tauchen.

Nach einer Serie technischer Pannen sah sich Branson gegen Ende des Jahres 2014 gezwungen, die sogenannten Five Dives aufzugeben.[5] Zu den gravierenden Problemen, denen er sich gegenübersah, gehörte, dass die transparente Kuppel seines eigens entworfenen Tauchboots bei einer Simulation unter dem Druck, der einige Kilometer unter der Wasseroberfläche herrscht, nachgab. Ein platt gedrücktes Tauchboot könnte den Gedanken aufkommen lassen, dass es vielleicht keine gute Idee ist, zu den tiefsten Stellen der Welt zu tauchen. Victor aber interessierte vor allem, dass ein Weltrekord noch zu vergeben war.

»Das war 2014 oder 2015, und ich dachte: ›Du machst Scherze! Kein Mensch war bisher auf dem Grund unserer Ozeane?‹«, so Victor. Er empfand es geradezu als persönliche Kränkung, dass die tiefsten Regionen des Planeten noch unerforscht waren. Und tatsächlich fällt auf, dass es kaum Menschen gibt, die sich der Erkundung der Tiefsee verschrieben haben. Der berühmteste Tauchgang fand 1960 statt, als ein Zwei-Mann-Team im Pazifischen Ozean, unweit der zu den USA zählenden Insel Guam, gut elf Kilometer tief tauchte. Dort treffen zwei tektonische Platten aufeinander, die ältere, verharschte und schwere Pazifische Platte schiebt sich unter die jüngere und leichtere Philippinische Platte. Diesem geologischen Kräftemessen verdankt sich der Marianengraben, mit ihm dessen tiefste Stelle: das Challengertief. Der Marianengraben erstreckt sich über 2540 Kilometer und reicht bis jenseits der 10 000 Meter Tiefe. In dem ohnehin außergewöhnlich tiefen Graben befindet sich ein kleiner Spalt, der noch einen Kilometer tiefer ist: das Challengertief, der mit 10 924 Meter tiefste Punkt des Ozeans.

Das Zwei-Mann-Team, bestehend aus dem US-Marineleutnant Don Walsh und dem Schweizer Ozeanografen Jacques Piccard, bestieg ein einfaches Unterwasserfahrzeug namens *Trieste*, tauchte ab und verbrachte zwanzig Minuten in maximaler Tiefe. Don Walsh bekannte später in Interviews, dass er erwartet hatte, eine wahre Flut an Expeditionen in die Tiefsee auszulösen. Aber fünfzig Jahre lang stieg niemand in das Challengertief hinab.

2012 tauchte der Filmregisseur James Cameron in das Challengertief und stellte dabei einen neuen Rekord für den tiefsten Solo-Tauchgang auf. Glatt lief diese Expedition allerdings nicht. Weil die Zeit drängte, startete Cameron mitten in der Nacht. Als er Stunden später zurück an die Oberfläche kam, konnte das Begleitschiff ihn nicht finden. Die Jacht des Milliardärs Paul Allen, die zufällig in der Nähe war, wurde herbeigerufen, um bei der Suche nach dem Regisseur zu helfen. Mehrere Funktionen seines Tauchbootes, der *Deepsea Challenger*, hatten während des Tauchgangs versagt – glücklicherweise keine lebenswichtigen. Dennoch sollte die *Deepsea Challenger* keinen weiteren Tauchgang erleben.[6]

Das Für und Wider einer Expedition auf den Grund des Marianengrabens abwägend, fielen Victor Vescovo ein paar Dinge ein, die ihm an diesem Unterfangen zusagten. Nach den höchsten Bergen auch die tiefsten Tiefen der Erde zu erreichen, war eines davon. (Was ihm ganz nebenbei einen weiteren Weltrekord einbringen würde: als erster Mensch die höchsten *und* die tiefsten Punkte der Erde zu erreichen.) Er mag vielleicht nicht reden und nicht aussehen wie ein Texaner, aber er denkt wie ein Texaner. »Ich stamme aus einer Kultur, in der man sagt: ›Wenn nicht ich, wer dann?‹ Man kann nicht alles der Regierung oder sonst wem überlassen. Also sagt man sich: ›Na gut, warum nicht ich?‹«

Victors wachsendes Interesse am Tiefseetauchen fiel zeitlich zusammen mit einem grundsätzlichen Wandel in der Forschung. Im 20. Jahrhundert wurden wissenschaftliche oder militärische Vorhaben, die der Erkundung unerforschter Regionen der Welt dienten, durch nationale Regierungen gefördert. Seit einiger Zeit aber machen sich die reichsten Menschen der Welt – fast alles weiße Männer – von Regierungen unabhängig und gründen private Forschungsinstitute und Explorationsgesellschaften. Kritische Stimmen wenden ein, dass Firmen wie Elon Musks SpaceX und Jeff Bezos' Blue Origin keinen Fortschritt darstellen, sondern eher einen Sprung nach hinten. Sie türmen Hindernisse auf, die nur die Reichen und jene, die sich mit ihnen einlassen, zu überwinden hoffen dürfen. Indem die Erkundung der Welt im 21. Jahrhundert privatisiert wird, wird sie dem immer ähnlicher, was sie im 19. Jahrhundert einmal war, als die soziale Schieflage, die aus der industriellen Revolution resultierte, zahllose Gentleman-Entdecker hervorbrachte, die genügend Zeit und Geld hatten, um ihrem neuen Hobby nachzugehen: dem Aufbruch ins Unbekannte.[7]

Über vier Jahre steckte Vescovo mehrere Millionen in das Unterfangen, an dem Branson gescheitert war: die fünf tiefsten Punkte der Erde zu erreichen. Der Mission verlieh er den Namen Five Deeps Expedition. Er kaufte ein Forschungsschiff. Er beauftragte die Firma Triton Submarines in Florida, ein innovatives Tauchboot zu bauen, und taufte es *Limiting Factor*. Er stellte einen Expeditionsleiter ein, den Neuseeländer Rob McCallum, der ein Team von Fachleuten mitbrachte, darunter den Meeresbiologen Alan Jamieson und die Meeresgeologin Heather Stewart.

Stewart entdeckte in dem schönen Plan, dem Five Deeps folgen sollte, schon sehr bald einen großen Haken: Noch wusste niemand, wo sich die tiefsten Stellen der Weltmeere genau befanden.[8] »Für den Pazifik ist die Sache klar«, erklärte sie, weil »fast jeder weiß, dass es der Marianengraben ist, denn das Challengertief wurde mehrfach vermessen.« Der Südliche Ozean, um das andere Ende der Skala zu nehmen, ist ein gänzlich unbeschriebenes Blatt. Nur ein winziger Teil wurde bislang mit modernen Instrumenten vermessen, und Stewart vermutete, dass vielleicht ein Prozent des Süd-Sandwich-Grabens, der tiefsten Region des Südlichen Ozeans, brauchbar kartiert war. »Wo ist denn nun der tiefste Punkt des Südlichen Ozeans? Noch kannst du es dir aussuchen«, sagte sie lachend.

Und da kam Cassie Bongiovanni ins Spiel. So jedenfalls Rob McCallum in besagtem Telefonat. Würde sie sich Five Deeps als Chefhydrografin anschließen, dann wäre es ihr Job, die tiefsten Punkte auf dem gesamten Planeten zu finden.

3.

Nach dem Telefonat mit McCallum war Cassie, um es vorsichtig auszudrücken, regelrecht euphorisch. »In dieser Nacht habe ich kein Auge zugemacht«, sagte sie. »Ich musste immer an die Möglichkeiten denken, die sich mir boten. Die ganze Nacht lang habe ich mir vorgestellt, wie mein Leben aussähe, wenn ich an all diese großartigen Orte reisen könnte, während ich einer Arbeit nachgehe, die ich liebe.«

Cassie suchte die Website von Five Deeps auf, die eine schmucke

Weltkarte zierte: die Ozeane in Schwarz, die Kontinente in Blau und die tiefsten Stellen im Atlantischen Ozean, dem Südlichen Ozean, dem Indischen Ozean, dem Pazifischen Ozean und dem Arktischen Ozean markiert. Der erste Tauchgang sollte im atlantischen Puerto-Rico-Graben stattfinden, die Fahrt dorthin über Puerto Rico und Curaçao führen. Anschließend, so der Plan, würde das Schiff Kurs Süd nehmen, bis eine Inselkette vulkanischen Ursprungs im Südlichen Ozean erreicht wäre. Zwischenhalte sollten in Uruguay und Grytviken eingelegt werden, einer abgelegenen Walfangstation in Südgeorgien, wo einst Sir Ernest Shackleton haltmachte, bevor er zu seiner schicksalhaften Reise in die Antarktis aufbrach. Weiter ginge es über Kapstadt in Südafrika und von dort aus in östlicher Richtung in den Indischen Ozean, wo ein Tauchgang in den Sundagraben erfolgen sollte. Zwischenhalte wären Indonesien und Osttimor. Anschließend sollte das Schiff nach Guam fahren, jener zu den USA gehörenden Pazifikinsel in unmittelbarer Nachbarschaft zum Marianengraben. Von dort aus ginge es wieder nach Norden, durch den Panamakanal zurück in den Atlantik und weiter zum Molloytief im Arktischen Ozean, dem fünften und letzten »tiefsten Punkt«. Enden sollte die Reise auf Spitzbergen.

Verliefe alles nach Plan, würde das Team ein glorreicher Empfang in der Royal Geographical Society in London erwarten. In etwas mehr als einem Jahr würde die Weltreise Cassie nicht nur zu Inseln führen, die so abgelegen waren, dass sie fast von der Weltkarte fielen, nicht nur in bezaubernde und quirlige tropische Städte mitten im Indischen und im Pazifischen Ozean, sondern sie auch zu einer Entdeckerin von Weltrang werden lassen. Eisberge und Pinguine erwarteten sie, buddhistische Klöster und Affen, einsame, auf hohen Bergen gelegene Burgen, Strände mit Unmengen an zerbrechlichen cremefarbenen Muscheln … und der Meeresboden.

»Ich bin ausgeflippt«, so Cassie. »Ich habe meine Eltern auf die Website gelotst, um ihnen zu zeigen, was mich erwartete«, berichtete sie mit einer Stimme, die vor Aufregung ganz schrill klang. Seit jeher überließ sie die Dinge nur ungern dem Zufall, und so hatte sie insgeheim eine Liste von Orten zusammengestellt, die sie eines Tages besuchen wollte. An viele davon würde Five Deeps sie führen. Und Victor Vescovo würde sie dafür, dass sie um die Welt reiste und ihrem Traumberuf als Hydrografin nachging, auch noch bezahlen. In ihrer Begeisterung klickte sie auf den Link, der zur Crewliste führte, woraufhin die Porträts von fünf älteren weißen Männern erschienen, für jede Leitungsposition einer. Das gab ihr zu denken. Mehr noch, es setzte ihr so sehr zu, dass sich Ernüchterung einstellte. Und damit war sie nicht allein.

Bei einer Konferenz für Meeresforschung hatte eine Wissenschaftlerin vehement beklagt, wie wenig divers Five Deeps aufgestellt war, und seither wollte diese Kritik nicht wieder verstummen.[9] Als sie wieder an der Uni war, fragte Cassie ihre Freunde und Kommilitonen am CCOM, wie sie über das Jobangebot dachten. Das einhellige Echo lautete: »Willst du wirklich auf ein Schiff gehen, auf dem nur Männer sind? Ist denn nicht irgendwo zumindest eine einzige Frau erwähnt?« Cassies Bedenken waren eher professioneller Natur: Würden die älteren und erfahrenen Männer auf eine junge Frau von fünfundzwanzig Jahren hören, die frisch von der Uni kam?

Es gab aber noch mehr Warnsignale. Bei ihrem Telefonat mit McCallum war ihr schon nach wenigen Sekunden klar geworden, dass er von der Art der Kartierung, für die sie eingestellt werden sollte, nicht allzu viel verstand. McCallum mag eine spannende Figur mit vielen Verdiensten und Fähigkeiten sein. Er ist ein versierter Taucher, ein erfahrener Pilot und ein mit allen Wassern gewaschener Expeditionsleiter, der, um die Rolle auszufüllen, von den Aufgaben, die in seinem Team anfallen, wenn nicht alles, so doch vieles verstehen muss. Ein Hydrograf aber ist er nicht, und das war Cassie sehr schnell klar. Den ersten Hinweis hatte die Art und Weise gegeben, in der er über das Fächerecholot sprach, das Five Deeps unlängst angeschafft hatte. »Er sprach die ganze Zeit von dem ›Sonar‹, und das sagt niemand, der was davon versteht.«

»Ist Sonar denn falsch?«, erkundigte ich mich leicht verwirrt. (Immerhin hatte ich den Ausdruck während unseres Gespräches selbst benutzt.)

»Dass es ein Sonar ist, versteht sich von selbst, weil Schall die einzige Möglichkeit ist, Tiefen zu messen«, erklärte Cassie geduldig. In der Welt der Hydrografie verwenden die Menschen eher Firmennamen und Modellnummern, um die Leistungsfähigkeit eines Sonars anzugeben. »Also habe ich McCallum gefragt: ›Wissen Sie, welches Sonar Sie verwenden?‹ Er erwiderte: ›Kongsberg.‹ Daraufhin fragte ich nach: ›Ein Zwölf-Kilohertz-Gerät also?‹ Woraufhin er zugab: ›Ich weiß es nicht, aber ich schicke Ihnen die Dokumentation.‹« Cassie war beunruhigt. Was, wenn sie den Job annahm und mitten auf einem Ozean auf einem Schiff festsaß und niemand außer ihr begriff, dass sie etwas versuchte, was noch nie zuvor ein Mensch gemacht hatte? Der Gedanke war nicht sonderlich ermutigend.

4.

Cassies bevorzugte Weise, den Menschen vor Augen zu führen, wie wenig wir über den Meeresboden wissen, besteht darin, auf ihrem Computer die Kartiersoftware zu öffnen und die Weltkarte auf das zu reduzieren, was wir über den Meeresboden wissen. »So lässt sich auf einen Blick erkennen, warum es so wichtig ist, den Meeresboden zu vermessen«, erklärte sie lachend, als sie mir eines Tages per Zoom den Effekt vorführte. »Da ist einfach nichts. Das ist der Grund. Deshalb ist es so wichtig. Weil wir nichts wissen.« Und tatsächlich war die Wirkung erstaunlich. Von einem Augenblick zum anderen verwandelte sich die Karte einer prallen dreidimensionalen Darstellung von Unterwasserbergen, Gräben und Schluchten in eine unbeschriebene leere Fläche, und das insbesondere in Regionen außerhalb der nationalen Hoheitsgewässer.

Cassie hat die Erfahrung gemacht, dass die Menschen oft überrascht sind, wenn sie hören, dass die Ozeane noch nicht vermessen sind. Immerhin befinden wir uns im 21. Jahrhundert, und der Menschheit sind weitaus beeindruckendere Dinge gelungen, darunter die Landung eines Roboters auf dem Mars und die Entschlüsselung des genetischen Codes. Weltkarten erwecken den Eindruck, dass der Planet vollständig vermessen ist. Wenn ich als Kind mit dem Finger über einen sich drehenden Globus gefahren bin, konnte ich die kleinen Erhebungen fühlen, die für die Rocky Mountains in Nordamerika oder den Himalaja in Asien standen. Der Ozean aber war eine ebene blaue Fläche. Damals dachte ich mir nichts dabei, dass die reliefartigen Konturen dort endeten, wo das Meer begann. Ging ich davon aus, dass die glatte Fläche die Wasseroberfläche darstellte? Wahrscheinlich habe ich nicht einen Moment lang darüber nachgedacht. Heute empfinde ich es als Selbstverständlichkeit, dass sich das spektakuläre Auf und Ab unter Wasser fortsetzt.

Wenn Cassie gefragt wird, womit sie ihr Geld verdient, fällt ihr die Antwort nicht leicht. »Ich muss den Menschen immer erklären, dass der Ozean noch nicht vermessen ist.« Die Reaktionen sind eher ungläubig, weil schon ein kurzer Blick auf Google Maps das Gegenteil zu sagen scheint. Diese Karten stammen allerdings nicht von Kartografen, sondern von Satelliten, die um die Erde kreisen und dabei unaufhörlich Daten über die Meeresoberfläche und die Erdanziehungskraft sammeln.[10]

Die Untersuchung der Meeresoberfläche ist eine »zuverlässige Art von Schädellehre«, schreibt der Wissenschaftsjournalist Robert Kunzig[11], weil sie Hinweise darauf liefert, wie es auf dem Grund des Meeres aussieht. Genügend Messungen vorausgesetzt, können Satelliten Senkungen und Anhebungen des Meeresspiegels präzise lokalisieren, was Rückschlüsse darauf erlaubt, dass sich nicht allzu weit entfernt eine Schlucht oder ein Berg befinden muss. Im Normalfall steigt der Wasserspiegel über einem unterseeischen Berg an, während er über einer Schlucht sinkt, und der unterschiedliche Wasserstand wiederum hat eine unterschiedliche Erdanziehungskraft zur Folge. »Die meisten Menschen reagieren ungläubig, wenn ich ihnen sage, dass der Wasserstand in den Weltmeeren nicht überall gleich ist«, so Cassie.

Wenn der Globus meiner Kindheit die Welt so gezeigt hätte, wie sie ist, wäre er nicht rund gewesen, sondern ein unförmiger Ball, auf dem als Erstes das System aus mittelozeanischen Rücken auffallen würde, ein unterseeischer Gebirgszug, der sich über den kompletten Planeten zieht. Mit 65 000 Kilometer Länge prägt er die Erde wie kein anderes natürliches Gebilde. Allerdings entzieht er sich unserem Blick, weil er unter einer durchschnittlich vier Kilometer dicken Schicht aus Meerwasser liegt. Nur an wenigen Stellen reicht der mittelozeanische Rücken bis an die Wasseroberfläche, so in Island, wo er tiefe Täler in die Landschaft geschnitten und feuerspuckende Vulkane aufgeworfen hat. Die höchsten Unterwasserberge finden sich nicht im mittelozeanischen Rücken, dafür aber die tiefen Gräben, in die Victor Vescovo hinabtauchen wollte: der Marianengraben im Pazifik, der Puerto-Rico-Graben im Atlantik, der Sundagraben im Indischen Ozean, das Molloytief im Arktischen Ozean sowie der Süd-Sandwich-Graben im Südlichen Ozean.

Der tiefste dieser Gräben, der Marianengraben, misst fast elf Kilometer, womit er jeden Berg an Land bei Weitem übertrifft. Der Mount Everest, um den höchsten zu nennen, fände im Marianengraben nicht nur problemlos Platz, es blieben immer noch fast zwei Kilometer Wasser darüber. Der Boden dieses Abgrunds ist von Ablagerungen bedeckt, die so fein und schwerelos sind wie Staub. Die Senken nehmen mehr als die Hälfte der Erdoberfläche ein und sind größer als alles Grün- und Weideland der eurasischen Steppe zusammengenommen, die sich immerhin von Ungarn bis zur Ostgrenze Chinas erstreckt.[12] Hier häuft sich, was poetisch Meeresschnee genannt wird, tatsächlich aber die Überreste von Abertausenden abgestorbenen marinen Organismen darstellt, die über viele Jahrtausende zu Boden gesunken sind und dort eine Sedimentschicht gebildet haben. Darin findet sich auch erodiertes Gestein, das an Land abgetragen wird, darunter eine nicht endende Flut von Auswaschungen aus dem Himalaja, die über die Flüsse Indus und Ganges in den Indischen Ozean gelangt. Zu beiden Seiten des indischen Subkontinents verlaufen so gigantische Fächer aus Sediment, die mehrere Tausend Kilometer lang und bis zu zwanzig Kilometer breit sind. Auch in seismischer Hinsicht ist der Meeresboden aktiver als das Festland. Hier gibt es brodelnde Vulkane, sprudelnde heiße Quellen, tektonische Platten, die brechen und aneinanderstoßen, sowie gewaltige Seebeben. Der größte Wasserfall der Welt ist nicht der Salto Ángel in Venezuela, der immerhin fast 1000 Meter misst, nein, der höchste Wasserfall befindet sich auf dem Meeresgrund zwischen Grönland und Island, wo kaltes, dichtes Wasser aus dem Nordmeer auf leichteres und wärmeres Wasser aus der Irmingersee trifft und 3500 Meter in die Tiefe stürzt. Alles, was mit dem Meeresboden zu tun hat, ist größer, kühner und extremer als auf jenem relativ unspektakulären Gebiet, das wir Festland nennen.

David Sandwell, Geophysiker an der Scripps Institution of Oceanography in La Jolla, Kalifornien, gehört zu den Pionieren der Vermessung des Meeresbodens per Satellit. Er hätte durchaus Anlass, mit dem, was er erreicht hat, wenigstens ein bisschen anzugeben, aber dafür ist er sich der Grenzen seiner Möglichkeiten zu bewusst. »Diese Satellitenkarten haben eine Schwäche, die wir nicht beheben können«, erklärte er mir. »Die durchschnittliche Meerestiefe beträgt vier Kilometer, und mit dem Satelliten messen wir Veränderungen der Erdanziehung, die sich in der Topografie der Wasseroberfläche niederschlägt. Analog gilt, dass die Gravitation auf dem Meeresboden die dortige Topografie wiedergibt. Überträgt man aber die Werte vom Meeresboden auf die Wasseroberfläche, macht einem die Physik einen Strich durch die Rechnung, weil immerhin vier Kilometer dazwischen liegen. Denn bei vier Kilometern liegt auch die Grenze der Bildauflösung«[13], so Sandwell. »Mehr geht nicht, das ist physikalisch ausgeschlossen.«

Im Laufe der letzten zwanzig Jahre haben Sandwell und sein Mitarbeiter Walter Smith versucht, die Karten zu verbessern. 2014 veröffentlichten sie eine neue Karte, auf der der gesamte weltweite Meeresboden mit einer Auflösung von sechs Kilometern dargestellt ist.[14] Im Vergleich zu dem Vorläufer, der von 1997 stammte und es nur auf eine Auflösung von zwölf Kilometern brachte, war das ein riesiger Fortschritt. Diese beiden Karten sind bis heute die besten und detailliertesten, die wir vom Meeresboden haben, aber sie reichen nicht im Entferntesten an jene Karten heran, die wir etwa vom Mond, vom Mars und von der Venus haben.[15] Selbst bei einer Auflösung von fünf Kilometern verschwinden ganze Berge, und die tatsächliche Größe und Lage von unterseeischen Formationen kann, so Cassie, »weit, sehr weit verfehlt« werden. Sie hat Berge entdeckt, die laut Karte ganz woanders sein sollten. Das beste Mittel, um den Meeresgrund zu vermessen, ist es, ein Schiff loszuschicken und den Grund Stück für Stück mit dem Echolot abzutasten.[16]

Als ich bei der Begegnung mit ihr all das unkartierte Gebiet vor mir sah, wurde mir klar, dass ich es nicht mit einer Karte zu tun hatte, zumindest keiner Karte, wie wir sie aus unseren Smartphones kennen, auf denen ein kleiner blauer Punkt jederzeit unsere exakte Position anzeigt. Die genauesten Karten, die wir vom Meeresboden haben, zeigen uns vielmehr, wie wenig wir über unseren Planeten wissen. Dort unten gibt es noch so viel zu entdecken: verwitterte und in sich zusammengefallene Vulkane, Guyots genannt, brodelnde Methanquellen, Solebecken, die unter Wasser Seen bilden und so salzig sind, dass sie für alle Lebewesen eine tödliche Gefahr darstellen, sieht man mal von ein paar Mikroorganismen ab, die wir als Gegenstück zu jenen Außerirdischen ansehen dürfen, die wir auf anderen Planeten vermuten.

Cassies Karte, die den Blick auf die Welt gewissermaßen umdreht, erzählt uns auch, wie wir den Ozean bis heute vermessen haben: heimlich, sporadisch und oft regelrecht habgierig. Den Kapitänen früherer Zeiten war es egal, wie der Meeresgrund aussah, solange er den Rümpfen ihrer Schiffe nicht zu nahe kam. Auf den Karten der Hochsee stand statt einer konkreten Tiefe lediglich »keine Angabe«. Was übersetzt hieß: »Tief genug.«[17] Wesentlich anders halten wir es bis heute nicht. Grenzüberwachung, Fischfang, Tourismus, Schifffahrt – für die meisten Bereiche, die mit dem Meer zu tun haben, ist irrelevant, wie der Meeresboden aussieht: Keine Angabe. Die Ausnahmen von dieser Regel heißen Überseekabel und Tiefseebergbau. Und natürlich interessiert sich die Kriegsmarine der Großmächte dafür, wie es unter Wasser aussieht, ganz besonders in Gegenden, die strategisch wichtig sind.

Würde sich Cassie Bongiovanni Five Deeps anschließen, würde sie die entlegensten Flecken der Erde vermessen. Die meisten Absolventen des CCOM landen auf Stellen bei der Regierung, der Navy oder der Industrie, wo sie Karten von wichtigen Häfen und Schifffahrtsstraßen erstellen. Five Deeps würde Cassie zu den weißen Flecken auf den Seekarten führen. Die Expedition könnte das größte Abenteuer ihres ganzen Lebens werden – oder ein riesiger Reinfall.

Neben einer gut gemachten Website konnte Five Deeps nur wenig vorweisen. Victor Vescovo war in der Szene der Meeresforscher nahezu unbekannt. Die wenigen bekannten Namen, die zu dem Projekt gehörten, standen für Glaubwürdigkeit, aber als Team war Five Deeps noch nicht in Erscheinung getreten. Und schon jetzt stand die Expedition kurz vor dem Scheitern. Schuld waren rechtliche Auseinandersetzungen, Machtspielchen, Einstellungen und

Entlassungen, Mehrkosten von mehreren Millionen Dollar, ein Schiff, das von verärgerten Arbeitern demoliert worden war, und ein Vorfall, bei dem es wegen eines durch die Luft fliegenden metallenen Hakens um ein Haar einen Toten gegeben hätte.[18]

Im Sommer 2018, Monate vor Rob McCallums Telefonat mit Cassie Bongiovanni, sollte die Expedition in den Arktischen Ozean ohne einen Hydrografen an Bord des neuen Schiffes namens *Pressure Drop* aufbrechen. Die Wissenschaftler, aber auch McCallum und Patrick Lahey, der Chef von Triton, drängten Victor, eine Fachkraft für Vermessung zu verpflichten und zusätzlich ein Fächerecholot anzuschaffen. Das wäre teuer geworden. Das Schiff war gerade erst überholt worden, die Kosten dafür waren von geschätzten 2,5 Millionen Dollar auf mehr als zwölf Millionen Dollar geradezu explodiert. Im Laufe der Arbeiten hatte ein Angestellter der Werft behauptet, er sei durch ein offenes Luk gefallen, und ein Schmerzensgeld in sechsstelliger Höhe gefordert. Nun verlangte sein Team von Victor, eine Million Dollar oder mehr in ein Fächerecholot zu investieren und zusätzlich einen Hydrografen anzustellen. Victor war ein reicher Mann, keine Frage, aber er war kein Jeff Bezos, der auf unbegrenzte finanzielle Reserven zurückgreifen kann, und auch kein James Cameron, der einige der profitabelsten Filme der Geschichte verantwortet hat, nur um, wie er selbst behauptete, Geld für das Tiefseetauchen zusammenzubekommen.[19]

»Ich habe Victor gesagt: ›Du willst doch nicht das viele Geld in das Projekt stecken, rund um die Welt fahren und irgendwo tauchen, nur damit am Ende jemand kommt, der die richtige Ausrüstung hat, und sagt, tut mir leid, du hast die falschen Stellen erwischt‹«, berichtete Heather Stewart. Stewart war der Überzeugung, dass nur ein modernes Fächerecholot die Zweifel an Victors Weltrekord vertreiben könnte. Ein solches Gerät verwenden alle, die in der Erkundung der Weltmeere unterwegs sind, vom Militär über Regierungen bis hin zur Wissenschaft.

Schließlich gelang es Stewart und ihren Mitstreitern, Victor zu überzeugen. »Er setzt sich Ziele, und er hasst es, wenn ihm jemand zuvorkommt«, so Stewarts Erklärung. Sie riet ihm, ein EM 122 anzuschaffen, ein Gerät des norwegischen Herstellers Kongsberg Maritime. »Es hat sich vielfach bewährt und bietet die Garantie, dass es tut, was du von ihm erwartest«, lautete ihr Argument. Kurz darauf erhielt sie eine E-Mail mit der Nachricht, dass Five Deeps ein EM 124 erworben hatte. Das kam ihr komisch vor. »Es gibt kein Modell mit der Bezeichnung EM 124«, dachte sie. Sie wandte sich an ihre norwegischen Kontakte und erfuhr, dass es das EM 124 zwar gab, es aber noch nicht käuflich zu erwerben war. Und auf einem Schiff war es noch nie eingesetzt worden. Bei Stewart klingelten die Alarmglocken. »Mir fiel sofort die Regel ein, laut der man nie der Erste sein soll, der ein neues Gerät kauft. Was hatte sich Victor nur dabei gedacht?« Und siehe da: Das Gerät, das sie schließlich erhielten, trug die Seriennummer 0001. Das mag beeindruckend klingen, war tatsächlich aber ein wahrer Albtraum, »weil du sämtliche Kinderkrankheiten selbst herausfinden musst«, so Cassie, die es mit dem Kauf eines neuen iPhones mit dem neuesten Betriebssystem verglich, das zum allerersten Mal installiert wurde.

Als das Gerät ankam, hatte Five Deeps das enge Zeitfenster für die Fahrt in den Arktischen Ozean bereits verpasst. Um alle fünf Tauchgänge in einem Kalenderjahr unterzubringen, musste sich die Expedition an den kurzen Phasen mit geeignetem Wetter an den beiden Polen orientieren: dem kurzen Sommer im Südlichen Ozean in den Monaten Januar und Februar sowie dem nicht minder kurzen Sommer im Arktischen Ozean in den Monaten Juli und August. Die Verspätung, die man sich nun eingehandelt hatte, war allerdings nicht dem Fächerecholot anzulasten. Schuld war das Tauchboot des Herstellers Triton Submarines. Die kleine und etwas chaotische Firma aus Florida hatte sich einen Namen gemacht, weil sie für Kunden wie Ray Dalio und dessen Projekt OceanX Tauchboote gebaut hatte, aus denen unter anderem die spektakulären Aufnahmen für die BBC-Produktion *Unser blauer Planet* stammten.[20]

Zum Sommeranfang 2018 machte sich Alan Jamieson, der leitende Wissenschaftler von Five Deeps, auf den Weg nach Vero Beach, wo die Firma Triton ihren Sitz hatte, um sich davon zu überzeugen, wie weit die Arbeiten gediehen waren. »Ich konnte es kaum glauben, weil ich in der Erwartung angereist war, mir das Tauchboot ansehen zu können, aber alles, was ich vorfand, war eine Kugel aus Titan«, berichtete er lachend. Ursprünglich hatte er zwei Wochen bleiben wollen, aber letztlich verbrachte er fast den ganzen Sommer in Florida und wurde Zeuge, wie die Belegschaft von Triton in der schwülen Hitze der unklimatisierten Werkhalle eine Überstunde an die andere reihte. Patrick Lahey, ein stets gut gelaunter und ewig optimistischer Kanadier, überwachte die Arbeiten persönlich und hielt die Hoffnung am Leben, dass Five Deeps rechtzeitig würde aufbrechen können, um das kleine Zeitfenster am Ende des arktischen Sommers zu nutzen. Ob es klappte, hing von einer Reihe von Tests auf den Bahamas ab, bei denen nichts schiefgehen durfte.

Bei einem dieser Tests drückte Victor auf den Knopf, mit dem der Manipulator, der flexible Greifarm, eingeschaltet wurde, woraufhin eine Rauchfahne durch die Kabine wehte. »Riechst du das?«, fragte er Lahey. »Ja«, erwiderte Lahey. Dann griffen beide reflexartig nach ihren Lungenautomaten, die sie im Notfall zwei Minuten lang mit Atemluft versorgen sollten. Zusätzlich war ein von der Umgebungsluft unabhängiges Atemschutzgerät installiert, wie es auch Bergleute benutzen, um im Falle eines Grubenunglücks die Überlebenschancen zu erhöhen. Gerade unter Wasser ist der Ausbruch eines Feuers ein wahrer Albtraum, weil Sauerstoff ohnehin ein knappes Gut ist. Die Besatzung des Tauchbootes braucht ihn, um atmen zu können, aber der Sauerstoff hält auch das Feuer am Leben. In diesem Falle verzog sich der Rauch nach kurzer Zeit von allein, der vermutete Notfall entpuppte sich als Panne, ausgelöst durch einen plötzlichen Anstieg der Spannung in dem Moment, in dem Victor den Greifarm aktivieren wollte. Der Tauchgang musste trotzdem vorzeitig beendet werden. Vier Jahre zuvor hatte Richard Branson seinen Rekordversuch abbrechen müssen, weil der Druckkörper seines Tauchbootes nachgegeben hatte. Tritons Konstruktion aus Titan war stabiler, aber dafür drohten die Mehrkosten und die technischen Pannen Five Deeps einen Strich durch die Rechnung zu machen.[21]

»Die Leute von Triton brannten darauf, das verflixte Ding in Ordnung zu bringen, während die Leute von Five Deeps sich redlich mühten, den Überblick nicht zu verlieren. Victor bewegte vor allem die Frage, warum das Tauchboot noch nicht einsatzfähig war, ohne ein Gespür dafür aufzubringen, dass wir ihm ein technisches Wunderwerk bauten«, so Jamiesons Erinnerung. Die Pannen betrafen ausschließlich nicht lebensnotwendige Systeme wie etwa einen Fehlalarm auf der Schalttafel oder den unvermittelten Anstieg der Netzspannung, aber noch waren die Kinderkrankheiten gravierend genug, um einen Tauchgang auf den Grund des Meeres zu verhindern.

Gegen Ende des Sommers mussten alle an dem Projekt Beteiligten einsehen, dass Five Deeps die Arktis nicht rechtzeitig erreichen würde. Daraufhin änderte McCallum die Planung und setzte den atlantischen Puerto-Rico-Graben an die erste Stelle, der Südliche Ozean rückte auf Platz zwei, der Arktische Ozean landete am Ende der Reise, das im Spätsommer 2019 erreicht sein sollte. Die Verspätung betrug inzwischen vier Monate und hatte Mehrkosten für Gehälter und anderes in Höhe von zwei Millionen Dollar verursacht. Aber ohne funktionierendes Tauchboot würde es weder Five Deeps noch wissenschaftliche oder kartografische Programme geben. Im Herbst sollte auf der niederländischen Karibikinsel Curaçao das

EM-124-Fächerecholot auf der *Pressure Drop* installiert, nach einer letzten Testreihe sollte im Puerto-Rico-Graben der Tauchgang zur tiefsten Stelle des Atlantiks gewagt werden. Wohl und Wehe der Expedition hingen davon ab, dass es einem nicht erprobten Tauchboot, einer bunt zusammengewürfelten Crew und einem noch nie benutzten Echolot gelang, noch im Jahr 2018 einen ersten Erfolg zu landen. Alles andere hätte Victors Geduld, aber auch seinen Geldbeutel überstrapaziert.

Kapitel 2

SCHIFF GESUCHT

1.

Meine Gespräche mit Cassie Bongiovanni kreisten immer wieder um zwei zentrale Fragen, die mit der Kartierung des Meeresgrundes zusammenhängen: Wie viel bleibt uns noch zu vermessen? Und warum ist es so kompliziert, die tiefsten Stellen ausfindig zu machen?

Eine kurze Suche im Internet ergibt, dass die Fläche aller Ozeane des Planeten zusammengenommen 362 Millionen Quadratkilometer beziehungsweise 71 Prozent der Erdoberfläche umfasst.[1] Aber was bedeuten diese Zahlen, wenn man sie auf ein menschliches Maß bringt? Nichts auf der Erde ist auch nur annähernd so groß wie der Meeresboden, weshalb sich jeder Vergleich mit etwas Irdischem, sei es die Höhe des Eiffelturms, sei es die Länge der Halbinsel Manhattan, verbietet. So nimmt es nicht wunder, dass wir zu den Sternen oder dem Weltraum greifen, wenn wir nach einer Vergleichsgröße suchen. Und vielleicht ist das auch der Grund, warum wir zu dem Schluss kommen: »Wir wissen mehr über die Oberfläche des Mondes als über den Meeresgrund auf der Erde.«

Alan Jamieson ist dieser Satz aus vollem Herzen zuwider. Einer der wichtigsten Gründe für seine Aversion ist der Umstand, dass es nicht sonderlich überraschend ist, wenn wir mehr über einen kleinen, trockenen, unbelebten Mond wissen als über unseren großen, von Wasser bedeckten Planeten, der voller Leben steckt. Im Vergleich zur Erde ist der Mond winzig, seine Größe entspricht 7,5 Prozent der Größe der Erde. Seine Oberfläche ist kleiner als die des Nordatlantiks, sein Durchmesser kleiner, als Australien breit ist.[2] Seabed 2030 kündigte im Jahr 2019 an, dass die zur Veröffentlichung anstehende Meeresbodenkarte fünfzehn Prozent der Gesamtfläche in der angestrebten Auflösung abdecken würde.[3] Das entspricht einer Fläche, die anderthalb mal so groß ist wie der Mond. »Das ist ziemlich viel. Warum sollten wir uns dafür kasteien?«, polterte Jamieson im *Deep-Sea Podcast*. Als ein Journalist den Vergleich mit dem Mond in einem Artikel Jamieson zuschrieb, schickte der ihm eine E-Mail und stellte klar, dass er dergleichen nie gesagt habe und auch nie sagen würde. Der Journalist soll ihm geantwortet haben: »Die Menschen sagen es, also schreiben wir es, und wir schreiben es, weil die Menschen es hören wollen.« Diese Antwort brachte Jamieson so sehr auf die Palme, dass er sich auf die Fährte des Zitats begab und schließlich in einem akademischen Aufsatz aus den Fünfzigerjahren fündig wurde, als die Menschheit weder auf dem Mond noch auf dem Grund des Ozeans gewesen war.[4]

Um zu verstehen, vor welch gewaltiger Aufgabe Seabed 2030 steht, sollte man sich vor Augen führen, dass im anstehenden Jahrzehnt eine Fläche vermessen werden soll, die achtmal größer ist als der Mond. Und selbst dieser Vergleich vermag die Herkulesaufgabe nicht recht auszudrücken. Der weitaus größte Teil der Erdoberfläche ist von einer im Durchschnitt vier Kilometer dicken milchigen Schicht aus Salzwasser bedeckt. Wasser absorbiert, reflektiert und bricht Licht und unterbindet so alle Versuche, den Meeresboden mit Lasern oder Radar zu vermessen, wie wir es bei Mars und Venus und jedem anderen Planeten handhaben, der nicht von Wasser bedeckt ist. Es mag naheliegend erscheinen, den Ozean und den Weltraum zu vergleichen. Aber sobald es um die Vermessung des Meeresbodens geht, ist der Vergleich mit dem Mond eine arge Untertreibung der Schwierigkeiten, vor denen wir stehen.

Wie viel Ozean muss denn nun noch vermessen werden? Um auf diese Frage eine Antwort zu bekommen, habe ich Tim Kearns kontaktiert, einen wortgewaltigen kanadischen Hydrografen, der Map the Gaps betreibt, eine gemeinnützige Organisation, die sich vorgenommen hat, die Karte des Meeresbodens zu vervollständigen. Kearns kam ohne Umschweife auf die Suche nach dem vermissten Flugzeug der Malaysia Airlines zu sprechen, zu deren Ergebnissen eine detaillierte Karte eines fast 300 000 Quadratkilometer großen Gebietes im südöstlichen Indischen Ozean zählt, das bis dahin nahezu gänzlich unkartiert war.[5]

»Als ich die Datensätze gesehen habe, dachte ich, ich spinne, so schön war das, was sich mir da zeigte. Auf den Karten, die entstanden, sind Berge zu erkennen, unterseeische Rutschungen und tiefe Spalten, aber auch zwei Schiffswracks aus dem 19. Jahrhundert. Die Hydrografen profitierten davon, dass sie sehr lange vor Ort waren und sehr viele Daten sammeln konnten, aber würde man die auf eine Weltkarte übertragen, wäre es so, als legten Sie eine Streichholzschachtel auf den Fußboden Ihrer Küche. Eine Winzigkeit! Ich will den Erfolg nicht kleinreden, aber ich habe mich bei dem Gedanken ertappt: Verdammte Hacke, der Ozean ist wahnsinnig groß.«

Auch wenn die Menschen seit Tausenden von Jahren versuchen, Karten des Ozeans zu erstellen, sind es immer wieder Tragödien wie das Verschwinden des Flugs Malaysia Airlines 370, die dem Unterfangen neuen Schub verleihen. Das Verschwinden von Amelia Earhart, der Untergang der *Titanic*, der Tsunami des Jahres 2004, der eine Viertelmillion Menschen das Leben kostete – diese und weitere grausige Ereignisse lieferten den Anlass, sich verstärkt mit dem Meeresboden zu befassen. Dazu beitragen könnte auch eine genaue Prüfung unseres Gewissens hinsichtlich der Frage, warum wir so viel Geld und Energie investieren, um fremde Planeten zu erforschen, wenn wir doch unseren eigenen kaum kennen. Die National Oceanic and Atmospheric Administration (NOAA), die Wetter- und Ozeanografiebehörde der USA, untersucht und vermisst seit mehr als 200 Jahren die Küsten der USA, aber eine Abteilung für die Hohe See hat sie erst seit 2001. Das Budget, das sie für die Kartierung des Meeresbodens zur Verfügung hat, beträgt etwa ein Fünftel der Summe, die für die Erkundung des Weltraums bereitsteht. Die NASA bekommt jedes Jahr mehr Geld von der US-Regierung, die den Etat für die Ozeanforschung gleichzeitig deckelt oder gar senkt. Im Jahr 2021 belief sich das Budget der NOAA auf insgesamt 5,4 Milliarden Dollar, was gegenüber dem Vorjahr einem Anstieg um 1,4 Prozent entsprach. Das Budget der NASA lag im selben Jahr bei 25,2 Milliarden Dollar, gegenüber dem Vorjahr ein Plus von zwölf Prozent. So kommt es, dass wir erst im Angesicht von Katastrophen ein Gefühl dafür bekommen, wie klein und verwundbar wir auf unserem Heimatplaneten sind, über den wir noch so wenig wissen. Doch die Geschichte lehrt uns, dass unser Interesse an der Tiefsee eher ab- als zunimmt und wir uns lieber anderen Themenfeldern widmen.

Bleibt die zweite Frage, um die meine Gespräche mit Cassie immer wieder kreisten: Warum fällt es den Hydrografen so schwer, etwas so Konkretes und räumlich Begrenztes wie den Meeresboden zu vermessen? Selbst mit den modernsten Geräten und den besten Fachleuten bleibt die Tiefenmessung fehlerhaft, die Abweichungen können bis zu fünfzehn Meter in diese oder jene Richtung betragen.

»Das ist besonders frustrierend«, sagte Cassie mit einem Seufzer, wann immer ich ihr diese Frage stellte. »Ich habe es so oft zu erklären versucht, dass mir die Worte ausgegangen sind. Die Unsicherheit ist in der Technik begründet, die uns zur Verfügung steht. Ich kann nicht einmal mit Sicherheit sagen, ob ein bestimmter Punkt auf dem Meeresboden auf demselben Niveau liegt wie ein anderer Punkt wenige Meter weiter. Es geht einfach nicht. Wir bekommen die erforderliche Auflösung nicht hin, zumindest nicht mit der heutigen Technik. Ausgeschlossen.«

»Ach so«, sagte ich dann, »ich verstehe.« Um nach wenigen Augenblicken die Frage hinterherzuschieben: »Aber warum ist es ausgeschlossen?« Woraufhin Cassie in ihrer Engelsgeduld es erneut und mit einer anderen Erklärung versuchte. »Stell dir vor, du stehst am Fuße des Mount Everest und versuchst, mit einem Laserpointer einen bestimmten Punkt auf dem Gipfel anzustrahlen, und zwar auf den Zentimeter genau. Das entspricht ziemlich genau dem, was wir schaffen sollen.« Dass das kaum zu bewerkstelligen war, leuchtete mir ein.

Doch um zu verstehen, wie groß der Ozean tatsächlich ist und was es bedeutet, den Meeresboden zu vermessen, musste ich, wie mir bewusst wurde, selbst aufs Meer hinausfahren. Richtig ist, dass der Ozean mit Schall vermessen wird, weshalb man den Meeresboden also eher hören als sehen kann. Richtig ist aber auch, dass ich ein Mensch bin und als solcher die Dinge sehen muss, wenn ich sie glauben soll.

2.

Viele der Schiffe, die heute für die Vermessung des Meeresbodens unterwegs sind, werden von der Navy oder der Industrie betrieben. Dort würde niemand Interesse daran haben, eine neugierige Journalistin an Bord zu lassen, die lästige Fragen dazu stellen würde, was sie warum auf dem Meeresboden kartieren. Blieb eine Handvoll von Forschungsschiffen, die von der US-Regierung, Universitäten oder einigen wenigen wohltätigen oder gemeinnützigen Organisationen betrieben werden. Die im Wortsinn naheliegendste Möglichkeit befand sich, fünfzehn Minuten Autofahrt von meiner Wohnung entfernt, im Hafen von San Diego, wo mehrere Forschungsschiffe der Scripps Institution of Oceanography liegen. Auch die Flotte der NOAA, der Woods Hole Oceanographic Institution (WHOI) in Massachusetts sowie das Forschungsschiff *Falkor* und weitere Schiffe des Schmidt Ocean Institute sind hier zu Hause.

Und so begann ich die Fleißarbeit und schrieb E-Mails, rief Wissenschaftler an und fragte hier wie dort nach, ob ich als Gast auf einer Vermessungsreise mitfahren könnte. In den zurückliegenden zwanzig Jahren hätte ich ziemlich sicher mit einer Zusage rechnen dürfen. Wie Autoren freuen sich auch Wissenschaftler in aller Regel über die Gelegenheit, über ihre Arbeit zu sprechen. Aber auf dem Höhepunkt der Coronapandemie war die Wahrscheinlichkeit hoch, dass mein Wunsch unerfüllt blieb. Für die Flotte der US-amerikanischen Forschungsschiffe galten strikte Regeln, mit denen die Krankheit von den Schiffen ferngehalten werden sollte. Und wie wir von den COVID-19-Ausbrüchen auf Kreuzfahrtschiffen in der Frühphase der Pandemie wissen, verbreitet sich das Virus in einer solchen Umgebung extrem schnell. Mit ihren engen Fluren, den viel benutzten Handläufen und den großen, innen liegenden Speisesälen sind Schiffe ideale Inkubatoren für Krankheiten aller Art. Die US-Forschungsschiffe reagierten darauf, indem sie die Besatzungen drastisch reduzierten, bis nur noch so viele Menschen an Bord waren, wie für den Betrieb des Schiffes und die Durchführung der Experimente unbedingt erforderlich waren. Und wo schon so wenig Platz für Wissenschaftler ist, bleibt für Gäste keine Koje frei. »Normalerweise mit dem größten Vergnügen, aber ausgerechnet in diesem Jahr …« So oder ähnlich begannen die Antworten, die ich von Forschern erhielt, die mir im Normalfall gern weitergeholfen hätten.

Dazu zählte auch eine für den Ocean Exploration Trust (OET) tätige Expeditionsleiterin. Der OET betreibt das Forschungsschiff *Nautilus* und überträgt die wissenschaftlichen Experimente, die an Bord stattfinden, via YouTube. Im Sommer 2020 kartierte er

Teile der Pazifikküste Nordamerikas, um die weißen Flecken auf den Karten der ausschließlichen Wirtschaftszone (AWZ) der USA zu füllen. Jeder Küstenstaat hat in einer Zone, die von der Küste zwölf Meilen weit ins Meer hineinragt, dieselben Rechte wie an Land. Zusätzlich kann er Anspruch auf die exklusiven Fischereirechte und die Rechte an Bodenschätzen in der ausschließlichen Wirtschaftszone erheben, und die erstreckt sich 200 Seemeilen weit aufs Meer. Die AWZ der USA umfasst eine Fläche von knapp acht Millionen Quadratkilometern und ist damit größer als alle fünfzig Bundesstaaten zusammengenommen. Der weitaus größte Teil davon ist noch nicht kartiert.

Während ich mehrere Monate lang erfolglos versuchte, einen Platz auf einem Schiff zu ergattern, verfolgte ich jeden Tag aufmerksam den Live Feed der *Nautilus*.[6] Die Besatzung untersuchte eine unterseeische Schlucht mit einem vielfältigen Ökosystem, das die Regierung auf eine Schutzliste setzen wollte. Im Zentrum der Untersuchung stand eine Methanquelle, in deren brodelnden Ausdünstungen chemosynthetische Symbiosen gedeihen. Die Wissenschaftler spürten am Meeresboden den Überresten eines Meteoriten nach und untersuchten das Skelett eines toten Wals samt der aasfressenden Gesellschaft, die sich um es herum gebildet hatte.

Den Fachleuten auf der *Nautilus* per Video über die Schulter gucken zu können, war hilfreich, aber nicht befriedigend. Ich wollte mich neben die Hydrografen setzen und erleben, was sie erlebten. Also schrieb ich weiter E-Mails und telefonierte, nahm Kontakt zu anderen Organisationen und Wissenschaftlern auf und sah dabei der *Nautilus* zu, wie sie sich an der Westküste entlangarbeitete. Vor allem aber wartete ich auf das Ende der Pandemie. Ein Jahr später, als ich mich schon fast damit abgefunden hatte, dass ich nie mit eigenen Augen sehen würde, wie der Meeresboden vermessen wird, rief die Expeditionsleiterin der *Nautilus* an. Auf einer Vermessungsfahrt, die in einem guten Monat beginnen sollte, war eine

Koje frei geworden. Ob ich noch interessiert war. »Selbstverständlich«, sagte ich und dachte: Und wie!

3.

Ein Zittern unter meinem Körper riss mich aus dem Schlaf. »Wo bin ich?«, fragte ich laut, hob den Kopf und sah mich in dem mir nicht vertrauten Raum um. Ich lag in einem schmalen Bett, die Decke nur dreißig Zentimeter über mir, auf drei Seiten von Vorhängen umgeben. »Ach ja!«, fiel es mir ein, und ich ließ den Kopf auf die Koje fallen. Am Vorabend war ich an Bord der *Nautilus* eingeschlafen; jetzt, um sechs Uhr, verließ das Schiff wie geplant den Hafen von Los Angeles. Erneut drang ein Zittern vom Maschinenraum tief unten im Schiff bis in meine Kajüte und rüttelte an meinem Bett.

Am Nachmittag des Vortages, ich war gerade erst an Bord gegangen, hatte mich Nicole Raineault, die Leiterin der Expedition, über die *Nautilus* geführt. Das knapp siebzig Meter lange Schiff gleicht der *Pressure Drop* von Victor Vescovo bis aufs Haar. Sowohl die Schiffe als auch die Besatzungen sind nahezu gleich groß, und beide sind mit einem Heckgalgen ausgerüstet, mit dem wissenschaftliche Geräte ins Wasser gelassen werden. Auf beiden Schiffen befindet sich ein Fächerecholot von Kongsberg, und die Aufbauten werden hier wie dort von Radargeräten und Satellitenschüsseln gekrönt, was sie auf den ersten Blick als Forschungsschiffe erkennbar macht.

Raineault zeigte mir das Versuchslabor, das Studio für die Videoproduktion, den Kartierraum, den Hangar, die Werkstatt. Als wir die Brücke erreichten, wo der Kapitän das Schiff steuerte, kam ich mir vor, als wäre ich in meinen Lieblingsfilm versetzt worden: *Der Tiefseetaucher*. Ganz besonders denken musste ich an die Szene, in der Zissou, gespielt von Bill Murray, dem Publikum ein Schnittmodell seines Forschungsschiffes, der *Belafonte*, zeigt. Prompt fragte ich Raineault, ob sie den Film kannte, woraufhin sie laut lachen musste. »Der kommt der Wirklichkeit fast zu nahe«, erwiderte sie schließlich. Sie selbst entsprach am ehesten der Figur der Eleanor, gespielt von Anjelica Huston, die als rettender Engel auftritt.

Im Datenlabor stellte mich Raineault den drei Hydrografen vor, die die einwöchige Fahrt nach Oregon mitmachen würden. Die Reise sollte durch eine Region vor der Küste Kaliforniens führen, die für ihre raue See bekannt ist, was es den Hydrografen oft verunmöglicht, den Meeresboden zu vermessen. In Schichten von jeweils acht Stunden würden sie das EM-302-Fächerecholot, das auf der *Nautilus* installiert war, pausenlos überwachen.[7] Das EM 302 ist deutlich älter als das EM 124 an Bord der *Pressure Drop*, aber als es 2012 angeschafft wurde, kostete es bereits eine Million Dollar. Seither hat es in der Karibik, im Golf von Mexiko und im Pazifik mehr als 870 000 Quadratkilometer vermessen. Am Ende jeder Reise landen die Daten in einer Datenbank und von dort in der stetig wachsenden Karte von Seabed 2030.

Eine Hydrografin erkundigte sich nach dem Buch, an dem ich arbeitete. »Es handelt von der Vermessung des Meeresbodens und Seabed 2030«, begann ich meine Erklärung. Sie hörte mir höflich zu, ehe sie mir gestand, wie frustrierend sie es fände, dass Five Deeps die volle Aufmerksamkeit erhielt. Hydrografen wie sie fahren seit Jahren zur See und setzen das große Puzzle Stück für Stück zusammen, ohne je auch nur die geringste Anerkennung dafür zu bekommen. Dann kommt ein reicher weißer Mann daher, und die Medien reißen sich förmlich um ihn.

»Es geht mir weniger um Five Deeps als vielmehr um die beteiligte Hydrografin«, stellte ich klar.

»Das höre ich gern.«

Derlei Klagen hatte ich vorher schon von anderen Hydrografen vernommen. Sosehr sie zu schätzen wissen, dass ein Multimillionär dem Vorhaben Geld und öffentliches Interesse verschafft, stieß ihnen die lobhudelnde Berichterstattung doch ein wenig auf. Schließlich war die Vermessung der Weltmeere nicht die Erfindung eines reichen Finanziers. Das Ganze erinnerte mich ein wenig an das Phänomen der Gentrifizierung von Wohngebieten: Wissenschaftlerinnen und Wissenschaftler lassen sich jahrelang auf gänzlich unluxuriösen Schiffen einpferchen, arbeiten jeden Tag zwölf Stunden und sind wochenlang von ihren Familien getrennt, um am Ende der Reise ein paar unscheinbar wirkende, aber wissenschaftlich hochbedeutende Daten über die Tiefsee mitzubringen. Dann kommen die Neureichen um die Ecke, schauen sich im Viertel um und beschließen, dass eine Grundsanierung fällig ist. Natürlich konnte die Meeresforschung das Geld dieser Leute gebrauchen, und deshalb war es auch willkommen, aber manch ein Hydrograf hegte Zweifel an den Motiven dieser wohlhabenden und machtbewussten Neulinge in der Szene. Würden sie künftig darüber entscheiden, welche Fragen die Forschung als Erstes angehen würde? Diente die Philanthropie vielleicht nur dazu, ihr Ansehen aufzupolieren? In der Anfangsphase von Five Deeps wurde Victor in den Medien eher als Abenteurer dargestellt denn als seriöser Meereskundler. Eine Story über ihn, die von der Presse ausgeschlachtet wurde, thematisierte die Anfrage bei Triton, ob sie ihm ein kugelförmiges Tauchboot ohne Greifarm und sogar ohne Fenster bauen könnten, durch das man den Meeresboden hätte sehen können – ein Schlag ins Gesicht all jener Wissenschaftler, die mit dem Meer zu tun haben und sich nichts sehnlicher wünschen, als Informationen über die Tiefsee zu bekommen. (Victor Vescovo behauptete, die Anfrage sei nur eine Art Versuchsballon gewesen.)

OET und *Nautilus* konnten auf eine gut dokumentierte Erfolgsgeschichte verweisen und genossen in der Szene der Meeresforschung hohes Ansehen. 2008 vom weltweit bekannten Ozeanografen Robert Ballard gegründet, arbeitete der OET mit Regierungen und Universitäten zusammen, um Forschungsprojekte anzugehen, an die sich niemand in den USA herantraute. Bob Ballard ist eine lebende Legende und steht gleichberechtigt neben Lichtgestalten der Meeresforschung wie Jacques Cousteau und Sylvia Earle. 1977 gehörte er zu dem Team, das am Grund des Pazifiks die ersten hydrothermalen Quellen entdeckte. Bis dahin war die Wissenschaft davon ausgegangen, dass alles Leben auf der Erde auf Fotosynthese beruhte und deshalb auf das Licht der Sonne angewiesen sei. Als das Team aus Meeresgeologen, Geochemikern und Geophysikern auf dem Meeresgrund über diverse Muschelarten und Krebse stolperte, die sich mithilfe von aus heißen Quellen sprudelnden Mineralien am Leben erhielten, war kein Biologe in der Nähe, der diese Entdeckung hätte einordnen können, weil niemand erwartet hatte, am Meeresboden Leben anzutreffen.[8] Diese und vergleichbare Quellen gelten als Geburtsstätte allen Lebens auf Erden. Seine Bekanntheit verdankt Ballard aber vor allem der Rolle, die er bei der Entdeckung des Wracks der *Titanic* 1985 gespielt hat.

Als Ziel der Expedition wurden seinerzeit ausschließlich wissenschaftliche Zwecke ausgegeben[9], aber dreißig Jahre später bekannte Bob Ballard, dass sich hinter der Suche nach der *Titanic* tatsächlich vor allem eine militärische Operation verborgen hatte. Finanziert von der Navy, sollte Ballard zwei gesunkene U-Boote untersuchen, die voller nuklearer Militärtechnologie steckten, weshalb die Sowjets nichts davon mitbekommen sollten. Die Suche nach dem berühmtesten Schiffswrack aller Zeiten war gewissermaßen ein Nebengleis, dem er folgen konnte, sofern ihm Zeit dafür blieb. Dies ist nur ein jüngeres von vielen Beispielen, bei denen die Wissenschaft von Expeditionen profitiert hat, die ursprünglich militärisch-taktische Ziele verfolgten. Und so darf Ballard über viele Expeditionen, die er für die Navy unternommen hat, bis heute nicht sprechen. »Sie unterliegen noch der Geheimhaltung«, sagte er 2018 dem Nachrichtensender CNN.

Verglichen mit den Expeditionsschiffen, die die von Milliardären gegründeten gemeinnützigen Organisationen betreiben, wirkt Ballards *Nautilus* einigermaßen altbacken. Der wissenschaftliche Teil der Besatzung wird »Expeditionskorps« genannt. Jeder und jede an Bord ist angehalten, einheitliche Kleidung zu tragen, bestehend aus blauen Kappen, Hemden und Westen, die mit einem Kompass bestickt sind. Alkohol ist an Bord verboten. Das Essen ist gut, aber eher einfach. Crewmitglieder mit Gluten-Intoleranz dürfen ihr eigenes Essen mit an Bord bringen. Auf der Website der *Nautilus* kann man Tag und Nacht verfolgen, wie Wissenschaftler im Labor mit Pipetten hantieren oder die Mannschaft einen Tauchroboter an Bord nimmt.

Nach meinem Rundgang mit Raineault war ich auf dem Oberdeck auf eine geöffnete Luke gestoßen, unter der sich der Maschinenraum auftat. Ich steckte meinen Kopf hinein, um ihn augenblicklich wieder zurückzuziehen. Aus der Dunkelheit schlugen mir Lärm und Hitze entgegen wie aus dem geöffneten Schlund eines Drachen. Dabei liefen die Maschinen noch nicht einmal unter Volllast. Nun lag ich auf meiner Koje und ließ mich sanft von der einen Seite auf die andere wiegen, während uns just jene Maschinen aufs Meer hinausbeförderten. Vor meiner Kabinentür waren das Rücken von Stühlen und das Klirren von Besteck zu hören, das in der Spüle landete. Frühaufsteher machten sich in der Messe zu schaffen, an die sich meine Kabine anschloss. Als ich die Vorhänge vor dem Bullauge zurückzog, stellte sich ein breites Lächeln auf meinem Gesicht ein. Durch das Fenster konnte ich beobachten, wie die gigantischen Kräne des Hafens von Los Angeles mit dem bedeckten Himmel zu verschmelzen schienen.

4.

Jeder Tag auf der *Nautilus* begann damit, dass die Expeditionsleiterin Nicole Raineault die anstehenden Aufgaben auf eine Tafel schrieb, die in der Messe hing. An den ersten beiden Tagen schrieb sie schlicht: »Messungen, sofern die Bedingungen es zulassen.« Die Bedingungen ließen es nicht zu. Kaum hatten wir den windgeschützten Santa-Barbara-Kanal verlassen, begrüßte uns das offene Meer mit stürmischem Wind, die Wellenhöhe sprang von einem bis zwei Meter auf drei, vier und fünf Meter, und der Bug des Schiffes wurde von jeder Welle jäh nach oben gerissen. Der Wind wehte mit einer Geschwindigkeit von 33 Knoten. So weit das Auge reichte, war der Ozean von weißen Schaumkronen übersät. Bis zu einem veritablen Sturm fehlte nicht viel. An Land würde einem bei diesem Wetter der Schirm aus den Händen gerissen werden.

Vor uns lag Point Conception, jenes Kap, das die Grenze zwischen Nord- und Südkalifornien bildet. Nördlich von Point Conception, Richtung San Francisco und der Bay Area, ist das Klima feuchter und nebliger, die Berge sind höher, die Wälder dichter. Südlich des Kaps, Richtung Los Angeles und San Diego, ist es trockener und wärmer, das Land von Wüsten und Buschwerk geprägt. Diese Trennlinie setzt sich auch auf dem Wasser fort. Hier treffen zwei Meeresströmungen aufeinander. Der Effekt gleicht dem Wind, der über den Rand einer Klippe stürzt. Die »größte Landzunge an der Küste« nennt Richard Henry Dana jun. Point Conception in seinem Buch *Zwei Jahre vor dem Mast*, dem Tagebuch seiner Seereise nach Kalifornien, das 1840, im Jahr der Entstehung, noch zu Mexiko gehörte, »ein unbewohntes Stück Festland, das in den Pazifik hineinreicht und als sehr windig gilt. Jedes Schiff kann sich glücklich preisen, das ohne einen Sturm vorbeikommt.«[10]

Als wir Point Conception passiert hatten, wurden die Wellen noch höher, die See gröber und ruppiger, und ich begriff instinktiv, was es mit der Redensart vom »ruhigen Fahrwasser« auf sich hat. Auf dem offenen Meer fühlte ich mich wie in einer wild gewordenen Achterbahn. Dinge des Alltags wie Duschen oder auch nur Gehen wurden zu einer Herausforderung. Die Dusche in meiner Kabine war von durchsichtigen Plastikwänden umgeben. Während ich mich mit einer Hand daran abstützte, seifte ich mich mit der anderen rasch ein, bis ich unter meinen Füßen spürte, wie das Schiff von einer Welle angehoben wurde. Dann hielt ich mich mit beiden Händen fest und wartete auf den Moment, in dem für einen Augenblick die Schwerelosigkeit einsetzte, gefolgt von einem jähen Sturz und dem harten Aufschlag auf der Wasseroberfläche. Dann konnte ich mich wieder der Körperpflege widmen, bis die nächste Welle anrollte. Sobald ich erste Anzeichen von Übelkeit verspürte, schaute ich nach unten und beobachtete, wie das Wasser meine Füße umspülte. In dem fensterlosen Raum diente mir die Duschwanne so als Bezugsgröße, an der sich mein Gleichgewichtssinn orientieren konnte. Nach dem Waschen arbeitete ich mich vorsichtig aus der Dusche heraus, um mich im Takt des Schiffes anzuziehen, das sich mit der Gleichmäßigkeit eines Metronoms von rechts nach links und wieder zurück bewegte.

Schließlich verließ ich die Kabine und ging, oder besser taumelte, durch die engen Gänge der *Nautilus*. Am Fuße eines Niederganges traf ich zufällig auf Renato Kane, seines Zeichens Hydrograf. »Bist du zum ersten Mal auf See?«, erkundigte er sich, während wir uns beide an einem Türrahmen festhielten und der Niedergang unter den Wellen erbebte. Kane gehörte schon so lange zur Crew der *Nautilus*, dass er an Land gar keine Wohnung mehr besaß. Ich nickte. Er hob eine Augenbraue. »Für eine Premiere ist das Wetter ziemlich übel.«

Die Stammbesatzung der *Nautilus*, eine Gruppe resoluter Ukrainer, die hart im Nehmen waren, schien gegen schlechtes Wetter immun zu sein. Als der Wind weiter auffrischte, ließ der Küchenchef Anatoliy in der Kombüse *Thunderstruck* von AC/DC erklingen. »Das macht er bei schlechtem Wetter immer«, sagte Raineault schmunzelnd, während sie das Tagesprogramm auf die Tafel schrieb. Messungen gehörten wieder nicht dazu.

Später am Tag kam ich am Fitnessraum im Unterdeck vorbei, wo sich ein Crewmitglied in einem grauen Trainingsanzug auf einem Laufband abarbeitete, während sich der Raum, in dem er sich befand, um fast 45 Grad vor und zurück bewegte. Der bloße Anblick bereitete mir Übelkeit, und ich sputete mich, an die frische Luft zu kommen. Ein paar seekranke Crewmitglieder hatten sich auf das geschützte Achterdeck zurückgezogen und schauten Richtung Horizont, um ihre Mägen zu beruhigen.

Die Fahrt hatte ein kaum vermessenes Seegebiet vor der kalifornischen Küste zum Ziel. 2019 hatte die Trump-Regierung in einem präsidialen Memorandum die Unterstützung der Vermessung des Meeres zugesagt, um so die Kartierung der ausschließlichen Wirtschaftszone voranzubringen, insbesondere entlang der abgelegenen Küste Alaskas.[11] Die NOAA hatte parallel eine Karte vorgelegt, die sämtliche »Leerstellen« zeigte. Um diese Leerstellen zu füllen, kreuzten Forschungsschiffe wie die *Nautilus* in den Gewässern der USA.

Während man an Land Licht benutzt, um das Auf und Ab des Geländes zu vermessen, nutzt man unter Wasser dafür den Schall, genau wie eine Fledermaus, die sich anhand des Echos orientiert, das die Wände einer Höhle zurückwerfen. Jedes Echolot, vom einfachsten, beim Fischfang eingesetzten Modell bis zum leistungsstarken Fächerecholot der *Nautilus* und der *Pressure Drop*, funktioniert nach ein und demselben Prinzip. Das Echolot sendet ein akustisches Signal aus, das sich durch die Wassersäule fortpflanzt, auf den Meeresboden prallt und zum Echolot zurückkehrt. Pro Sekunde legt der Schall etwa eine Meile oder 1,6 Kilometer zurück. Teilt man die Zeit, die das Signal für die Hin- und Rückreise benötigt, durch zwei und multipliziert den Wert mit der Geschwindigkeit des Schalls in Wasser, weiß man, wie tief das Meer an dieser Stelle ist. Klingt einfach, nicht wahr? Dummerweise nehmen der Salzgehalt des Wassers, die Temperatur und der Druck sowie ein paar andere Faktoren Einfluss auf das Signal bei seiner Reise durch den Ozean.

Schlechtes Wetter erschwert die Erstellung einer genauen und detaillierten Karte des Meeresbodens zusätzlich. Der Kartierraum, auf der *Nautilus* auch Datenraum genannt, ist der wohl ungeeignetste Ort, an dem man sich bei schwerer See aufhalten kann. Er befindet sich zwar nahe dem Mittelpunkt des Schiffes, muss aber mit denkbar wenig frischer Luft und Tageslicht auskommen. Drei der vier Wände sind mit Computermonitoren bestückt, auf denen in Echtzeit Daten flackern, die überall auf dem Schiff genommen werden. Die vierte Wand verfügt über einige Bullaugen, die oft von Wellen oder Gischt verdunkelt werden.

An Bord der *Nautilus* befinden sich mehrere verschiedene Echolote, und jedes hört den Meeresboden auf eine je eigene Weise ab. Auf der Brücke befindet sich ein einfaches Vertikalecholot, das auf die beschriebene Weise ein Signal Richtung Meeresboden schickt und wieder empfängt. So erhält man eine Vorstellung davon, was sich unter dem Schiff befindet, und um nicht auf Grund zu laufen, reicht diese Information. Das Navigationslot sendet und empfängt also immer wieder ein einzelnes Signal zum und vom Meeresboden. Das Fächerecholot oder Multibeam-Echolot hingegen sendet Hunderte solcher Signale gleichzeitig aus und lässt sie wie einen riesigen Schallfächer in die Tiefe regnen.

Es funktioniert in etwa so: Stellen Sie sich vor, Sie müssten in vollständiger Dunkelheit einen Gegenstand bestimmen, dürften aber nur einen Finger verwenden. Es würde eine Zeit lang dauern, die Konturen des Gegenstandes nachzuzeichnen – das würde dem Vertikalecholot entsprechen. Nun stellen Sie sich vor, Sie würden das Objekt mit der kompletten Hand greifen. Dann wüssten Sie sehr schnell, um was genau es sich handelt. So arbeitet ein Fächerecholot, und deshalb wird es für die Vermessung des Meeresbodens verwendet: Es überzieht ihn mit einem Klangteppich und fertigt dabei eine recht genaue Momentaufnahme des Geländeverlaufs an.

Im Datenraum gingen Informationen ein, die auf dem größten der Monitore neue Karten des Meeresbodens ergaben. »Was genau sehen wir gerade?«, fragte ich Renato Kane, der neben mir saß und eine Karte überarbeitete, die vom Vormittag stammte. Er schaute zu mir herüber. »Puh ... schlechte Daten«, grummelte er und setzte die Fehlersuche fort. Fehler entstehen, wenn ein Signal im falschen Winkel reflektiert wird oder sich das Echo eines älteren Signals einmischt. Kane bemühte sich nach Kräften, die Fehler zu beheben, bevor die neuen Daten eintrafen.

So gut ein modernes Fächerecholot auch sein mag, gegen die Unbilden der hohen See kann es nichts ausrichten. Das Gerät steht an Bord eines Schiffes, das sich auf der Oberfläche eines Ozeans befindet, und beide sind ständig in Bewegung. Wenn die *Nautilus* von einer Welle angehoben wurde, verlor das Fächerecholot im selben Augenblick den Kontakt zum Meeresboden. Und wenn das Schiff ins Wellental stürzte, blieb die Verbindung unterbrochen, weil das Signal von einer undurchdringlichen Schicht aus Luftblasen erstickt wurde. Dann brach auch jedes Mal die Verbindung zwischen dem Zentralrechner, der sich an einer anderen Stelle des Schiffes befand, und den Bildschirmen im Datenraum zusammen.

Hatte sich das Echolot wieder auf den Meeresboden ausgerichtet, kehrte auch die Wassersäule wieder auf den Monitor zurück. Dieses Spiel setzte sich unaufhörlich fort, das Bild flackerte im Takt der Wellen, als suche man bei einem alten Fernseher nach der besten Stellung der Antenne. Damit verbunden war aber auch der Verlust von Hunderten Tiefenmessungen. »Kleine verschollene Signale«, wie einer der Hydrografen meinte. Auf einem anderen Bildschirm zeichneten diese verlorenen Signale einen Bogen unter dem Schiff, der an das hämische Grinsen der Comicfigur Joker erinnerte. Kane arbeitete, so schnell er konnte, aber die Fehler versteckten sich einfach überall.

Der Bildschirm des großen Monitors war in sechs verschiedene Fenster unterteilt, darunter zwei größere, in dem der aktuelle Kurs des Schiffes sowie die Wassersäule direkt unter ihm zu sehen waren. Letzteres Fenster erinnerte ein wenig an das Ultraschallbild eines Fötus. Doch das grobkörnige Schwarz-Weiß-Bild zeigte nicht das Profil eines ungeborenen Kindes, sondern einen Schalltrichter, an dessen einem Ende sich der Meeresboden befand, am anderen das Schiff und, in strahlendem Blau, die Meeresoberfläche. Dazwischen war ein Schwarm von türkisfarbenen Punkten zu erkennen, bei denen es sich um Plankton, Kalmare und Fische zu Millionen handelte. Nachts steigt dieser Schwarm auf, um an der Oberfläche Nahrung zu suchen, tagsüber sinkt er in die Tiefe, um sich in der Dunkelheit vor Feinden zu verstecken.

Es handelt sich um die größte sich täglich wiederholende Wanderung von Biomasse. Fachleute nennen es tiefe Streuschicht, weil die Signale ihrer Echolote an dieser lebenden Wand abprallen. Während des Zweiten Weltkriegs, als die ersten Echolote zum Einsatz kamen, entdeckten Wissenschaftler, die für die U.S. Navy arbeiteten, dieses Phänomen bei Experimenten vor der Küste Kaliforniens. Die Streuschicht war so dick, dass man hätte glauben können, der Meeresboden bewege sich im Tagesverlauf auf und ab. Der Wissenschaftler, dem die Schicht als Erstem aufgefallen war, nannte sie einen »doppelten Boden«.[12]

Diese Streuschicht ist vor allem eines: schön anzuschauen. Eine Hydrografin an Bord der *Nautilus* erzählte mir, dass sie ihren Tagesablauf an dieser Schicht ausrichtet, um beobachten zu können, wie sich die Lebewesen im Meer auf und ab bewegen, als wollten sie unter Wasser den Auf- und Untergang der Sonne nachstellen.

Die Vermessung des Meeresbodens fügt den Geräuschen, die im Ozean herrschen, notwendigerweise weitere hinzu. An vielen Tieren, deren Lebensraum das Meer ist, lassen sich schon heute negative Folgen des vom Menschen verursachten Lärms beobachten. Im Rahmen eines Versuches wurden Muschellarven seismischen Impulsen ausgesetzt, worauf sie mit einer gestörten Entwicklung reagierten, zu der bei der Hälfte der Larven auch Deformationen gehörten.[13] Der von Schiffen verursachte Schall beeinträchtigt die Entwicklung der Embryonen des Seehasen (einer Schneckenart) und führt zu erhöhter Sterblichkeit der Larven.[14] Das Arbeiten mit Rammen, vor allem beim Bau von Offshore-Anlagen, schreckt Tintenfische auf und kann ihre Fähigkeit beeinträchtigen, Feinde zu bemerken und vor ihnen zu fliehen.[15] Das Tier, an dem die Folgen von Lärm am gründlichsten erforscht wurden, ist der Schnabelwal, ein mit hochempfindlichen Sinnen ausgestattetes Raubtier, das sehr tief tauchen, lange unter Wasser bleiben und sich per Schall mit seinen Artgenossen verständigen kann. Auf diese Weise stimmt sich eine Schule Schnabelwale ab, um ihrem größten Feind, dem Schwertwal, zu entgehen.[16] Mittelfrequenzsonare, die von der Marine im Kampf gegen U-Boote eingesetzt werden, scheinen ihnen arg zuzusetzen. Unter ihrem Einfluss stellen sie die Nahrungssuche ein und versuchen, dem Schall auszuweichen, indem sie auf direktem Wege auftauchen, ohne zu dekomprimieren. So ereilt sie die gefürchtete Taucherkrankheit, unter der auch Menschen leiden, wenn sie aus größerer Tiefe zu rasch aufsteigen und sich in ihren Blutgefäßen Stickstoffblasen bilden. Seit die Mittelfrequenzsonare in den 1960er-Jahren eingeführt wurden, hat sich die Zahl der gestrandeten Schnabelwale vor allem in der Nähe von Marinestützpunkten oder im Zusammenhang mit Manövern signifikant erhöht.[17]

»Die Forschung hat sich intensiv mit der Frage beschäftigt, welchen Einfluss die Geräuschemissionen von Schiffen und Sonaren auf Meeressäuger haben«, sagte mir Annamaria DeAngelis, Biologin bei der NOAA. Es sind vor allem diese beiden Arten von Geräuschen, unter denen Meeressäuger zu leiden haben. DeAngelis zufolge geht man in der Wissenschaft davon aus, dass bei der Vermessung eingesetzte Sonare vergleichsweise geringe Auswirkungen haben, weil der Schall auf das Gebiet direkt unter dem Schiff beschränkt bleibt. Aber die entsprechende Forschung ist noch jung, und gemeinsam mit anderen Wissenschaftlern führt DeAngelis Versuche durch, um herauszufinden, ob die Annahme haltbar ist. Sie plädiert dafür, Forschungsschiffe durch autonome Unterwasserfahrzeuge zu ersetzen, die sich näher am Meeresgrund bewegen und deshalb eine geringe Fläche mit Schall »beschießen«.

Der Zentralrechner an Bord der *Nautilus*, der die Signale des Fächerecholots empfing, lieferte derweil neue Bilder vom Meeresgrund: eine rote Wellenlinie, der zu entnehmen war, dass die akustischen Signale auf Mineralboden getroffen waren. Harter, felsiger Untergrund reflektiert den Schall anders als weicher und schlammiger Boden. In der Meeresforschung spricht man auch von Rückstreudaten. Man kann es sich vorstellen wie die Akustik in einer Bar: Eine nagelneue Hausbrauerei mit strahlenden Glas- und Metallflächen macht viel her, aber die Akustik ist miserabel, weil der Schall der Musik und der vielen Stimmen von den harten Oberflächen abprallt und sich zu einer Kakofonie vermischt. Die alte Eckkneipe mit ihrer Holzvertäfelung ist für das Ohr wesentlich angenehmer. Die Hausbrauerei entspräche in diesem Bild dem felsigen Meeresgrund, die Eckkneipe dem weichen Boden. Rückstreudaten werden auch in der Ökologie benutzt, um den Lebensraum bestimmter Meeresbewohner zu bestimmen. Tiefseewürmer lieben weiches Sediment, das sie auf der Suche nach Nahrung aufwühlen. Anemonen siedeln sich gern auf hartem Untergrund an, um ihre Tentakel in die Strömung zu halten und so an etwas Essbares zu kommen.

Bei ruhiger See liefert das Fächerecholot ein schillerndes Abbild des Meeresbodens – in der Sprache der Wissenschaft bathymetrische Karte genannt. Wer sie anschaut, wird ihre halluzinogene Wirkung bemerken. Das EM 302 überzieht den Meeresboden mit Schall und legt so einen Regenbogen über Berge und Täler, wobei jede Farbe für eine andere Tiefe steht. Rot- und Gelbtöne stehen für flache Stellen, Grün, Blau und schließlich Violett repräsentieren unterschiedliche Tiefen. Vergleichbares findet sich auch auf Landkarten, aber auf den unbedarften Betrachter wirken bathymetrische Karten, als stammten sie aus einer Science-Fiction oder gar einer anderen Welt.

Hydrografen hingegen geraten nicht selten regelrecht ins Schwärmen über die Schönheit solcher Karten, auf denen ein Fjord in Alaska schon mal so aussehen kann wie ein Werk der modernen Kunst. Und weil sie wissen, wie viel Arbeit in einer solchen Karte steckt, können sie jedes Grübchen und jeden Pickel wertschätzen. In aller Regel sind sie geologisch vorgebildet, sodass sie der Karte auf einen Blick Hinweise auf die jüngere Vergangenheit und die nahe Zukunft entnehmen können. Sie können erkennen, wo einst ein Fluss in den Ozean mündete oder sich eine Insel zu einem unterseeischen Berg verwandelte. Und sie können vor den Tücken eines Meeresgrabens und einem drohenden Tsunami warnen. Eine Welt, die uns normalerweise verborgen bleibt, wird in einer solchen Karte sichtbar.

»Ich kann mir lebhaft vorstellen, wie schwer es Laien fällt, von der bunten Karte auf den tatsächlichen Zustand des Meeresbodens zu schließen«, sagt Nicole Raineault. »Aber wenn man den Ozean trockenlegen und all die Berge und Schluchten sehen könnte, die sich über den Grund ziehen, käme man wohl aus dem Staunen nicht mehr raus. Und in den allermeisten Fällen sind wir die Ersten, denen sich dieser Anblick bietet.«

Offen gestanden waren die Karten, die wir an diesem Tag vor der Küste Kaliforniens erstellten, nicht sehr ansehnlich. In Struktur und Farbe erinnerten sie eher an ein Tarnmuster. Und schon am zweiten Tag unserer Reise beschloss Renato Kane, das EM 302 auszuschalten – eine vergleichsweise ungewöhnliche Maßnahme. »Wir fahren es nur selten runter«, erklärte die Hydrografin Erin Heffron. »Es ist wie ein alter, sauertöpfischer Mensch. Dem kommt man ja auch nicht blöd.« Aber die Karten, die es lieferte, waren schlicht nicht zu gebrauchen. Und anstatt Seabed 2030 schlechte Karten zu übermitteln, beschlossen die Hydrografen, besseres Wetter abzuwarten.

5.

Das stellte sich am nächsten Tag ein. Die See glättete sich, der Wind schlief ein. Der Kapitän erlaubte der Besatzung, sich an Deck frei zu bewegen und frische Luft zu schnappen. Danach stand auch mir der Sinn. Als ich über das Oberdeck spazierte und beobachtete, wie die ersten Sonnenstrahlen durch die Wolken brachen, ließ ich meine Hand geistesabwesend über die Reling gleiten. Als ich sie wieder hochnahm, war die Handfläche voller Salzkristalle. In den letzten 24 Stunden hatte der Starkwind das Schiff gepökelt.

Erin Heffron, die in der zurückliegenden Nacht Dienst gehabt hatte, saß im Datenraum und mühte sich, das EM 302 wieder in Betrieb zu nehmen. »Normalerweise hilft ein Gebet oder ein Opfer«, sagte sie scherzhaft. Neben dem Datenraum befand sich ein klimatisierter Raum, der mit Elektronik vollgestopft war. Hier waren die Computer untergebracht, die EM 302 steuerten. Um das Echolot anzuschalten, war mehr nötig, als einen Schalter umzulegen, auch wenn genau das am Anfang einer Prozedur stand, die zehn Minuten dauern sollte. Heffron streckte den Arm aus und drückte auf einen großen schwarzen Knopf mit der Aufschrift »An«, und bald trudelten die ersten Daten für eine neue Karte ein.

Kapitel 3

AM GRUND DES ATLANTIKS

1.

Cassie Bongiovannis neuer Arbeitsplatz an Bord der *Pressure Drop* war ein schlichter Schreibtisch mit vier an der Wand befestigten Computern. Umgeben war sie von Ingenieuren, die sich um die Elektronik jenes Tauchbootes kümmerten, das möglicherweise schon bald zum ersten Mal auf den Grund aller fünf Weltmeere tauchen würde, sowie Biologen, die Mikroskope vorbereiteten, um später nie zuvor gesehene Lebewesen der Tiefsee zu bestaunen. Von ihrem Schreibtisch aus würde sich Cassie auf die Suche nach den tiefsten Tiefen des Planeten begeben. An ihrem ersten Tag auf Victor Vescovos Schiff klammerte sie sich an diesen Tisch wie an einen Rettungsring, so groß war ihre Angst, in ihrer ersten Anstellung nach dem Studium zu versagen. Sie war viel zu aufgeregt, um den geschützten Raum zu verlassen, und sei es nur, um zur Toilette zu gehen. »Wenn mir nicht ausdrücklich erlaubt wird, einen Raum zu betreten, gehe ich davon aus, dass der Zugang verboten ist.« Schließlich erbarmte sich jemand und zeigte ihr das Bad. Und während um sie herum das Drama der Five Deeps Expedition seinen Lauf nahm, verhielt sie sich so unauffällig wie möglich.

Einen Tag bevor sie ihre Arbeit aufnehmen sollte, war Cassie in Curaçao eingetroffen. Die Ankunft war »ein bisschen beiläufiger geraten, als ich es mir vorgestellt hatte«, sagte sie. Formal gehörte sie zur Besatzung des Schiffes, weshalb sie so angereist war, wie es für Besatzungsmitglieder üblich ist: Sie hatte zwar ein Flugticket bekommen, aber keinerlei Informationen darüber, wo sie übernachten und wie sie dort hinkommen sollte. Nach der Landung hatte der Zoll sie beiseitegenommen und nach den Festplatten gefragt, die sie auf Wunsch von Five Deeps im Gepäck hatte. Nach einer intensiven Vernehmung wurde sie ins Land gelassen. Leicht verwirrt fand sie sich vor dem Terminal wieder, wo sie in die Dunkelheit einer karibischen Nacht schaute, umringt vom Summen der Insekten, das sie nie zuvor in ihrem Leben als so laut empfunden hatte. Dann war ein Mann aus einem großen Geländewagen gestiegen, der auf dem Parkplatz stand. »Bist du Cassie von Five Deeps?«, hatte er gefragt und sie kurz darauf an einem Hotel abgesetzt, nicht ohne ihr aufzutragen, um sechs Uhr bereit zur Abfahrt zu sein.

Als am nächsten Morgen die Sonne aufging, versuchte Cassie sich einen Eindruck davon zu verschaffen, wo sie war. Willemstad, die Hauptstadt von Curaçao, bietet ein kurioses Bild von holländischer Architektur, die in grellen Farben angemalt ist. Die *Pressure Drop* lag auf einer großen Werft, auf der vor allem Schiffe ausgerüstet werden, deren Ziel die nahe gelegenen Ölfelder Venezuelas sind. Als sie das weitläufige Werftgelände erreicht hatte, machte sich Cassie zwischen riesigen Öltankern und Containerschiffen auf die Suche nach der *Pressure Drop*. Schließlich entdeckte sie das Schiff in einem Trockendock. Eine wahre Flut von Arbeitern war zu sehen, die an und von Bord gingen, um kurz vor der Abfahrt eine Vielzahl von Dingen zu Ende zu bringen. Wer mochte zum Schiff gehören, wer zur Werft? Cassie betrat die Gangway und hielt nach dem Kapitän oder jemand anderem Ausschau, der die Verantwortung trug. Bevor sie auch nur einen Fuß an Bord setzen konnte, hielt ein Mann sie auf: »Wer sind Sie?«, fragte er. Sie nannte ihren Namen, und er wies ihr den Weg tief ins Innere des Schiffes.

1985 erbaut, war die erst kürzlich so benannte *Pressure Drop* eines von etwa einem Dutzend Schwesterschiffen, die während des Kalten Krieges für die US-Regierung im Einsatz gewesen waren. Ehe sie 2002 für friedliche Zwecke umgerüstet wurde, hatte sie Jagd auf russische U-Boote gemacht – auch hier also überlappen sich militärische und wissenschaftliche Ziele. Das Schiff war extrem leise, was für Tiefenmessungen sehr von Vorteil war. Victor hatte viel Geld investiert, um das Schiff so umbauen zu lassen, dass es für den zivilen Einsatz klassifiziert werden konnte. Zusätzlich hatte er ein paar Annehmlichkeiten installieren lassen, um lange Seereisen erträglicher zu machen. Alle Kabinen hatten einen neuen Fußboden, ein neues Bad und einen Flachbildschirm bekommen, auf dem man sich Filme aus der gut bestückten Bordvideothek ansehen konnte. Victor selbst setzt auf Diät-Cola als Wachmacher, aber um die Laune der Besatzung hochzuhalten, erwarb er eine sündhaft teure Espressomaschine. Ein Aussichtsdeck oberhalb der Brücke wurde auch »Sky Bar« genannt. Jeden Abend wurden hier pünktlich zum Sonnenuntergang Bier und Wein ausgeschenkt.[1]

Die *Pressure Drop* bot neunundvierzig Personen Platz, von denen die meisten zur Crew gehörten und von den Philippinen oder aus Osteuropa stammten. Die Offiziere kamen aus Schottland und hatten zuvor in der Öl- und Gasindustrie gearbeitet. Das galt auch für Kapitän Stuart Buckle, der für seine klaren Ansagen bekannt war und auch schon das Schiff befehligt hatte, von dem aus James Cameron 2012 seinen Tauchgang in den Marianengraben startete.

Ingenieure und Mechaniker der Firma Triton, die Victors Tauchboot gebaut hatten, bildeten eine weitere, nicht ganz kleine, ausgelassene Gruppe an Bord. Die Leute von Triton hatten es sich zur Gewohnheit gemacht, sich rund um einen großen Tisch zu versammeln, der sich gegenüber von Cassies neuem Arbeitsplatz befand. Sie selbst nannten diese Zusammenkünfte »Einsatzleitung«, was im Klartext bedeutete, dass sich »zwischen sechs und zehn Personen an den Tisch setzten und lautstark über alles austauschten, was ihnen gerade wichtig erschien«, wie sich Cassie mit einem Lächeln erinnerte. Um in Ruhe arbeiten zu können, verzogen sich die Wissenschaftler in eine kleine Kabine, die zwei, allenfalls drei Personen und ihren Laptops Platz bot (und deshalb scherzhaft »Schrein der Wissenschaft« genannt wurde).

Trotz aller Umbauten war die *Pressure Drop* »beileibe keine Superjacht oder dergleichen«, meinte Heather Stewart. »Sie war eine alte Dame.« Alan Jamieson verglich die Arbeit auf dem Schiff mit der Arbeit in einer alten Scheune, musste aber zugestehen, dass ihm das Schiff sehr ans Herz gewachsen war. Cassies Schreibtisch stand ziemlich exponiert am Eingang des Datenraums, und dort mussten alle Teammitglieder vorbei. »Sie saß da ziemlich unglücklich«, erinnerte sich Jamieson. »Ich habe keine Ahnung, warum man ihren Schreibtisch mitten in den Raum gestellt hat. Sie saß da wie auf einem Bahnhof oder etwas Ähnlichem.« Hinzu kam, dass neben ihrem Schreibtisch ein Kühlschrank stand, in dem Köder aufbewahrt wurden. Jedes Mal, wenn Jamieson die Kühlschranktür öffnete, wehte Cassie eine Wolke des penetranten Geruchs von angegammelten Makrelen entgegen.

In der Frühphase der Expedition war die Stimmung auf der *Pressure Drop* aufgeladen. Die Teams, die gemeinsam Five Deeps bildeten, waren einigermaßen willkürlich zusammengestellt worden, was zu Spannungen und Meinungsverschiedenheiten führte. Triton Submarines war finanziell an Five Deeps beteiligt und hatte ein Ziel, das es über die Interessen anderer Teams stellte. Und dieses Ziel lautete, ein Tauchboot zu bauen, das Victor an die tiefsten Punkte aller fünf Weltmeere bringen konnte. Patrick Lahey, der Geschäftsführer von Triton, und sein Team waren gewillt, alles zu unternehmen, was dafür notwendig war. Die schottische Besatzung warf den Leuten von Triton vor, dass sie es mit der Sicherheit an Bord nicht genau genug nahmen, wohingegen der Kapitän der *Pressure Drop* beklagte, das Schiff, das Victor auf Anraten von Triton gekauft hatte, sei bestenfalls bedingt geeignet.[2] Die Wissenschaftlerinnen und Wissenschaftler wiederum brannten darauf, endlich an die erhofften Proben aus der Tiefsee zu kommen, doch zuvor musste Victor seine Tauchgänge hinter sich bringen. Nach einem wenig erfreulichen ersten Kontakt zu Five Deeps waren Alan Jamiesons Zweifel an den wissenschaftlichen Zielen des Projekts nicht geringer geworden. »Was wir Interessierten sagen konnten, klang wenig verlockend«, so seine Erinnerung an ein Telefonat mit einem Bewerber, bei dem es um die Expedition ging. »Wir brauchen einen Wissenschaftler an Bord, weil wir das Tauchboot in einem Jahr wieder verkaufen wollen, und dafür sollte es seine Nützlichkeit nachgewiesen haben. Aber im strengen Sinne wissenschaftlich arbeiten würden Sie natürlich nicht, und tauchen schon gar nicht.«

Zu den Spannungen trug wesentlich der Umstand bei, dass Victor ein Filmteam eingeladen hatte, das für den Discovery Channel eine Dokumentation über die Expedition drehen sollte. Diese Leute mischten sich nach Belieben in strittige Entscheidungen ein, stellten im falschen Moment die falschen Fragen und sorgten so dafür, dass die ohnehin brenzlige Atmosphäre an Bord explosiv zu werden drohte. Sehr schnell kam ihnen die Rolle des Sündenbocks zu, auf die sich der Missmut aller anderen konzentrierte. Ihren Arbeitsplatz richteten sie in einer Ecke des Datenraumes ein, ganz in der Nähe von Cassies Schreibtisch, die fortan verfolgen konnte, wie sie sich am Ende eines Tages über die Aufnahmen unterhielten, die entstanden waren.

Cassie hatte derweil mit den Technikern von Kongsberg alle Hände voll zu tun, die tief im Inneren des Schiffes das neue EM 124 installierten. Während sie ihnen dabei über die Schulter sah, machte sie unentwegt Notizen, um im Falle eines Falles später in der Lage zu sein, Reparaturen selbst vorzunehmen. Die erste Etappe der Reise würden die Techniker noch mitmachen, aber danach wäre sie mit dem sündhaft teuren Fächerecholot allein.

Eine Woche nach Cassies Ankunft in Curaçao – das Echolot war inzwischen installiert – stach die *Pressure Drop* in See. Das Ziel war San Juan in Puerto Rico, wo die restliche Crew an Bord gehen sollte. Von dort würde die Fahrt zum Puerto-Rico-Graben gehen, 75 Seemeilen nördlich der karibischen Insel.[3] Schon jetzt drohte der Zeitplan von Five Deeps durcheinanderzugeraten, und so ließ der Kapitän nach der Abfahrt von Willemstad die Maschinen unter Volllast laufen. Damit erreichte das Schiff mehr als zehn Knoten. Um den Meeresboden vermessen zu können, ist eine Geschwindigkeit zwischen fünf und acht Knoten optimal, was bedeutete, dass Cassie das neue, noch unerprobte Echolot nur in den kurzen Phasen ausprobieren und Kinderkrankheiten aufspüren konnte, in denen die Geschwindigkeit gedrosselt wurde. Das war meist bei Nacht der Fall, und wenn sich dann ein Fehler zeigte, weckte Cassie die Techniker unsanft aus dem Schlaf. Und Fehler zeigten sich häufig.

Die Meeresgeologin Heather Stewart gehörte zu den wenigen an Bord, die Verständnis für das Dilemma aufbrachten, in dem Cassie steckte. »Entweder es wird ein sensationeller Erfolg, oder es wird der größte Reinfall, den man sich nur denken kann«, so brachte sie es auf den Punkt.

Der Puerto-Rico-Graben ist nach dem Marianengraben mit dem Challengertief der zweittiefste Punkt, den die Expedition ansteuern würde. Mit einer Tiefe von etwa 8500 Metern ist er fast so tief, wie der Mount Everest hoch ist. Verglichen mit den nahezu unerforschten Abgründen des Südlichen und des Indischen Ozeans gab es für den Puerto-Rico-Graben eine beträchtliche Zahl von Karten, auf die Cassie zurückgreifen konnte. Die ältesten reichen bis ins Jahr 1876 zurück, jenes Jahr, in dem ein britisches Schiff namens *Challenger* den Graben entdeckte. 1939 meinte die Besatzung des US-amerikanischen Schiffes *Milwaukee* den tiefsten Punkt des gesamten Grabens gefunden zu haben, der daraufhin Milwaukeetief getauft wurde. Es gibt aber noch eine zweite Stelle, die den Rekord für sich beansprucht, und die hört auf den Namen Brownsontief. Die ersten Tauchgänge in den Graben fanden bereits 1964 statt, als das französische Tauchboot *Archimède* bis an den Meeresgrund gelangte.[4]

Die Daten, die im Laufe der Jahre zusammengetragen worden waren, boten Cassie zwar eine Orientierung, sie konnten sich genauso gut aber auch als Pferdefuß erweisen. Die Messungen konnten fehlerhaft sein, Resultat schlampiger Arbeit oder mit Instrumenten erhoben, die veraltet oder unzureichend kalibriert gewesen waren. »Als ich auch nur andeutete, dass der Funktionstest achtundvierzig Stunden dauern würde, fielen die Kinnladen herunter. Die Leute waren regelrecht sauer«, erinnerte sich Cassie. Auf einem Forschungsschiff fallen pro Tag Kosten in Höhe von 50 000 Dollar an. Cassie sah sich genau jener Situation gegenüber, die sie sich ausgemalt hatte: Würden die durchweg älteren und ranghöheren Männer an Bord auf eine fünfundzwanzigjährige Hydrografin hören, die gerade das Studium abgeschlossen hatte? »Ich habe wie ein Löwe darum gekämpft, dass wir so viele Messungen wie möglich vornehmen, ehe es ernst wird.« Und Victor versuchte sie zu verdeutlichen, dass alle Rekorde, die er aufzustellen gedachte, wertlos wären, wenn das Gerät, das sie belegen sollte, nicht auf Herz und Nieren geprüft wäre. Das überzeugte ihn schließlich.

Bevor das Schiff über dem tiefsten Punkt des Grabens stand, wurden im flacheren Wasser die letzten Tauchversuche durchgeführt, um auch die letzten Zweifel daran zu vertreiben, dass das Tauchboot seiner Aufgabe gewachsen war. Dabei häuften sich Pannen und Fehlermeldungen in geradezu lächerlicher Weise. Die Luke des Tauchbootes war nicht dicht. Die Elektronik erwies sich als störanfällig. Wäre es nicht so gefährlich gewesen, hätte man es als Farce bezeichnen können. Die Spannungen zwischen dem Team von Triton, das für den Betrieb des Tauchbootes zuständig war, und der Besatzung des Schiffes, die für die Sicherheit an Bord verantwortlich war, nahmen dadurch noch zu. Als Victor vor einem der Probetauchgänge vom Beiboot in das schwimmende Tauchboot umsteigen wollte, wurde ihm wegen des Wellengangs so übel, dass er sich übergeben musste. Daraufhin wurde der Tauchgang abgeblasen, doch bei dem Versuch, zurück ins Beiboot zu steigen, landete der seekranke Victor im Ozean. Er konnte von Glück sagen, dass er nicht zwischen dem Tauchboot und dem Beiboot zerquetscht wurde. Bevor die nächste Welle anrollte, konnte er aus dem Wasser krabbeln. Und während sich das Geschehen dramatisch zuzuspitzen drohte, ließ das Filmteam ungerührt die Kamera laufen und suchte nach der spektakulärsten Einstellung.

Am dritten Tag der Testreihe erreichte die unselige Verkettung von Fehlern und Pannen ihren Höhepunkt. Bis Victor seinen Rekordversuch starten wollte, blieb nur noch ein Tag, und deshalb musste alles einwandfrei funktionieren. Patrick Lahey stieg zu Victor in die *Limiting Factor*, die in eine Tiefe von exakt einem Kilometer tauchte. Zunächst verlief alles planmäßig. Die Luke war dicht, die Elektronik funktionierte fehlerfrei. Als das Boot den Grund erreichte, konnten die beiden Männer durch die Fenster die befremdlich anmutenden Bewohner der Tiefsee beobachten, die am Boot vorbeizogen. Dann machte sich Victor daran, den Manipulator des Tauchbootes auszuprobieren. Der aber brach schon beim ersten Versuch ab und landete auf dem Grund des Meeres.

»Patrick, wir haben den Greifarm verloren«, sagte Victor.

»Das darf nicht wahr sein!«, rief Lahey entsetzt und schaute aus dem Fenster. Das Tauchboot besaß keinen zweiten Arm, sodass es keine Möglichkeit gab, den, der gerade abgebrochen war, zu bergen. Mit ihm hatte das Boot auch hundert Kilogramm Gewicht eingebüßt, sodass es unaufhaltsam zu steigen begann. »Ich habe keine Ahnung, wie das enden soll«, meinte der sichtlich frustrierte Victor, während sie sich der Oberfläche näherten.

Der Verlust des Manipulators traf die Wissenschaftler an Bord besonders hart. Alan Jamieson und Heather Stewart hatten damit Proben sammeln wollen, was nun gestrichen war. Und Victor hatte mit dem Arm auch 350 000 Dollar verloren, was seiner Laune nicht zuträglich war. »Dass so etwas passiert, hatte sich niemand an Bord vorstellen können«, erinnerte sich Lahey. »Als es dann doch passierte, schlug die Stimmung um, und niemand mochte mehr auf einen Erfolg des Unternehmens hoffen.« Lahey konnte auf vierzig Jahre Erfahrung im Umgang mit Tauchbooten zurückblicken, er war also an Pannen ebenso gewöhnt wie daran, zu improvisieren. Aber alle anderen, die diese Erfahrung nicht hatten, nahmen den Vorfall als schlechtes Omen: War das Tauchboot wirklich sicher genug, um zu den fünf tiefsten Stellen des Planeten zu tauchen? Wenn die Antwort Nein lautete, hatte sich das gesamte Projekt namens Five Deeps erledigt.

Als sie wohlbehalten wieder an Bord der *Pressure Drop* waren, setzten sich Victor und Lahey mit Rob McCallum zu einem spontanen Krisengespräch zusammen. Der Etat des Projekts war um mehrere Millionen Dollar überschritten und alle Zeitpläne über den Haufen geworfen worden. Der Werftarbeiter, der durch das Luk gefallen war, forderte Schmerzensgeld und Schadenersatz, und nun hatte das Tauchboot auch noch den Manipulator verloren. Victor war drauf und dran, die Expedition abzublasen, sodass Lahey förmlich flehen musste: »Gib uns noch eine Chance. Ich denke, wir können das Problem beheben und dich auf den Meeresgrund bringen.« Schließlich lenkte Victor ein und setzte Lahey eine letzte Frist von sechsunddreißig Stunden, um das Tauchboot zu reparieren. Das Triton-Team machte sich daran, die nötigen Reparaturen in Rekordzeit zu erledigen. »Ich bin ein unverbesserlicher Optimist«, erklärte Lahey, »aber ich glaube, in dem Moment war unverbesserlicher Optimismus tatsächlich nötig. Ich leide auch nicht unter Tagträumen. Ich war schlicht vom Können meiner Leute und ihrer Fähigkeit, das Problem zu lösen, überzeugt.«

Die von Victor gesetzte Frist ließ Cassie mehr Zeit als gedacht, um den tiefsten Punkt des Puerto-Rico-Grabens auszumachen. Fieberhaft suchte sie den Meeresgrund ab, um jene Stelle zu finden, an der Victor auf den Grund des Atlantiks tauchen würde. Im Normalfall ist das eine Aufgabe für ein Team von drei oder vier Hydrografen, die sich, wie auf der *Nautilus*, im Schichtbetrieb rund um die Uhr abwechseln. Eine Person könnte das Echolot überwachen und die eingehenden Daten prüfen, eine andere sich um die Auswertung der Karten kümmern, Berichte schreiben und an Treffen mit anderen Abteilungen teilnehmen. Seit sie auf See waren, hatte Cassie all diese Aufgaben selbst übernommen und deshalb nur sehr wenig geschlafen.

Mit der Suche nach der tiefsten Stelle konnte sie erst beginnen, wenn das Schiff ein Seegebiet erreicht hatte, das dafür infrage kam. Dafür musste die *Pressure Drop* möglichst schnell die vielversprechendsten Stellen des Puerto-Rico-Grabens anlaufen. Der aber ist 800 Kilometer lang. Jamieson und Stewart dirigierten das Schiff deshalb zunächst an eine Stelle, die in einer älteren Karte, die sie angefertigt hatten, als tiefster Punkt bezeichnet war. Doch wie sich herausstellte, »war es dort nicht tiefer als an anderen Stellen, die wir bis dahin untersucht hatten«, so Cassie. »Also fragten wir uns, ob es eine tiefere Stelle überhaupt gab und wie wir sie finden sollten.«

Ein Meeresgraben ist wie ein langer Riss im Meeresgrund mit abfallenden Rändern und einem meist ebenen Boden.[5] Cassies Aufgabe bestand darin, auf diesem ebenen Boden die tiefste Stelle ausfindig zu machen. Doch selbst das modernste Fächerecholot kann nicht unterscheiden, welcher von zwei Punkten, die direkt nebeneinanderliegen, der tiefere ist. Die Abertausend Signale, die Cassie in den Puerto-Rico-Graben regnen ließ, kehrten mit einer Fehlerquote zu ihr zurück, die recht genau der Differenz zwischen der maximalen und der minimalen Tiefe am Meeresboden entsprach.

Anders gesagt: Die Aufgabe, vor der sie stand, war nahezu unlösbar. Deshalb zog Cassie ein Liniennetz über den Graben, das in west-östlicher Richtung verlief. Dann suchte sie nach einem Hang, der sie bis auf den Grund des Atlantiks führte. Auf diese Weise durchforschte sie nahezu 4000 Quadratkilometer des Grabens. Am frühen Morgen entdeckte sie zwischen zwei älteren Vermessungslinien den mit 8736 Meter tiefsten Punkt, mit einer Ungenauigkeit von plus/minus fünf Metern. »Den zu finden, war alles andere als leicht«, sagte sie müde.

Unterdessen war das Triton-Team zu dem Schluss gekommen, dass der Verlust des Manipulators ein Glücksfall gewesen war. »Der Verlust des Greifarms hat uns den richtigen Weg gewiesen«, so Lahey. Um zu funktionieren, benötigte der mechanische Arm mehr als dreißig elektrische Anschlüsse, und die waren nun frei, um damit andere Probleme im Inneren des Tauchbootes anzugehen. »Als Victor sechsunddreißig Stunden später in das Tauchboot stieg, war auf dem Armaturenbrett nicht ein einziger Alarm zu sehen. Beim letzten Tauchgang hatte es noch geleuchtet wie ein Weihnachtsbaum. Alle Systeme, die damals nicht richtig funktioniert hatten, arbeiteten nun fehlerfrei. Nur der Greifarm natürlich nicht.«

Da der tiefste Punkt des Puerto-Rico-Grabens gefunden war und das Tauchboot offensichtlich tat, was von ihm erwartet wurde, ließ Victor sich umstimmen und erklärte, den Tauchgang wie geplant anzugehen. (Später behauptete er, nie ernsthaft etwas anderes im Sinn gehabt zu haben. »Mit Abbruch habe ich nur gedroht, um sie zusätzlich zu motivieren«, sagte er.) Am buchstäblich letzten Tag, an dem es noch möglich war, riss der Himmel auf, der Wind legte sich, und alles schien dafür bereit, den tiefsten Punkt des Atlantischen Ozeans zu erreichen.

2.

Lange bevor aus Five Deeps eine konkrete Expedition wurde, mit einem Schiff, einem Tauchboot und einem Team dahinter, hatte Victor Vescovo schon die feste Absicht, im Alleingang die fünf tiefsten Punkte des Ozeans zu erreichen. Jemand, der so sehr in der Öffentlichkeit steht, der Berge bestiegen und Firmen geleitet hat, empfindet es offenbar als Glück, für sich zu sein. Er war nie verheiratet und hat keine Kinder, aber ein ganzes Rudel mittelgroßer schwarzer Hunde der Rasse Schipperke, die er als seine Familie ansieht. Den Rekord im Alleingang aufzustellen, hieß auch, ihn mit niemandem teilen zu müssen. Patrick Lahey, ein außergewöhnlich extrovertierter Mensch, der am produktivsten ist, wenn um ihn her Chaos herrscht, stand dem Plan ablehnend gegenüber.

»Ich verstehe nicht, warum Menschen Dinge allein machen wollen. Die meisten Erfahrungen, die der Mensch macht, werden intensiver, wenn man sie mit anderen teilt, aber Victor wollte die Tauchgänge um jeden Preis allein machen. Jetzt müssen wir ihn nicht nur zum Kommandanten des Tauchbootes ausbilden und ihm beibringen, wie man es steuert, sondern auch ein Sicherheitssystem ausbrüten und installieren, das im Notfall für ihn einspringt.« In anderen Worten: Was könnte das Team machen, wenn Victor mehrere Tausend Meter unter der Meeresoberfläche plötzlich ausfiele? Je tiefer er tauchte, desto schwerer würde es, ihn vom Begleitschiff aus zu retten. Und im schlimmsten aller Fälle bliebe immer noch das Problem, seine sterblichen Überreste zu bergen.

Der Abstieg in den Puerto-Rico-Graben sollte zugleich Victors erste Alleinfahrt in dem Tauchboot werden und tiefer führen, als er je gewesen war. Als die *Limiting Factor* im Wasser verschwunden war, versammelte sich das Team im Datenraum, um an den Bildschirmen zu verfolgen, wie Victor binnen drei Stunden auf den Meeresgrund tauchte. Alle fünfzehn Minuten sollte er sich per

Funk melden und einen Zustandsbericht durchgeben. Seine kurzen, abgehackten Durchsagen trafen mit einiger Verspätung ein, weil sich der Schall durch die ständig größer werdende Wassersäule zwischen dem Schiff und dem Tauchboot arbeiten musste. Bei jedem Funkspruch gab Victor die aktuelle Tiefe und den Kurs durch und berichtete, dass alle Systeme an Bord planmäßig funktionierten. Etwa auf halber Strecke, das Tauchboot befand sich circa vier Kilometer unter dem Meeresspiegel, meldete er sich zum verabredeten Zeitpunkt nicht. Lahey rief ihn über Funk: »Victor, kannst du mich hören?«, fragte er laut und vernehmlich. Keine Antwort. Zehn Minuten lang versuchte Lahey wieder und wieder, Victor zu erreichen, aber zu hören war nur ein Rauschen. Die Anspannung im Datenraum nahm sekündlich zu, weil sich unter die Hoffnung, dass Vescovo endlich antwortete, bange Fragen mischten, die niemand vernehmlich stellen wollte. Wenn etwas schieflief, wäre es unmöglich, Victor zu helfen. Sollten all die kleinen Pannen am Tauchboot Hinweise darauf gewesen sein, dass sich ein größerer Schaden anbahnte? Hatten sie Victor am Grund des Atlantiks verloren?

Lahey vergrub den Kopf in seinen Händen. »Mein Gott«, murmelte er. Seit sich Victor zuletzt gemeldet hatte, waren fünfundzwanzig Minuten verstrichen. Erneut versuchte Lahey, ihn über Funk zu erreichen. »Victor, kannst du mich hören? Hörst du mich?« Plötzlich drang Victors Stimme durch das Rauschen. Er habe sich pünktlich gemeldet und würde beim nächsten Mal lauter sprechen. Im Datenraum herrschte kollektive Erleichterung. Lahey, der aussah, als sei er nur knapp einem Herzinfarkt entgangen, fand die Fassung wieder.

Victor selbst hatte die vergangenen Minuten und Stunden gänzlich anders erlebt. Seine Reise zu einem der abgelegensten Punkte der Erde beschrieb er später als ruhig und friedlich, seine Stimmung als heiter und gelassen. Das Tauchboot sank mit einer Geschwindigkeit von achtzig Zentimetern pro Sekunde.[6] Während sich draußen vor dem Fenster Dunkelheit breitmachte, konnte er auf dem Armaturenbrett das Flackern der Anzeigen sehen. »Am markantesten ist die Stille«, so Victor.

Der Ozean ist in drei Tiefenzonen aufgeteilt: die lichtreiche Zone, die Dämmerzone und die Dunkelzone, benannt nach der Menge des Lichts, das sich den Weg bis in die jeweilige Tiefe bahnt. Auf dem ersten Teilstück seiner Reise passierte Victor das Epipelagial beziehungsweise die lichtreiche Zone, die oberste Schicht des Ozeans, die so heißt, weil das Sonnenlicht in diese Schicht vordringt und die Pflanzen und Tiere durch Fotosynthese Biomasse bilden. Dieser Teil des Ozeans ist den meisten von uns vertraut. Hierher stammt der Fisch, den wir essen, hier leben fast nur Arten, die wir kennen, und hier können wir uns mit nur wenigen Einschränkungen bewegen. In einer Tiefe von etwa 200 Metern erreichte Victor das Mesopelagial beziehungsweise die Dämmerzone. Bis in diese Tiefe können Menschen ohne spezielle Schutzmaßnahmen vordringen. 2014 drang ein ägyptischer Militärangehöriger bis in eine Tiefe von 332,35 Metern oder 1000 Fuß vor und stellte damit einen neuen Weltrekord im Gerätetauchen auf. Der Abstieg dauerte eine Viertelstunde, der Aufstieg dreizehn Stunden, weil er unterwegs in verschiedenen Tiefen Pausen für die Dekompression einlegen musste, damit seine Lungen wegen des sich ändernden Umgebungsdrucks nicht kollabierten und sein Blut nicht zu kochen begann.

Das Restlicht in der Dämmerzone genügt den biolumineszenten Meeresbewohnern, die Victors Tauchboot auf dem Weg in die Tiefe passierte. Während die meisten U-Boote die Form einer Zigarre haben, dank der sie sich in dem dreidimensionalen Raum des Meeres leichter in der Horizontalen bewegen können, musste Victors Tauchboot so geformt sein, dass es sich leichter in der Vertikalen, also nach oben und unten, bewegen konnte. Das strahlend weiße Tauchboot erinnerte ein wenig an einen riesigen Backenzahn. Während es oben leicht verjüngt war, endete es unten in einer Kugel, in der maximal zwei Passagiere Platz fanden. Beim Abstieg wurde es im Inneren der *Limiting Factor* sehr schnell sehr kalt, ein Indiz dafür, dass Victor die Thermokline erreicht hatte, die Grenze zwischen dem warmen, gut durchmischten Oberflächenwasser und dem kalten, trägen Tiefenwasser.

Mit der 1000-Meter-Marke hatte Victor die dritte und letzte Zone des Ozeans erreicht: die Dunkelzone der Tiefsee. Bis hierher dringt kein Sonnenlicht mehr vor. Der Druck, der auf dem Titanrumpf der *Limiting Factor* lastete, betrug fast hundert Bar. In der Sprache des Tiefseetauchens spricht man auch von der »Zerstörungstiefe«. Soll ein Unterwasserfahrzeug tiefer tauchen, sind eine ausgefeilte Technik und intensive Tests unerlässlich.[7]

Die beiden ersten Zonen hatte Victor in nur zwanzig Minuten passiert. Bis zum Grund blieben noch 7000 Meter. Die Tiefsee umfasst 75 Prozent der Meerestiefe, weshalb Fachleute wie Alan Jamieson die Bezeichnung für zu unbestimmt erachten. Sie teilen die Tiefsee daher in drei weitere Zonen, die Bathypelagial, Abyssopelagial und Hadopelagial genannt werden.

Das Bathypelagial reicht von etwa 1000 bis 4000 Meter Tiefe. Hier herrscht ewige Finsternis. Nahrung ist Mangelware, der Druck hoch, die Temperatur liegt bei kühlen, aber stabilen vier Grad über null. Hier zu überleben, ist eine Kunst. Der berühmteste Bewohner ist sicherlich der Anglerfisch mit seinen furchterregenden, nach innen geneigten Zähnen und seinem angelartigen Leuchtköder. Als Victor in diese Region vordrang, befand er sich im Bereich des sogenannten Kontinentalabhangs, wo der Meeresboden sich vom vergleichsweise flachen Bereich des Kontinentalschelfs löst und steil abfällt.

Nach circa einer Stunde erreichte Victor das Abyssopelagial, das sich bis in eine Tiefe von 6000 Metern erstreckt. Der Name Abyssopelagial stammt aus einer noch nicht sehr lange zurückliegenden

Vergangenheit, als die Menschen glaubten, dass das Meer keinen Grund hätte, sondern bodenlos sei, ein nicht endender schrecklicher Abgrund oder, griechisch, Abyssus. Große Teile des Abyssopelagials bestehen aus einer ebenen Fläche mit weichem, schlammigem Sediment, das hier und dort von einzelnen wellenförmigen Senken, aktiven Vulkanen und Guyots genannten abgeflachten unterseeischen Bergen durchbrochen wird. Victors Reise ging jedoch weiter, über das Abyssopelagial hinaus bis in das Hadopelagial, benannt nach Hades, dem griechischen Gott der Unterwelt.

Tiefseerinnen sind selten. Weniger als drei Prozent des Meeresgrundes reichen bis ins Hadopelagial hinab. Die Anspielung auf die Unterwelt hat ihre Berechtigung. Geologisch gesehen, befindet sich das Hadopelagial dort, wo der Meeresboden abstirbt. Von wenigen, aber wichtigen Ausnahmen abgesehen, befinden sich Tiefseerinnen in seismisch aktiven Subduktionszonen, also dort, wo tektonische Platten aufeinandertreffen, der schwere Meeresboden ins Erdinnere absinkt und recycelt wird. Die Gräben verursachen Tod und Zerstörung in Gestalt von Erdbeben und Tsunamis. Im Puerto-Rico-Graben schiebt sich die Nordamerikanische Platte in Zeitlupe unter und gegen die Karibische Platte. Die Subduktionszone zwischen den beiden Platten bringt den tiefen Graben im Meeresboden hervor, der an den Schnitt eines Messers erinnert. Der Pazifik ist von Tiefseerinnen durchzogen, und im Feuerring, der sich entlang der Westküste Amerikas und der Ostküste Asiens zieht, sind Erdbeben nichts Ungewöhnliches. Die meisten davon sind eher unscheinbar, darunter die etwa fünftausend Erdbeben, die sich jedes Jahr im Marianengraben ereignen. Dann und wann ist aber auch ein schweres Erdbeben dabei, so 1918 eines im Puerto-Rico-Graben, das eine Tsunamiwelle auslöste, die auf Puerto Rico hundert Menschenleben forderte.[8]

Als sich Victor dem Grund des Puerto-Rico-Grabens näherte, bemerkte er ein Licht, das durch die nach unten gerichteten Fenster seines Tauchbootes fiel. Er blickte hinaus und erkannte, dass das Licht der Scheinwerfer der *Limiting Factor* vom Meeresgrund reflektiert wurde, auch wenn er den noch gar nicht sehen konnte. »Wenn die letzten ein-, zweihundert Meter anstehen, wird es noch mal knifflig. Dann müssen der Ballast eingestellt und die genaue Position bestimmt werden«, erklärte er später. Vorerst schaute er gebannt durch das Bullauge auf die trübe Mondlandschaft, die unvermittelt unter ihm auftauchte. Der Meeresgrund kam näher und näher, und Victor bereitete sich auf die Landung vor. Die fiel ausgesprochen weich aus – so weich, dass das Tauchboot in den Morast einsank, bis der die Scheinwerfer bedeckte und alles in Dunkelheit gehüllt war.

»Bin gelandet«, rief er in das Funkgerät und fügte hinzu, dass alle Systeme an Bord funktionierten. Viele Kilometer über ihm brach die Crew im Datenraum in Jubel aus. Die Beteiligten klatschten sich ab und schüttelten Hände. Die Erleichterung, so erinnerte sich Heather Stewart später, schwappte wie eine Welle durch den Raum.

Unten auf dem Meeresgrund, der aufgewirbelte Morast hatte sich wieder gesetzt, besah sich Victor den Ort, an den es ihn verschlagen hatte. »Es fühlt sich an, als sei ich auf einem anderen Planeten«, sagte er zu sich selbst.[9] Die topfebene Mondlandschaft, der dunkle, zähe Ozean, der sich wie ein Nachthimmel über die Szene wölbte, das Tauchboot, das wie ein Raumschiff über dem Meeresboden schwebte – all das erinnerte auf eigentümliche Weise an Bilder, die man aus dem Weltraum kennt. Selbst die Reise in die Tiefe hatte Ähnlichkeit mit einem Raumflug gehabt. Das Plankton, das am Fenster vorbeigezogen war, während Victor mit knapp drei Stundenkilometern in die Tiefe glitt, hatte ausgesehen wie Sterne, die mit Lichtgeschwindigkeit eine durchs Weltall rasende Rakete passierten.

Victor machte sich daran, einen Ort zu untersuchen, an dem vor ihm noch niemand gewesen war. Mithilfe des Joysticks ließ er das Boot über den Meeresgrund streifen. Die Scheinwerfer warfen ihren kleinen Lichtkegel auf den Grund und hoben einzelne Stellen hervor wie die Taschenlampe eines Einbrechers, der sich des Nachts in einem unbeleuchteten Haus umsieht. Viele Abenteuer enden auf dem Gipfel eines Berges. Ganz oben, wo es nicht mehr weitergeht, wird man mit einem Blick über das umliegende Land belohnt. Hier entwickelt man ein Gefühl dafür, wie weit man es gebracht hat, im Wort- wie im übertragenen Sinne, erst recht, wenn dann noch die Sonne durch die Wolken bricht und der Szene einen unwirklichen Anstrich verleiht. Mit einem solchen Erlebnis kann die Tiefsee nicht aufwarten. Auf dem Meeresgrund gibt es keine spektakulären Aussichten, selbst die Dinge in unmittelbarer Nähe bleiben in Dunkelheit gehüllt. Victor konnte vielleicht dreißig Meter weit gucken, und so lenkte er das Tauchboot mit der Nase voran durch das Wasser und tastete den Meeresboden Zentimeter für Zentimeter ab. »Wenn man an einem klaren Tag auf dem Mount Everest steht, kann man achtzig Kilometer weit gucken.« Aber auch das war Victor nicht vergönnt gewesen, weil er den Gipfel an einem stürmischen und wolkenverhangenen Tag erreicht hatte und durch den wirbelnden Schnee bestenfalls fünfzig, sechzig Meter weit hatte gucken können.

Es gibt die Theorie, dass die Finsternis, die im Ozean herrscht, eine der Ursachen ist, warum die Erkundung des Weltraums seit jeher intensiver betrieben wird. »Mit einem Fernrohr kann sich jeder von uns bei klarem Himmel eine Vorstellung davon machen, wie es auf dem Mond aussieht. Versuchen Sie das mal mit der Tiefsee«, schreibt die Meeresbiologin Helen Scales.[10] Diese unterschiedliche Bewertung von oben und unten findet ihren Niederschlag auch in der Art und Weise, wie wir uns ausdrücken. Wenn uns etwas herunterzieht, wir niedergeschlagen, am Boden sind oder tieftraurig, wenn wir in dunkler Trauer versinken, liegen die negativen Konnotationen auf der Hand. Genau andersherum verhält es sich, wenn wir in Hochstimmung sind, himmelhoch jauchzend durchs Leben schweben oder die helle Freude an etwas haben. Oben ist besser als unten, heller besser als dunkel, Höhe besser als Tiefe. Verbunden damit sind Situationen, die an die Stärken der Gattung Mensch appellieren. Wir fühlen uns sicherer, wenn wir etwas sehen, und wir verstehen es auch eher. Der Ozean ist der Inbegriff der Dunkelheit, wohingegen der Weltraum in Filmen und Videospielen der letzte Fluchtpunkt ist. Selbst wenn sich der Mensch gegen feindlich gesinnte Außerirdische wehren muss, bildet das Weltall einen Hintergrund, der für gute Unterhaltung steht. Der Ozean hingegen wird meist als Ort des Grauens präsentiert, sei es in Horrorfilmen oder in düsteren Dokumentationen über die Überfischung oder wachsende Umweltverschmutzung.

Bei den TED-Talks des Jahres 2008 kam Robert Ballard, Gründer des Ocean Exploration Trust und Eigner der *Nautilus*, auf diese Schieflage zu sprechen. »Warum ignorieren wir den Ozean?«, fragte er. »Weil dort oben der Himmel und hier unten die Hölle ist? Hat es kulturelle Gründe? Warum haben die Menschen Angst vor dem Meer? Oder glauben sie lediglich, dass der Ozean ein dunkler, trübseliger Ort ist, der nichts zu bieten hat?«

Victor entdeckte unterdessen vor sich ein rundes schwarzes Objekt, das in das Sediment des Puerto-Rico-Grabens eingesunken war. Er steuerte das Tauchboot über das Objekt, um herauszufinden, was es war. Im Licht der Scheinwerfer sah es aus wie ein zerborstenes Ölfass. Irgendjemand war vor ihm hier gewesen, zumindest aber sein Müll. Angewidert rümpfte Victor die Nase, ganz wie ein Bergsteiger, der auf dem Gipfel ankommt und achtlos weggeworfenes Bonbonpapier und leere Bierdosen vorfindet. Vielleicht ist auch das ein Grund dafür, dass wir uns Richtung Weltall orientieren: Dort ist niemand. Und von dem Weltraumschrott, der die Erde umkreist, abgesehen, gibt es im Universum weder Menschen noch deren Hinterlassenschaften, dafür aber, zumindest in unserer Fantasie, gänzlich unberührte außerirdische Landstriche. Der Ozean hingegen dient den Menschen schon seit Langem als Müllhalde.

Doch auch von Begleiterscheinungen wie der schlechten Sicht, dem wenig beeindruckenden Meeresgrund und dem Müll hatte sich Victor in seinem Wunsch, den tiefsten Punkt des Atlantiks zu erreichen, nicht beeindrucken lassen. »Ich habe im Laufe meines Lebens die ganze Welt bereist«, meinte er. »Ich war in einsamen Wüsten, auf hohen Bergen, in Urwäldern und der Serengeti. Jede dieser Gegenden hat ihren eigenen Reiz und, auch wenn sie kahl oder sogar trocken und öde ist, ihre eigene Schönheit, ganz wie verschiedene Farben ihre je eigene Wirkung haben.« Der besondere Reiz lag für ihn in dem Umstand, dass dort, wo er hinwollte, noch niemand gewesen war. »Etwas zu entdecken, das war es, was mich faszinierte.«

Nach etwa fünfundvierzig Minuten auf dem Grund des Atlantiks meldete sich Lahey bei Victor und riet ihm, den Tauchgang zu beenden. Victor war einverstanden und legte einen Schalter am Armaturenbrett um, mit dem er Ballast abwerfen und so den Aufstieg einleiten konnte. Ironischerweise musste also auch der erste Besucher, der es an Ort und Stelle geschafft hatte, Müll hinterlassen, um sich wieder zu verabschieden. Zweieinhalb Stunden später war er wieder unter Menschen, kurz nach 18 Uhr schwamm das Tauchboot wieder an der Oberfläche.

Nachdem Victor ausgestiegen war, »schlug die Stimmung merkbar um«, erinnerte sich Lahey. »Alle, die bislang davon ausgegangen waren, dass Five Deeps ein Rohrkrepierer wird, dachten plötzlich: Was spricht eigentlich dagegen, dass es klappt? Auch Victor gehörte dazu.«

3.

Als Victor wieder an Bord ging, hatte er gute Neuigkeiten für Cassie dabei. Der Tiefenmesser der *Limiting Factor* hatte einen maximalen Wert von 8376 Metern angezeigt – die Abweichung von Cassies Messung betrug gerade mal fünfzehn Zentimeter. »Cassie war überraschter als ich«, erinnerte sich Victor. »Sie weiß, was die Technik kann und was nicht. Ich hielt es für einigermaßen normal und war überzeugt, dass wir ein solches Ergebnis erwarten durften.«

Als erfahrener Bergsteiger hatte Victor eine gewissermaßen natürliche Affinität zu Karten. Oft stand er an Cassies Schreibtisch und schaute ihr bei der Arbeit zu. Die Karten des Meeresbodens, die sie erstellte, übten eine eigentümliche Anziehungskraft auf ihn aus. Die Karten, die er für den Abstieg an die tiefsten Punkte der Erde nutzen wollte, erinnerten ihn an jene, die er für seine Aufstiege auf die höchsten Höhen benutzt hatte.

Cassie erzählte Victor von einem Vorhaben, das mit seinem verwandt war: von Seabed 2030 und dem Versuch, bis zum Ende des nächsten Jahrzehnts den gesamten Meeresboden zu vermessen. Victor hatte noch nie davon gehört, aber so ging es damals vielen. Noch weniger kannten die Organisation, die hinter Seabed 2030 stand, die General Bathymetric Chart of the Oceans (GEBCO).

Die GEBCO, 1903 von Prinz Albert I. von Monaco gegründet, ist seit mehr als einem Jahrhundert darum bemüht, sämtliche Meereskarten, die im Lauf der Zeit entstanden sind, zu einer großen und umfassenden Karte zusammenzuführen. Prinz Albert, der ein leidenschaftlicher Segler und Ozeanograf war, müssen wir uns als eine Art Vorläufer von Jacques Cousteau und anderen Meeresforschern vorstellen. Seine Luxusjacht *Hirondelle* stattete er mit einem Labor, einer Lotmaschine und einem Schleppnetz aus, um Experimente durchführen zu können.[11] 1880 entdeckte er eine ringförmig verlaufende Strömung im Nordatlantik. Dafür hatte er im Ostatlantik Flaschen und Fässer ins Meer geworfen und beobachtet, dass sie zunächst in südliche Richtung schwammen, um schließlich im Nordatlantik anzukommen. Zu dieser Zeit erlebte die wissenschaftliche Geografie ihre erste Blüte, und die Erforschung der Meere war nur eine von mehreren Teildisziplinen. Es dauerte noch eine Weile, bis der Ruf nach einer eigenständigen Organisation lauter wurde, die sich jener Karten des Meeresgrundes annahm, die im Zuge der Verlegung des ersten transatlantischen Seekabels im Nordatlantik entstanden waren. Alle Vorstöße in dieser Richtung scheiterten am fehlenden Geld, bis Prinz Albert auf den Plan trat und die Veröffentlichung der ersten Sammlung von Karten des Meeresbodens aus eigener Tasche bezahlte. Sie erschien unter dem Namen Carte générale bathymétrique des océans. Die Anfangsbuchstaben des englischen Titels standen Pate für die Organisation GEBCO, die 1905 die gleichnamige erste eigene Karte des Meeresbodens publizierte. Grundlage bildeten weniger als 20 000 Messungen in allen fünf Weltmeeren.[12]

In den darauffolgenden Jahren wurde der Abstand zwischen aktualisierten Neuauflagen immer größer. Bis die dritte Auflage erschien, was durch zwei Weltkriege verzögert wurde, vergingen mehr als zwanzig Jahre. Der Kalte Krieg und die militärische Aufrüstung im Kampf gegen feindliche U-Boote brachten zwar eine Fülle an neuen Daten, doch aus Geheimhaltungsgründen flossen sie nicht in neue Karten ein. Das Ziel der GEBCO, Karten allgemein zugänglich zu machen, stand im Widerspruch zu dem historischen Trend, Karten geheim zu halten. »Kapitäne zögerten, ihre Entdeckungen zu Papier zu bringen, was dazu führte, dass gedruckte Land- und Seekarten arg lückenhaft waren und es zwischen zwei und zwanzig Jahre dauern konnte, bis eine Entdeckung ihre Entsprechung auf einer Karte fand«, schrieb der Historiker Lloyd Brown über die Casa de Contratación de las Indias in Sevilla, eine Handelsorganisation, zu der das älteste hydrografische Institut der Welt zählte, dem auch die spanischen Kartografen der Kolonialzeit angehörten, die an einer Karte der Neuen Welt gearbeitet hatten.[13] Die GEBCO sah es als ihre Aufgabe an, das Geheimnis, das jahrhundertelang um Karten des Meeresbodens gemacht worden war, zu lüften. Dabei stieß man auf eine Schwierigkeit, die sich regelmäßig wiederholte: Kaum war eine neue GEBCO-Karte veröffentlicht, war sie auch schon wieder veraltet, und die Arbeit begann von vorn.

Mitte der 1960er-Jahre litt die GEBCO unter einem Streit zwischen ihren Mitgliedern. Die wachsende Zahl von Mitarbeitern, die sich der Forschung verpflichtet fühlten, begann gegen jene Kollegen aufzubegehren, die im Dienste von Regierungen oder dem Militär standen und die Arbeit an neuen Karten lange dominiert hatten. Geophysiker, Ozeanografen, Seismologen und Vulkanologen hielten die Ausrichtung der GEBCO auf die Sicherheit der Seefahrt für veraltet. Dafür gab es einfach zu viele aufregende Entdeckungen, allen voran die der Plattentektonik in den 1960er-Jahren, die den Meeresgrund ins Zentrum der geologischen Studien rückte. Immer weniger Wissenschaftler interessierten sich für die Karten von GEBCO, und weil mit der Nachfrage auch die Einnahmen drastisch sanken, stand die Organisation vor dem Aus.[14] Die GEBCO versuchte dem durch die Anwerbung junger und unabhängiger Fachleute zu begegnen, aber die Erfüllung des Traums, eine Karte des gesamten Meeresgrunds zu erstellen, war in weite Ferne gerückt.

2003 fand ein großes Fest aus Anlass des hundertjährigen Bestehens von GEBCO statt. Robin Falconer, ein Hydrograf aus Neuseeland, der seit 1970 für die Organisation arbeitete und sich stark in der Gremienarbeit engagiert hatte, erinnert sich an eine fröhliche Geburtstagsfeier, an die sich ein verstörender Weckruf anschloss. »Unmittelbar nach der Feier fand das Jahrestreffen statt. Wir saßen in einem Raum, sahen uns um und stellten fest: ›Wir sind alle alt. Wo ist die nächste Generation?‹«

Falconer selbst war Mitte fünfzig und unter den etwa ein Dutzend zählenden Kolleginnen und Kollegen der Jüngste. Viele der führenden Hydrografen waren im Begriff, sich aus Altersgründen zur Ruhe zu setzen. Förderer aus der Wissenschaft begannen an der Bedeutung der Vermessung des Meeresgrundes zu zweifeln. Ohne neue Geldgeber und Hydrografen würde es der GEBCO kaum gelingen, die nächste Generation anzusprechen und zu begeistern.

Es mussten also neue Mitstreiterinnen und Mitstreiter gefunden werden, und zwar aus allen Bereichen. Die »Alten« waren fast alle weiße Männer aus Industrienationen, was sich in den Karten, die sie erstellt hatten, durchaus niederschlug. »Ich will die Verdienste der GEBCO nicht schmälern, aber in den Achtzigern und frühen Neunzigern waren sie schon sehr auf Europa fokussiert«, sagte David Sandwell von der Scripps Institution of Oceanography. »Nach dem Motto: Wir kümmern uns erst mal um Europa, von dort stammen die meisten Daten.« Das ist weniger den Hydrografen als vielmehr den Regierungen und Institutionen anzukreiden, bei denen sie angestellt sind. Die reichen Länder des Nordens haben größere Budgets, und die Vermessung des eigenen Seegebiets ist ihnen wichtiger als die Vermessung internationaler Gewässer.

Entsprechend sind die Karten der ärmeren Länder bis heute bestenfalls lückenhaft. Wenn es denn welche gibt, stammen sie häufig noch aus der Kolonialzeit, als französische Schiffe die Gewässer um Tahiti durchkreuzten oder britische Schiffe rund um die Antarktis Walfangstationen einrichteten. Die meisten Messungen im globalen Süden werden von der wissenschaftlichen Forschung oder dem Militär vorgenommen. Und das Militär hat naturgemäß wenig Interesse, mit Organisationen wie der GEBCO zusammenzuarbeiten, deren Ziel es ist, den gesamten Meeresboden zu vermessen und eine Karte zu erstellen, die für alle zugänglich ist.

Kurz nach dem Jubiläum der GEBCO erhielt Mitsuyuki Unno ein Fax mit der Einladung zu einem Treffen in London. Unno arbeitete in Tokio für die Nippon Foundation, Japans größte gemeinnützige Stiftung, in der Abteilung für Meeresangelegenheiten. Die Nippon Foundation finanziert weltweit Programme beispielsweise zum Kampf gegen Lepra und fördert landwirtschaftliche Projekte in Afrika. Laut John Hall, ebenfalls Mitglied der GEBCO, hatte ein japanischer Kollege empfohlen, auf der Suche nach finanzieller Unterstützung bei der Nippon Foundation vorstellig zu werden – ein Vorschlag, den die GEBCO dankend aufgegriffen hatte.

Unno flog nach London, wo er in einen prunkvollen Saal geführt wurde und auf einem thronartigen Stuhl Platz nahm, dessen Armlehnen von Löwenköpfen geziert wurden. Ihm gegenüber nahmen zehn Hydrografen Platz, die meisten von ihnen weiße Männer fortgeschrittenen Alters. In den folgenden vier Stunden legten sie Unno detailliert dar, warum der Meeresboden unbedingt vermessen werden musste: Lokale Vorhaben wie der Bau von Windparks auf dem Kontinentalschelf vor der US-Küste oder der Erhalt von Kammmuschelvorkommen in Grönland waren davon ebenso abhängig wie überregionale Projekte, darunter die Erforschung des Einflusses des Klimawandels auf warme Meeresströmungen oder die Auswirkungen von Tsunamis auf Küstengebiete. Eine vollständige Karte des Meeresbodens würde zwar keines der unzähligen Probleme lösen, vor die sich die Welt gestellt sieht, aber sie könnte dabei helfen, uns auf die vielen überlebenswichtigen Entscheidungen vorzubereiten, die es zu treffen gilt. Ohne das Wissen um den Meeresgrund in eine unsichere Zukunft zu gehen, wäre in etwa so, als würde man einen Kopfsprung in ein trübes Gewässer machen, ohne zu wissen, wie tief es ist.

Die Fachbegriffe, die die Wissenschaftler ihm entgegenschleuderten, sagten Unno nur wenig. Er war damals Mitte dreißig und von Berufs wegen mit internationaler Entwicklung befasst. Und doch war er vom Elan und der Begeisterungsfähigkeit der Hydrografen beeindruckt. »Sie standen an einem Punkt, an dem sie ihr

Alter nicht leugnen konnten«, so Unnos Erinnerung. »Zum ersten Mal wurde ihnen bewusst, dass es niemanden gab, der ihre Arbeit fortsetzen würde. Ich hatte das Gefühl, dass der Gedanke Panik in ihnen auslöste.« Die Nippon Foundation erklärte sich später bereit, ein spezielles Fortbildungsprogramm der GEBCO am Hydrografischen Institut der Universität von New Hampshire zu finanzieren.

Erst später stieß John Hall auf Informationen über Ryōichi Sasakawa, den Gründer der Nippon Foundation, und dessen Rolle in der japanischen Geschichte. 1945 war er von Alliierten festgenommen und als Kriegsgefangener angeklagt worden. Ihm wurden Verbrechen gegen die Menschlichkeit zur Last gelegt und nachgesagt, »einer der schlimmsten Kriegstreiber außerhalb des militärischen Apparates« gewesen zu sein und »dem Totalitarismus aktiv Vorschub geleistet« zu haben, wie es in der Anklage hieß. Fotos zeigten Sasakawa mit Mussolini, den er bewunderte und als Vorbild betrachtete, wie sich unter anderem daran zeigte, dass er seine private Miliz mit schwarzen Hemden ausstattete, wie sie auch die faschistischen Kampfbünde in Italien trugen.[15] Washington änderte jedoch seine Politik und entließ Sasakawa nach drei Jahren aus der Haft. Zu einer Gerichtsverhandlung war es bis dahin noch nicht gekommen. Nach dem Krieg baute Sasakawa ein Glücksspielimperium auf, das auf Wetten für Motorbootrennen spezialisiert war, und betätigte sich nebenher als Königsmacher in der erstaunlich weitverzweigten japanischen Mafia, die *Yakuza* genannt wird, und in Parteien der extremen Rechten.[16] 1980 gründete er eine wohltätige Organisation, die inoffiziell seinen Namen trug und in aller Welt Stipendien vergab. Kritische Stimmen sahen darin den Versuch, sein Image aufzupolieren.[17] »Aller Wohltätigkeit zum Trotz blieb Sasakawa der König des Glücksspiels, der in der extremen Rechten Japans verwurzelt war und zur Yakuza weniger offensichtliche, aber nicht weniger feste Verbindungen hatte«, schrieben die Investigativjournalisten David Kaplan und Alec Dubro.[18]

Nach Ryōichi Sasakawas Tod im Jahr 1995 drängte die linksgerichtete japanische Regierung auf eine Namensänderung seiner Stiftung, und so wurde aus der Sasakawa Foundation die Nippon Foundation. Aber auch der neue Name hat eine nationale Konnotation, gleicht er doch zum Verwechseln dem der ultrarechten, nationalistischen Nippon Kaigi, die wiederum Ähnlichkeiten mit Donald Trumps Bewegung »Make America Great Again« hat. Die Nippon Foundation ist eine gemeinnützige Organisation, die wichtige Projekte wie Seabed 2030 fördert, aber auch Beziehungen zum organisierten Verbrechen und ultrarechten Parteien pflegt und Historiker behindert hat, die sich mit dem Treiben von Ryōichi Sasakawa während des Zweiten Weltkriegs beschäftigten.

»Die bevorzugten Ziele der Nippon Foundation sind Personen, die nichts über Japan wissen. Am liebsten fördern sie Menschen, die zu den Themenbereichen Natur, Kunst und Umwelt arbeiten«, berichtete mir die Historikerin Karoline Postel-Vinay. 2008 wurde sie vom französischen Ableger der Nippon Foundation der Verleumdung bezichtigt, nachdem sie in einer Petition die Forderung erhoben hatte, das französische Außenministerium solle die Unterstützung einer durch die Nippon Foundation gesponserten Veranstaltung einstellen. Den anschließenden Rechtsstreit gewann Postel-Vinay. »Seit dem Gerichtsurteil hat die Nippon Foundation in Frankreich an Einfluss verloren, weil Akademiker und Universitäten die Zusammenarbeit beendet haben und sich auch die Regierung sehr reserviert zeigt«, schrieb Jeff Kingston, Direktor für Asienstudien an der Temple University in Tokio.[19] Doch auch wenn einige Universitäten und Institutionen finanzielle Zuwendungen der Nippon Foundation abgelehnt haben, nehmen weitaus mehr sie weiterhin an, darunter auch die Universität von New Hampshire, an der Cassie ihren Abschluss gemacht hat.

In den letzten zwanzig Jahren haben mehr als hundert angehende Hydrografen aus aller Welt das Nippon-GEBCO-Programm durchlaufen. Normalerweise haben sie bereits eine Berufsausbildung in einer verwandten Disziplin. Durch das Nippon-GEBCO-Programm werden sie in das sehr spezielle Arbeitsfeld der Vermessung des Meeresbodens eingeführt. Die meisten Hydrografen, mit denen ich sprechen konnte, schienen wenig bis nichts über die Historie der Nippon Foundation zu wissen. Immerhin einem war aufgefallen, dass noch niemand aus China das Programm durchlaufen hatte, dem zweitbevölkerungsreichsten und traditionell mit Japan verfeindeten Land. John Hall, das einzige Mitglied von GEBCO, das sich der Strafanzeige gegen Sasakawa anschloss, gewann den Eindruck, dass auch dessen Geschichte der abgeschlossenen Vergangenheit angehörte. »Nach einundachtzig Jahren kann man nicht mehr viel ausrichten«, schrieb er mir. »Die GEBCO will um jeden Preis eine Karte des Meeresbodens mit halbwegs vernünftiger Auflösung. Und nach heutigem Stand sind die Leute von Seabed 2030 die Einzigen, denen das gelingen könnte.«

Nach dem einjährigen Studium müssen die Stipendiaten von GEBCO noch ein Praktikum durchlaufen. Anschließend kehren sie entweder in ihren ursprünglichen Job in ihrem Heimatland zurück, oder sie nutzen das Netzwerk ehemaliger GEBCO-Stipendiaten, um sich einen neuen Job zu suchen. Und weil sich dieses Netzwerk inzwischen über mehr als vierzig Länder erstreckt, ist die Auswahl vergleichsweise groß. Die Absolventen werden beispielsweise als inoffizielle Botschafter für GEBCO-Projekte eingesetzt. In ihren Heimatländern, wo sie meist für das Militär oder die Regierung arbeiten, ergänzen sie das Netzwerk, auf das sich GEBCO stützt, etwa um das Wissen zu implementieren, wie sich Karten aus dem jeweiligen Land in jene übergeordnete Karte einpflegen lassen, die einst die ganze Welt umfassen soll.

2017 überwies die Nippon Foundation achtzehn Millionen Dollar an GEBCO, die für die Gründung von Seabed 2030 bestimmt waren. Das Ziel war dasselbe, das Prinz Albert I. schon ein Jahrhundert früher ausgegeben hatte, aber anders als damals schien die Zeit nun reif für einen erfolgreichen Vorstoß in Sachen Vermessung des Meeresbodens. Noch im selben Jahr heimste ein Team aus GEBCO-Absolventen den Shell Ocean Discovery XPRIZE für die beste autonome Vermessungstechnik ein. Das Preisgeld betrug vier Millionen Dollar.

2019 gab Seabed 2030 bekannt, dass die neueste Karte fünfzehn Prozent des weltweiten Meeresbodens in der gewünschten Auflösung abbildete. Die letzte zuvor veröffentlichte Karte stammte aus dem Jahr 2014 und kam gerade mal auf 6,4 Prozent. Zwischen 2014 und 2019 konnte Seabed 2030 die vermessene Fläche verdoppeln und die Detailgenauigkeit entscheidend erhöhen. Auf Konferenzen nahmen Mitglieder der GEBCO mit gemischten Gefühlen zur Kenntnis, dass ihr Baby namens Seabed 2030 den Kinderschuhen entwachsen war und auf eigenen Beinen stand. Binnen zwei Jahren hatte Seabed 2030 mehr Interesse auf den noch nicht vermessenen Teil des Ozeans gelegt, als GEBCO das in einem Jahrhundert gelungen war.

4.

Als die *Pressure Drop* Kurs auf die Küste nahm und Cassie es geschafft hatte, Victor zu erklären, warum Seabed 2030 so wichtig war, erklärte er sich umgehend bereit, sich an dem Projekt zu beteiligen. Bislang hatte er noch gar nicht darüber nachgedacht, was aus den Daten werden sollte, die für Five Deeps zusammengetragen wurden. Und so gern er die Karten betrachtete, die daraus entstanden, so klar war für ihn ihr Zweck definiert: Sie sollten ihm ermöglichen, der erste Mensch zu werden, der zu den tiefsten Stellen aller fünf Weltmeere tauchte.

Nun, da die erste Aufgabe abgehakt war, schwamm das Team

auf einer Erfolgs- und Euphoriewelle. Alan Jamieson konnte immer noch nicht glauben, dass schon der erste Versuch von Erfolg gekrönt gewesen war. »Bis zum letzten Tag ging alles schief«, sagte er. »Ich habe keine Ahnung, wie die Leute von Triton es geschafft haben, aber irgendwie haben sie es geschafft.« Nach Monaten der Unsicherheit konnte die Expedition den ersten großen Erfolg vorweisen.

Kaum hatten Team und Besatzung das Schiff verlassen, wurde der neu gewonnene Zusammenhalt auf eine harte Probe gestellt. Nach einigen begeisterten Posts über den Tauchgang, die Triton Submarines und EYOS, Rob McCallums Expeditionsfirma, in den sozialen Medien abgesetzt hatten, meldete sich die Filmproduktionsfirma mit einer wütenden E-Mail, in der sie drohte, die beiden Firmen zu verklagen, sollten sie über die Expedition berichten, bevor der Dokumentarfilm auf dem Discovery Channel gelaufen wäre. Diese E-Mail sorgte für Differenzen zwischen den verschiedenen Teams, die sich in der Abneigung gegen die Produktionsfirma allerdings einig waren. Schließlich konnte Victor erreichen, dass sich alle Beteiligten an die Vorgaben der Firma hielten, wenn auch um den Preis einiger verletzter Egos. Weil sie selbst weder Fotos noch Videos veröffentlichen durften, waren die Mitglieder von Five Deeps auf die Hilfe der Presse angewiesen, um die Welt von ihren Erfolgen wissen zu lassen.

Als Cassie wieder in den USA war, verschlang sie alle Artikel, die über Five Deeps erschienen waren. Meist war von einem Multimillionär und Abenteurer die Rede, der einen Weltrekord aufstellen wollte, von neuen Tier- und Pflanzenarten, die in den Tiefen des Meeres entdeckt worden waren, und von eigentümlichen Landschaften, die sich vor den Bullaugen des Tauchbootes erstreckt hatten. Die schüchterne Hydrografin, die sich die Nächte um die Ohren geschlagen hatte, um die Expedition zum tiefsten Punkt zu führen, fand so gut wie keine Erwähnung.

Nun ist es dummerweise so, dass die Vermessung des Meeresbodens für den Laien alles andere als aufregend ist. Die vermessenden Personen sitzen in aller Regel an einem Schreibtisch vor einer Wand aus Computern und Monitoren, die tief im Inneren eines Schiffes verborgen sind. Und selbst sie geben zu, dass es ziemlich langweilig sein kann, wenn man tagein, tagaus gedachte Linien über den Meeresgrund abfährt. »Rasenmähen« nennen sie es spöttisch. Die Hydrografie, die Wissenschaft, die sich mit der Vermessung und Beschreibung von Ozeanen befasst, aber auch die Bathymetrie, ihr gleichermaßen unpopulärer Sprössling[20], der speziell die Messung der topografischen Gestalt des Meeresbodens zum Gegenstand hat, sind nun einmal nicht so spektakulär wie die Weltraumforschung, die mit einem einzigen Raketenstart das öffentliche Interesse anziehen und die Kassen der Regierungen öffnen kann. Allmählich dämmerte Cassie, dass kaum jemand auch nur ahnte, welche Rolle ihr bei der Expedition zukam. »Mir war bis dahin gar nicht bewusst, wie sehr mich das kränkte«, gestand sie.

Dass sie in den Medien nicht vorkam, passte zur Geschichte von GEBCO und ihrem sich über ein Jahrhundert hinziehenden Bemühen, die ganze Welt für die Idee zu verpflichten, die letzten Grenzen der Erde in eine Karte zu bannen. Ein Artikel ärgerte Cassie ganz besonders. Vorgeblich sollte er die Bemühungen vorstellen, die an Bord der Vermessung des Meeresbodens galten. Auch ein Foto gehörte dazu. »Ich stehe neben Heather Stewart und erkläre ihr, wie die Software funktioniert. Es ist acht oder neun Uhr morgens. Ich habe die ganze Nacht durchgearbeitet und bin entsprechend kaputt«, so Cassie. »Sie haben mich einfach rausgeschnitten, und das Foto soll nun anschaulich machen, wie das Vermessen an Bord funktioniert. Die haben sie doch nicht mehr alle!«

Noch bevor die Fahrt in den Südlichen Ozean begann, hielt Victor Wort und kündigte an, Seabed 2030 alle Karten und Daten zur Verfügung zu stellen, die Five Deeps zusammentragen würde. Im

Januar 2019 unterschrieb er eine schriftliche Vereinbarung, laut der alle Daten, die Cassie an Bord sammelte, in die Karte von GEBCO einfließen sollten. Im Gegenzug verpflichtete sich GEBCO dazu, einen Absolventen der Universität von New Hampshire an Five Deeps zu delegieren, damit er Cassie auf den verbleibenden Fahrten unterstützen konnte. Als Cassie die Liste der Stipendiaten durchging, stieß sie auf einen Namen, den sie aus ihrer eigenen Studienzeit kannte: Aileen Bohan.

Bohan, eine lebenslustige junge Irin, war ironischerweise dank ihrer Begeisterung für das Weltall zur Hydrografie gekommen. Weil sie sich dafür interessierte, wie das Sonnensystem zusammengesetzt war, hatte sie sich während ihres Bachelorstudiums am Trinity College in Dublin zunächst auf Astrophysik spezialisiert, dann aber gemerkt, dass fast alle ihre Fragen von der Geologie beantwortet wurden. Nach einer Exkursion auf einem irischen Forschungsschiff hatte sie beschlossen, ein Masterstudium in Geologie dranzuhängen. Eine weitere Forschungsreise per Schiff, und sie immatrikulierte sich für Hydrografie, ein Entschluss, den sie sich mit ihrer Liebe zum Meer erklärt. »In Irland landet man über kurz oder lang am Meer, egal, in welche Richtung man fährt«, sagte sie. »Das erklärt vielleicht, warum wir Iren das Meer so lieben.«

Mit der neuen Unterstützung hatten auch Cassies Rund-um-die-Uhr-Schichten ein Ende. Auf der fünfwöchigen Reise in den Südlichen Ozean, der sich rund um die eisige Antarktis zieht, konnte sie Phasen der Erholung dringend gebrauchen. Der Südliche Ozean ist das wildeste, abgelegenste und herausforderndste der fünf Weltmeere. Für zwei junge Hydrografinnen, die sich beweisen wollten, konnte er aber auch das einträglichste werden.

Während die meisten Crewmitglieder den nördlichen Winter zu Hause verbracht hatten, war die *Pressure Drop* entlang der Küste Südamerikas nach Süden überführt worden. Im Januar 2019 traf sie in Montevideo, der Hauptstadt Uruguays, ein. Nach und nach reisten die Teams an, um die nächste Etappe in Angriff zu nehmen. Die Reise sollte zu einer Inselkette führen, die aus rauchenden Vulkanen besteht und wie ein Halbmond vor der Südküste Argentiniens liegt: die Südlichen Sandwichinseln. Menschen leben hier keine, dafür umso mehr Pinguine, die hier riesige Kolonien bilden.

Östlich der Südlichen Sandwichinseln fällt der Meeresboden steil in den Süd-Sandwich-Graben ab, der durch die Kollision von zwei tektonischen Platten entstanden ist. 1927 glaubte das deutsche Forschungsschiff *Meteor* die tiefste Stelle des Grabens gefunden zu haben, die daraufhin Meteortief genannt wurde. Aber weil achtzig Prozent des Südlichen Ozeans noch nicht vermessen waren, rechneten sich Cassie und Aileen gute Chancen aus, dem Wissen um dieses Meer ein neues Kapitel hinzuzufügen.[21]

Im Zeitalter der großen Frachtsegler verkehrten Handelsschiffe häufig in diesen Gewässern, um die starken Westwinde entlang des 40. Breitengrads zu nutzen und die Fahrzeiten zu verkürzen. Heute kommen hier nur selten Schiffe entlang, weil Dieselmotoren, die die Segel als Vortrieb abgelöst haben, die windreichen Breiten meiden. Die wenigen Schiffe, die sich hierherwagen, machen so wenig Aufhebens wie möglich davon. Japanische Walfänger machen hier Jagd auf Beute, weil die Gefahr gering ist, erwischt zu werden. Manchmal heften sich Aktivisten von Greenpeace an ihre Fersen und filmen aus nächster Nähe die blutigen Decks, auf denen die getöteten Wale zerlegt werden. Von Zeit zu Zeit kommen Wissenschaftler vorbei, die auf dem Weg zu den Forschungsstationen in der Antarktis sind. Auf der Durchreise befinden sich auch die Einhandsegler, die an der Vendée Globe teilnehmen, einem Segelrennen, das nonstop einmal um die Welt führt und regelmäßig Opfer unter den Teilnehmern fordert. Von diesen Ausnahmen abgesehen, ist der Südliche Ozean ein einsamer Ort. Je weiter südlich man kommt, desto unbändiger und abweisender wird das Meer: Auf die »Roaring Forties« folgen, jeweils benannt nach den Breitengraden, die »Furious Fifties« und schließlich die »Screaming Sixties«. Genau dort lag das Ziel, das Cassie Bongiovanni und alle anderen an Bord ansteuerten.

Kapitel 4

MARIE THARP UND DIE KARTE, DIE DIE WELT VERÄNDERTE

Was für einen Nutzen hat ein Grund, wenn er außer Sicht ist, wenn er sich zwei oder drei Meilen unter der Oberfläche befindet und man so lange ertrinken müsste, bevor man ihn erreichte, auch wenn er aus demselben Stoff besteht wie der heimische Boden?

Henry David Thoreau[1]

1.

Vor nicht allzu langer Zeit stieß ich im Internet auf eine der berühmtesten Karten des Meeresgrundes, die je gedruckt wurden. Sie wurde auf Etsy für fünfzehn Dollar angeboten. Die Karte, 1967 von *National Geographic* publiziert, erschien im selben Jahr, in dem eine neue wissenschaftliche Theorie das Verständnis unseres Planeten auf den Kopf stellte. Mitte des vergangenen Jahrhunderts hatten Hydrografen genügend (in Anbetracht der Größe aber immer noch sehr wenig) Meeresboden kartiert, um daraus einen ersten Überblick zu destillieren. Die Karte, die so entstand, brachte das herrschende Weltbild ins Wanken. Bis dahin waren die meisten Menschen davon überzeugt, dass der Grund des Ozeans topfeben, öde und unfruchtbar ist. Die Entdeckung der Plattentektonik leitete eine neue Ära ein, in der die faszinierendsten geologischen Phänomene im Ozean verortet wurden, verborgen unter einer mehrere Kilometer dicken Schicht aus Wasser.

Die Karte, die ich auf Etsy sah, beruhte auf der Arbeit von Marie Tharp, einer der ersten Frauen, die auf dem Gebiet der Kartierung des Meeresbodens arbeitete. Und wäre Tharp, Jahrgang 1920, zwanzig Jahre später auf der Bildfläche erschienen, hätte sie sicherlich noch durchschlagendere Erfolge feiern können. Andererseits kam sie genau zur richtigen Zeit, um die erste Karte zu erstellen, die Millionen von Menschen vor Augen führte, wie abwechslungsreich der Meeresgrund ist: vom Schelf an den Küsten der Kontinente über die Ebenen der Tiefsee, die große Teile des Meeresbodens einnehmen, bis hin zu den schroffen Bergen und Tälern des unterseeischen Gebirgszuges, der sich über 65 000 Kilometer rund um den Globus zieht.

»Wir haben hier nicht nur die Darstellung des Meeresbodens vor uns, sondern zugleich eine erste Erläuterung einer neuen geologischen Theorie«, befand die Historikerin Susan Schulten über Tharps Karten.[2] Und John Noble Wilford schrieb in seinem Standardwerk *The Mapmakers*: »Wir haben es mit einer der bemerkenswertesten Leistungen der modernen Kartografie zu tun, einer grafischen Zusammenfassung von mehr als einem Jahrhundert ozeanografischer Forschung.«[3] Die meisten Lobeshymnen wurden allerdings erst nach Tharps Tod im Jahr 2006 angestimmt. Während sie heute die berühmteste Vertreterin ihrer Disziplin ist, galt sie zu Lebzeiten, zumal auf dem Höhepunkt ihres Schaffens in den 1950er- und 1960er-Jahren, als »schwieriger Fall«: eine geschiedene Frau, die aus ihrem Vorleben ein Geheimnis machte, eine überragende Intellektuelle, die mit ihrer Arbeit etwas bewirken wollte. Sich anzupassen, fiel ihr schwer, und doch ging sie viele Kompromisse ein, um jene Karten zu zeichnen, an denen ihr Herz hing. Auf dem Höhepunkt ihrer Karriere erlitt sie einen verheerenden privaten Verlust. Beruflich sah sie sich aufs Abstellgleis geschoben und verlor zunehmend an Einfluss.[4] Nach ihrem Tod druckten *New York Times* und *Los Angeles Times* Nachrufe, die eine Würdigung ihrer Leistungen enthalten. Mehrere Kinderbücher, zahlreiche Artikel und eine Biografie bringen sie uns heute näher, aber auch eine Dokumentation der *National Geographic* und eine Punk-Band, die ihren Namen trägt. Der dritten und vierten Generation von Frauen, die sich der Meeresforschung verschrieben, dient sie als Vorbild. Bei meinen Recherchen lernte ich eine Frau kennen, die nach Grönland segeln und schmelzende Gletscher untersuchen wollte. Ihr Segelboot hatte sie auf den Namen *Marie* getauft.

Ein Buch über Plattentektonik oder über den Meeresgrund wäre unvollständig, würde es nicht auf Marie Tharp und Bruce Heezen, ihren engsten Mitstreiter, zu sprechen kommen. Wer die Konferenzen von Seabed 2030 besucht oder sich mit deren Broschüren und Prospekten beschäftigt, wird immer wieder auf ihren Namen stoßen. Mit der Zeit habe ich verstanden, warum sich Seabed 2030, ja, die gesamte Branche, die sich mit der Kartierung des Meeresbodens befasst, so beharrlich auf Tharp beruft. Im Grunde warten sie auf eine Reinkarnation von Marie Tharp, auf jemanden, der all die verstreut vorhandenen Informationen und Daten zusammenträgt und eine Karte daraus erstellt, die den Planeten in seiner ganzen Schönheit und Komplexität zeigt. Anders gesagt: Marie Tharp hat uns vor Augen geführt, warum es wichtig ist, den Meeresboden zu kartieren. Weshalb ich ein Exemplar der Karte bestellt habe.

2.

Marie Tharp war von Kindesbeinen an eine Außenseiterin. Sie war das einzige Kind einer Lehrerin und eines Bodengutachters, der für das US-Landwirtschaftsministerium tätig war. Die Arbeit brachte es mit sich, dass die Familie regelmäßig umziehen musste. »Wir waren ständig auf Achse«, erinnerte sich Marie. »In den Wintermonaten arbeitete mein Vater im Süden der USA, im Sommer im Norden. Bis ich endlich meinen Abschluss in der Tasche hatte, hatte ich sicherlich zwei Dutzend Schulen besucht und dabei alle erdenklichen Landschaftsformen kennengelernt.«[5]

Die Familie lebte in kleinen Dörfern und großen Städten, im Norden wie im Süden, in Orville, Texas, und Selma, Alabama. Alle vier Jahre wurde der Vater zurück nach Washington, D. C., beordert, um mit den Daten, die er bei unzähligen Messungen zusammengetragen hatte, neue Karten zu füttern. Lebte die Familie im Süden, brandmarkte ihr Nordstaaten-Akzent Marie als Yankee. Sie tat sich mit anderen Außenseitern zusammen, darunter das einzige jüdische Mädchen in der Schule und der Sohn eines Schwarzen Hausmeisters. In ihrer Freizeit las sie Bücher und beschäftigte sich mit den wissenschaftlichen Zeitschriften, die überall im Haus lagen. Samstags nahm ihr Vater sie häufig mit, wenn er in seinem Dienstwagen zu Messungen in die Umgebung fuhr. Während er Daten sammelte und kartierte, spielte sie im Sand oder suchte nach fossilen Knochen, die die stattliche Sammlung ihres Vaters ergänzen konnten. Einmal hatte sie ein Buch von James Fenimore Cooper mitgenommen. »Warum willst du ein Buch lesen, wenn die Natur wie ein Buch vor dir liegt?«, hatte ihr Vater vorwurfsvoll gefragt.[6]

Sie hatte nie vor, in die Fußstapfen ihres Vaters zu treten. Das hätten die gesellschaftlichen Verhältnisse seinerzeit auch gar nicht zugelassen. Sekretärin, Krankenschwester und Lehrerin, das waren

Berufe für Frauen. Dumm nur, dass Marie weder tippen noch Blut sehen konnte und ihr davor graute, sich vor eine Klasse zu stellen. Und so ließ sie sich nach Abschluss der Schule treiben, heiratete, ließ sich wieder scheiden und studierte zunächst Englisch und Musik, dann Mathematik und Geologie. Mit einem Masterabschluss als Geologin in der Tasche verdingte sie sich bei einem Ölunternehmen und kurz auch für die Regierung, bis sie Ende der 1940er-Jahre bei der Columbia University anklopfte und auf der Suche nach einem Job bei dem Geophysiker W. Maurice »Doc« Ewing vorstellig wurde, der während des Zweiten Weltkriegs dem Einsatz von Sonargeräten bei der Navy den Weg bereitet hatte. Bekannt war Ewing aber vor allem durch seinen Beitrag zur Erforschung der Unterwasserakustik. So konnte er nachweisen, dass es im Ozean eine Zwischenschicht gibt, in der sich Wasserschall über extrem große Distanzen fortpflanzen kann.[7]

»Ewing stellte mir die üblichen Fragen nach meinem Werdegang, und als er hörte, welche Fächer ich in welcher Reihenfolge studiert hatte, staunte er nicht schlecht. Als typischer Texaner war es ihm nicht möglich, seine Verwunderung zu verbergen, sodass es irgendwann aus ihm herausplatzte: ›Können Sie zeichnen?‹ Die Situation war absurd, so sehr hatte ich ihn mit meinem Studienverlauf und der ungewöhnlichen Kombination der Fächer verwirrt.«[8]

Der Zufall wollte es, dass Doc Ewing zu diesem Zeitpunkt für seine Forschung einen wahren Geldsegen erwartete. Bislang war sein Labor in einem beengten Kellerraum auf dem Gelände der Columbia University untergebracht, doch schon bald würde er zum Gründungsdirektor eines neuen geowissenschaftlichen Instituts berufen werden, das in einem Haus am Hudson River residieren sollte. Thomas W. Lamont, einst Chef von J. P. Morgan, war vor Kurzem gestorben, und seine Witwe Florence hatte der Universität die Familienvilla überschrieben, und hier sollte das neue Institut einziehen. Ewings vordringlichstes Ziel war die Vermessung des

Meeresbodens, und dafür brauchte er Menschen wie Marie, die zeichnen und Gleichungen lösen und so Tiefenmessungen in eine Karte überführen konnten. Also stellte er sie ein, und Marie wurde die erste Frau, die im Lamont Geological Observatory in Palisades arbeiten durfte.

Auf den Bildern, die aus der Frühzeit des Instituts überliefert sind, wirkt Marie mit ihren großen braunen Augen, dem schmalen Mund und dem sorgfältig frisierten dunklen Haar durchaus ernst. Ein Foto zeigt sie vor einem riesigen Zeichentisch sitzend, auf dem eine Karte des Meeresbodens aufgespannt ist. »Für jeden, in den 1940ern erst recht für eine Frau, war es eine Gelegenheit, die sich nur einmal im Leben bietet – vielleicht sogar nur einmal in der Geschichte«, schrieb sie.[9]

Sie kam rechtzeitig, um den Wandel von Lamont Hall von einer Millionärsvilla in eine Forschungseinrichtung mitzuerleben. Aus dem überdachten Schwimmbad wurde eine Cafeteria, aus dem Gewächshaus eine Werkstatt, und in die Küche zog ein Labor für Geochemiker ein. Alma Kesner, die fünfundzwanzig Jahre lang in der Institutsverwaltung arbeitete, beschrieb in einem Interview, dass ihr erstes Büro im früheren Kinderzimmer untergebracht war und die Fenster vergittert waren. »Nach der Lindbergh-Entführung ließen die Lamonts im gesamten Erdgeschoss Fenstergitter montieren, um zu verhindern, dass ihre Kinder entführt wurden«, so Kesner. »Ich wurde regelmäßig gefragt, was ich verbrochen hätte, dass man mich ins Gefängnis gesperrt hatte.«[10]

Das waren die glorreichen Anfangsjahre einer Institution, die inzwischen Lamont-Doherty Earth Observatory heißt. Zu Beginn erinnerte Lamont, wie sie kurz genannt wird, eher an ein tollkühnes Start-up denn an die angesehene Forschungseinrichtung, die das Institut heute ist. Freitags traf man sich um 16 Uhr im ehemaligen Wohnzimmer zu einem Umtrunk. In der Werkstatt, zu der nur Männer Zutritt hatten, wurde bis tief in die Nacht gefeiert.

Geochemiker, Geophysiker und Ozeanografen nahmen gemeinsam ihre Mahlzeiten ein, sprachen über Gott und die Welt, hielten spontan Meetings ab und besuchten Vorträge der anderen Disziplinen. In den ersten Jahren war es nur ein Dutzend Wissenschaftler, das sich auf dem weitläufigen Gelände aufhielt. Und wer eine Karte brauchte, wandte sich an Marie, die eine anfertigte. Doch dann trat ein Wissenschaftler auf den Plan, der ihre Zeit und Arbeitskraft vollständig beanspruchte.

Bruce Heezen hatte schon während des Grundstudiums an der Universität von Iowa das Interesse von Doc Ewing geweckt, der ihn daraufhin gefördert und auf mehrere Forschungsreisen mitgenommen hatte. Die längste dauerte sechsunddreißig Monate. Dabei hatte Bruce viel von Ewing gelernt und selbst zahllose Tiefenmessungen durchgeführt, die meisten davon im Nordatlantik. Und er hatte Gelder der Bell Laboratories eingeworben, der Forschungseinrichtung der gleichnamigen Telefongesellschaft, die dazu dienen sollten, die gewonnenen Daten zu einer Karte zu verarbeiten. Bell plante, zwischen Neufundland und Schottland ein kommerzielles Transatlantikkabel zu verlegen, zudem ein weiteres und geheimes für die U. S. Navy, mit dessen Hilfe feindliche U-Boote aufgespürt werden sollten.[11] Bruce sollte das Projekt mit seinem Fachwissen vor unliebsamen Überraschungen auf dem Meeresgrund schützen. Die Wahl war auf ihn gefallen, weil er im Zuge seiner Promotion an der Columbia University den Einfluss eines Erdbebens auf einen Kabelbruch untersucht hatte, zu dem es 1929 unweit der Grand Banks vor der Küste Neufundlands gekommen war. Dabei hatte er herausgefunden, dass die Kabel erst Stunden nach dem Erdbeben der Stärke 7,2 Schaden genommen hatten. Bruce' Erklärung lautete, dass das Erdbeben einen sogenannten Turbiditstrom ausgelöst hatte, eine unterseeische Lawine, die von den Grand Banks herabgestürzt war und auf dem Weg in die Tiefe die Kabel durchtrennt hatte. »Die Geschwindigkeit des Suspensionsstroms an der

Großen Neufundlandbank wird heute auf über 70 Stundenkilometer geschätzt«, schrieb der Wissenschaftsjournalist Robert Kunzig. »Seine Reichweite war größer als die jeder Lawine an Land.«[12]

Maries Arbeit für Bruce war unglaublich simpel und zugleich extrem komplex. Sie nahm einfache Tiefenmessungen, sogenannte Echogramme, und erstellte daraus Karten. Außer auf die Daten, die Bruce von seinen alljährlichen Exkursionen mitbrachte, hatte sie auch Zugriff auf Tausende weitere Tiefenmessungen von Schiffen, die im Atlantik Tiefseekabel verlegten, sowie von U-Booten, die während der beiden Weltkriege Jagd auf feindliche Schiffe gemacht hatten. Aus diesem Material entstanden ständig neue Karten.[13]

In den dreißig Jahren zwischen dem Beginn des Ersten Weltkriegs und dem Ende des Zweiten hatte die Vermessung des Meeresbodens eine Blüte erlebt, nicht zuletzt dank großzügiger Finanzierung durch das US-Militär. In den frühen 1920er-Jahren hatte ein US-Schiff beim Überqueren des Nordatlantiks zum ersten Mal kontinuierlich Daten gesammelt. Dafür setzte ein Sonartechniker einen Kopfhörer auf, schickte ein Schallsignal in die Tiefe, zeichnete das Echo auf und errechnete aus den Werten binnen einer Minute die Tiefe. Dieser Vorgang wiederholte sich in bestimmten Abständen wieder und wieder, während das Schiff auf einer vorab bestimmten Route den Ozean abfuhr.[14] Während des Zweiten Weltkriegs arbeitete Ewing eng mit der Navy zusammen, um das erste vollautomatische Echolot zu entwickeln. Sobald es ein Signal sandte, setzte sich eine Metallnadel in Bewegung, die die Reise des Signals in die Tiefe in eine Linie auf einer Papierrolle übersetzte. Wenn das Signal vom Meeresgrund zurückkehrte, zeichnete ein Mikrofon, das im Schiffsrumpf steckte, den Ton auf. Wenn er das Schiff erreichte, löste sich in der Nadel ein elektrischer Funke, der sich als Tiefenmessung in die Papierrolle einbrannte.

»Das Ergebnis war eine nahtlose Abfolge von Tiefenmessungen entlang dem Kurs, den das Schiff steuerte. Zumindest fast nahtlos.

Das Echolot hing am Bordnetz, das immer dann zusammenzubrechen drohte, wenn jemand den Kühlschrank öffnete«, so schilderte Marie die Probleme, mit denen die Vermesser auf einer Fahrt über den Atlantik zu kämpfen hatte. »Dann blieben die Echos aus, was das Echolot als eine Tiefe interpretierte, die so bodenlos war wie der Appetit der Besatzung.«[15] Mit exakt diesen Aussetzern plagte sich Renato Kane später an Bord der *Nautilus* herum, die zu vermeiden er sich händeringend bemühte.

Vergleicht man es mit einem modernen Fächerecholot – im Übrigen auch das eine Erfindung, die sich dem Krieg verdankt –, mag sich das damalige Verfahren primitiv anhören. Aber vergleicht man es wiederum damit, wie noch im Viktorianischen Zeitalter vermessen wurde, war es ein Quantensprung. Damals nahm eine einzige Messung häufig einen halben Tag in Anspruch, weil ein Handlot im Ozean versenkt und anschließend mühsam wieder heraufgezogen werden musste. Ewings Hunger nach Daten war kaum zu stillen, und so wurde Lamont zu einer Art Schatzkammer für Tiefenmessungen. Als die 1950er-Jahre begannen, arbeitete Marie an und mit dem aktuellsten Wissen über den Meeresboden, das in der wissenschaftlichen Welt zu haben war.

Die Unterstützung durch das Militär brachte allerdings das Problem mit sich, dass die Daten jederzeit für geheim erklärt werden konnten. Und alle Mitarbeiter in der Lamont-Villa mussten sich einer Sicherheitsüberprüfung unterziehen, sogar Alma Kesner, auch wenn sie sich nur um Lieferantenrechnungen und Bestellungen kümmerte.[16] Bruce beauftragte Marie damit, eine Folge von Tiefenmessungen sechs parallel verlaufenden Linien zuzuordnen, die über den Nordatlantik führten. Gemeinsam mit einem Team von Zeichnern und Rechnern wandelte sie die Messergebnisse in Höhenprofile um, die ein wenig an ein EKG erinnerten, nur dass sie nicht die Herzschläge darstellten, sondern das Auf und Ab von Bergen und Tälern auf dem Meeresgrund. Weitere sechs Wochen vergingen damit, die Profile in die richtige Abfolge von West nach Ost zu bringen.

»In eine Karte übertragen, sahen die Schiffsrouten aus wie ein Spinnennetz, mit den Bermudas im Zentrum, weil die meisten Forschungsschiffe dort Vorräte und Wasser bunkern. Mitunter verliefen die Linien auch im Zickzack, etwa wenn die Schiffe einem Sturm ausweichen mussten«, erinnerte sich Marie. Als sie ihr Werk betrachtete, fiel ihr eine Besonderheit auf. An einem bestimmten Punkt aller Höhenprofile erhob sich ein hoher Rücken aus dem Meeresgrund, und in diesem Rücken klaffte ein v-förmiger Spalt. »Die einzelnen Berge stimmten nicht überein, aber der Rücken war in allen Profilen identisch, ganz besonders in den drei nördlichsten. Ich dachte, vielleicht haben wir es mit einem Grabenbruch zu tun, der sich in den Grat eingeschnitten hat und entlang der Längsachse zieht.«[17]

Je länger sich Marie mit den Profilen beschäftigte, desto mehr reifte in ihr die Überzeugung, dass der Graben eine Theorie erhärten könnte, die von den führenden nordamerikanischen Geologen abgelehnt wurde. Als sie Bruce die entsprechende Karte zeigte, stach auch ihm die Besonderheit ins Auge. »Das ist nicht möglich«, stöhnte er. »Das erinnert verdammt an die Kontinentaldrift.« Die Entdeckung bereitete ihnen Unbehagen, aber was sie gesehen hatten, ließ sich nicht wegdiskutieren. »Wenn man davon ausgeht, dass die Kontinentaldrift ein Fakt ist, dann ist es nur logisch, dass in der Mitte des Ozeans ein Rücken entsteht«, schrieb Marie. »Der Graben bildet sich dort, wo aus dem Erdinneren neues Material an die Oberfläche drängt, das den Rücken spaltet und die Flanken zur Seite drängt.« Um nun auch andere von dieser Theorie zu überzeugen, brauchte es weitere Beweise.

3.

Vor dem Lamont Geological Observatory, vor Marie Tharp und Doc Ewing und Bruce Heezen gab es Alfred Wegener, den Vater der Theorie der Kontinentaldrift. Geboren 1880, hatte der deutsche Meteorologe einige Zeit damit verbracht, auf eine Weltkarte zu gucken. Und wie vielen zuvor war ihm aufgefallen, dass, sofern man sich die Ozeane wegdachte, die Kontinente wie die Teile eines riesigen Puzzles zusammenpassten. Die stark gewölbte Ostküste Südamerikas fügt sich nahtlos in die tief eingeschnittene Westküste Afrikas. Und so halten es auch Grönland und die Nordseeküste Europas. Vielleicht waren die Ozeane und die Kontinente ja nicht seit Ewigkeiten verankert, wie viele Menschen dachten, sondern die gesamte Erdoberfläche ständig in Bewegung – wenn auch sehr, sehr langsam.

Während er sich von einer Verletzung erholte, die er im Ersten Weltkrieg erlitten hatte, brachte Wegener 1925 seine Theorie in einem Buch mit dem Titel *Die Entstehung der Kontinente und Ozeane* zu Papier – eine Verbeugung vor Charles Darwin und dessen Buch über die Entstehung der Arten, das einige Generationen zuvor die religiöse und wissenschaftliche Ordnung auf den Kopf gestellt hatte. Wegener selbst hatte mit seiner Theorie kaum geringere Ambitionen. Er stellte sich auf den Standpunkt, dass die sieben verschiedenen Kontinente, die wir heute kennen, einst ein einziger großer Superkontinent namens Pangaea waren. Um seine Theorie zu belegen, bediente er sich bei Forschungsergebnissen zahlloser anderer Wissenschaften – Paläontologen hatten auf beiden Seiten des Atlantiks Fossilien urzeitlicher Arten entdeckt, Geophysiker über Isostasie und einen beweglichen Erdmantel geschrieben und über identische eiszeitliche Ablagerungen berichtet, die sich auf verschiedenen Kontinenten fanden. Die Beweisführung war beeindruckend, aber das waren auch die Lücken, die die Theorie aufwies.

»Eine Seite hier, ein Absatz dort, unterm Strich präsentierte Wegener so viele nicht bewiesene Thesen, dass nahezu alle Forscher, die nicht schon beim Lesen der Kapitel über Geologie, Paläontologie und Paläoklimatologie in Rage geraten waren, die Fassung verloren«, schrieb der Ozeanograf H. W. Menard von der Scripps Institution.[18] Die meisten amerikanischen Wissenschaftler hielten etwas wie die Kontinentaldrift ohnehin für abwegig.

Im späten 19. und frühen 20. Jahrhundert waren die Wissenschaften bemüht, sich zu professionalisieren und den Generalismus früherer Tage zu ersetzen. Für den hatte beispielhaft der deutsche Naturforscher Alexander von Humboldt gestanden, der den wissenschaftlichen Wert von Beobachtungen propagiert hatte. Zu dieser älteren Generation gehörte auch Wegener. Gemeinsam mit seinem Bruder, dem Polarforscher Kurt Wegener, stellte er einen neuen Weltrekord auf, indem er mit einem Ballon zweiundfünfzig Stunden in der Luft blieb. Er leitete Expeditionen nach Grönland, bei denen er Hunderte Kilometer mit dem Hundeschlitten zurücklegte.[19] Er verfasste Gedichte über seine Liebe zum Tabak. Seine intellektuelle Leistung bestand hauptsächlich darin, Erkenntnisse anderer zusammenzuführen. Seine Neugier war grenzenlos, seine Interessen reichten über jene Disziplinen, in denen er ausgebildet worden war, hinaus in Fächer wie Astronomie, Meteorologie und Physik. Sein Wissensspektrum war irgendwann so groß, dass er Mühe hatte, im kleinteiligen System der Fakultäten, wie wir es bis heute von den Universitäten kennen, eine Anstellung zu finden. Rückblickend wirkt es fast wie Ironie, dass heute mit dem Alfred-Wegener-Institut für Polar- und Meeresforschung in Bremerhaven eine der angesehensten Forschungsinstitutionen Deutschlands seinen Namen trägt.

Mit der Publikation des Buches *Die Entstehung der Kontinente und Ozeane* bog Wegener zum wiederholten Male von einem eingeschlagenen Weg ab. Der Meteorologe betrat stampfend und stimmgewaltig das Feld der Paläontologie und der Geologie und stellte Theorien auf, die das Lebenswerk einiger der führenden Vertreter dieser Disziplinen zu Staub zertreten sollten. »In den 1920er- und 1930er-Jahren wurde Wegeners Theorie lebhaft diskutiert. Manche lehnten sie rundheraus ab, insbesondere Geologen aus den USA, die seinen Ansatz für unwissenschaftlich hielten«, schreibt die Wissenschaftshistorikerin Naomi Oreskes.[20] Wissenschaftler aus Europa, Australien und Südafrika standen seiner Theorie offener gegenüber, aber in den USA galt die Rede von der Kontinentaldrift als wissenschaftliche Todsünde. Solange niemand daherkam und eine belastbare Erklärung dafür lieferte, wie die Drift hätte vonstattengehen können, war alles bloße Behauptung und nichts bewiesen.

Eine objektive Schwierigkeit bestand darin, dass eventuelle Beweise für die Kontinentaldrift tief im Ozean verborgen waren. Die erste ernsthaft durchgeführte Expedition hatte bereits Teile jenes Grabenbruchs entdeckt, der Marie Tharp Jahrzehnte später zu einer erklärten Verfechterin der Theorie der Kontinentaldrift werden ließ. In den 1850er-Jahren entdeckte Matthew Fontaine Maury, seines Zeichens Direktor des Archivs für Seekarten und nautische Instrumente der U.S. Navy, bei einer der ersten Messfahrten im Atlantischen Ozean einen Rücken. Nur zweihundert Messungen auf dem gesamten Atlantik genügten Maury, um einen Anstieg des Meeresbodens nachzuweisen. Er selbst nannte seine Entdeckung »eine klaffende Wunde im Meer« und geriet über das zerklüftete Gebirge, das die Kontinente Nordamerika und Europa trennte, regelrecht ins Schwärmen. »Die Wunder der See sind genauso großartig wie der Ruhm der himmlischen Mächte«, schrieb er, »und sie verkünden in göttlichen Liedern, dass auch sie das Werk heiliger Finger sind.«[21]

Mit Bedacht kleidete Maury sein Vorhaben, das Meer zu erkunden, in eine spirituell gefärbte Sprache. Wie für die Erforschung des Äthers wäre auch für die Untersuchung der tiefen, düsteren Gräben göttliche Hilfe erforderlich. Astronomie war seinerzeit eines der angesehensten Fachgebiete. Im Laufe des 18. und des 19. Jahrhunderts hatten Astronomen den praktischen Nutzen ihrer Arbeit nachweisen können: Die Navigation auf See war leichter geworden, was vielen Seeleuten das Leben rettete und die Dauer einer Atlantiküberquerung verringerte.[22] Das Nachdenken über den Kosmos hat natürlicherweise eine spirituelle Facette und die Astronomie eine lange Historie, die sie mit der katholischen Kirche verbindet. Die Vatikanische Sternwarte beherbergt eines der ältesten astronomischen Institute der Welt, seine Geschichte reicht bis ins Jahr 1582 zurück. Dank ökonomischer wie religiöser Rückendeckung konnte die Astronomie auch in den USA hinsichtlich der Förderung durch die öffentliche Hand der Ozeanografie lange den Rang ablaufen. Das Konkurrenzverhältnis hat sich bis heute erhalten, wie sich an den unterschiedlichen Budgets für die NASA auf der einen und die NOAA auf der anderen Seite zeigt.

Zwanzig Jahre nachdem Maury die »klaffende Wunde im Meer« entdeckt hatte, stieß eine andere Expedition an einer anderen Stelle des Atlantischen Ozeans auf denselben Grabenbruch. Sie folgte ihm bis in den Südlichen Ozean. Im Dezember 1872 verließ ein britisches Kriegsschiff die englische Hafenstadt Portsmouth und begründete damit gewissermaßen die Meeresforschung. Die Mission der HMS *Challenger* ist bis heute berühmt, weil auf einer dreijährigen Reise rund um die Welt mehrere Tausend neue Arten entdeckt, die ersten Mineralien vom Meeresgrund geborgen und große geologische Formationen aufgespürt wurden, darunter das nach dem Schiff benannte Challengertief im Marianengraben. Im Laufe der zahllosen Reisen der *Challenger* nahm die Besatzung, über den ganzen Globus verteilt, mehr als dreihundert Tiefenmessungen vor. Im Indischen Ozean entdeckte sie ein auffällig flaches Meeresgebiet, das, wie sich herausstellen sollte, zu dem weltumspannenden System der mittelozeanischen Rücken gehörte. Auf der Rückfahrt nach England passierte die *Challenger* einen weiteren Abschnitt, dieses Mal im Südlichen Ozean, sodass die Wissenschaftler an Bord annahmen, dass sich der Graben quer durch den Atlantik bis nach Island zog. Doch im Grunde konnten sie sich auf das unebene und zerklüftete Terrain auf dem Meeresgrund so recht keinen Reim machen. Dabei blieb es noch, als weitere Teile des Rückens gefunden worden waren, es aber an dem nötigen Wissen über den Ozean mangelte, um die Funde richtig zu deuten.

Festzuhalten bleibt aber, dass die Mühe, die mit jeder einzelnen Messung verbunden war, von dem festen Willen zeugt, den Ozean verstehen zu lernen. Ebenso erkennbar werden darin die Stärke des britischen Königreichs als Kolonialmacht und die Fülle an Ressourcen, die es für die Mehrung wissenschaftlicher Erkenntnis aufbringen konnte. »Auf einer Karte eine Angabe für die Tiefe eintragen zu können, bedeutete persönlichen Ruhm und nationales Prestige«, schrieb die Historikerin Helen Rozwadowski über die Anfänge der Vermessung der Meere im 19. Jahrhundert.[23] In der tradierten starren Einteilung der Erde in Land und Meer konnten die beiden Protagonisten nicht einfach die Rollen tauschen. Das Land war der junge Teil der Erde, der Meeresboden der alte. Sedimente, die von den neueren und interessanteren Formationen an Land abgespült wurden, sanken auf den Grund des Meeres und lagerten sich dort ab.[24]

Eine weitverbreitete Überzeugung der damaligen Zeit war die, dass es sich bei den Erhebungen in der Mitte des Ozeans um gesunkene Kontinente handelte. Als die *Challenger* den mittelozeanischen Rücken des Indischen Ozeans entdeckt hatte, schrieben britische Zeitungen euphorisch vom Fund des untergegangenen Atlantis. Der Mythos einer versunkenen Stadt ist ein beliebter Topos in viktorianischen Schauergeschichten. Und die Dystopie einer hoch entwickelten Zivilisation unter Wasser, die von den Kräften der Natur ausgelöscht wurde, hatte für die englische Leserschaft, die sich von der Industrialisierung herausgefordert sah, einen speziellen Reiz. Zudem herrschte in der Öffentlichkeit die Bereitschaft, auch andere alte Mythen für wahr zu erachten. Der deutsche Abenteurer und Archäologe Heinrich Schliemann hatte gerade erst das alte Troja entdeckt, indem er mit einem abgegriffenen Exemplar von Homers *Ilias* in der Hand durch das türkische Hügelland gelaufen war. Warum sollte die *Challenger* also nicht das sagenhafte Atlantis gefunden haben?[25]

Allen Skeptikern zum Trotz blieb Wegener von der Gültigkeit einer Theorie der Kontinentaldrift überzeugt. Auch vehemente Kritik durch führende Fachleute konnte ihn nicht davon abbringen. Im Gegenteil, sie schien ihn dazu anzuspornen, härter zu arbeiten und weitere Beweise zusammenzutragen. 1930, Wegener war neunundvierzig Jahre alt, brach er zu seiner vierten Grönlandfahrt auf, um auf der arktischen Eiskappe geophysikalische Experimente durchzuführen. Bei heftigem Schneefall und eisigen Temperaturen von minus 50 Grad Celsius brachten er und zwei Begleiter Vorräte zu einer Forschungsstation. Auf dem Rückweg starb Wegener, sein Begleiter, der Grönländer Rasmus Villumsen, setzte ihn bei, ehe er selbst im ewigen Eis verschwand.

Im darauffolgenden Frühjahr fand ein Suchtrupp Wegeners Grab. Vermutlich war er an Herzversagen gestorben. Dass sich seine viel geschmähte Theorie durchsetzte und einen wichtigen Beitrag zur Wissenschaft lieferte, hat er nicht mehr erlebt, aber vielleicht hatte er insgeheim gewusst, dass es eines Tages dazu kommen würde.

4.

Anders als Alfred Wegener ist Marie Tharp nicht durch die Tundra gewandert und auch nie mit dem Heißluftballon geflogen, aber auch sie war auf ihre Weise eine Außenseiterin. Als geschiedene Frau, die in der abgeschotteten und männlich dominierten Welt der Wissenschaft der 1950er-Jahre arbeitete, musste sie gegen kleinere und größere Restriktionen kämpfen, gegen ausgesprochene und unausgesprochene. Die einschneidendste war wohl die, dass sie keine eigenen Messungen auf See vornehmen durfte. Die größten amerikanischen Institutionen, die sich der Meeresforschung verschrieben hatten – Scripps in La Jolla, Kalifornien, WHOI in Woods Hole, Massachusetts, und Lamont in Palisades, New York –, untersagten Frauen bis Ende der 1960er-Jahre, auf Forschungsschiffen zu arbeiten. Lamont trieb es gar so weit, dass Frauen nicht einmal die Landungsbrücke betreten durften.[26] Derlei Verbote leiteten sich aus einem alten Aberglauben unter Seeleuten ab, laut dem Frauen auf Schiffen Unglück brachten. Als offizielle Gründe wurden genannt, dass Schiffe nicht dafür gebaut waren, zwei Geschlechter zu beherbergen, und Männer an Bord Frauen beaufsichtigen müssten. Forschungsschiffe waren in den 1950er- und 1960er-Jahren weitaus gefährlichere Arbeitsplätze, als sie es heute sind. Damals wurden Tiefenmessungen vorgenommen, indem alle zwei Minuten eine Dynamitstange über Bord geworfen wurde. Ein Forscher an Bord eines von Lamont betriebenen Schiffes wurde dabei zerfetzt und bekam ein Seemannsgrab. Bei einem Sturm vor Bermuda spülte eine riesige Welle Doc Ewing und drei weitere Männer über Bord. Dem Kapitän gelang es, drei der vier Männer zu retten, darunter auch Doc, der dabei eine bleibende Gehbehinderung davontrug.[27]

Die naheliegendste Lösung des Problems wäre gewesen, die Sicherheit an Bord zu erhöhen, und tatsächlich ließ Lamont die Verwendung von Dynamit auslaufen und baute fortan auf Schallkanonen, die hinter dem Schiff hergezogen wurden. Was sich so nicht beseitigen ließ, war der Machismo an Bord, den die Forschung von der Kriegs- und der Handelsmarine übernommen hatte. »Das Problem ist zum Teil ein emotionales. Für viele Männer gleicht die Seefahrt einer Rückkehr in die Kindheit, und die Chancen, die damit verbunden sind, wollen sie sich von nichts und niemand kaputt machen lassen«, erklärte ein Mathematiker der WHOI.[28] Und weil Marie Tharp daran gehindert wurde, ihre eigenen Daten zu sammeln, konnten ihre Erkenntnisse leicht als Flausen einer Schmalspurgeologin abgetan werden, die keinerlei praktische Erfahrung vorzuweisen hatte.

Um die Restriktionen zu umgehen, konnte sich eine Frau einen männlichen Kollegen suchen, der als ihr Förderer auftrat. So kam auch die Beziehung zwischen Bruce und Marie zustande. Bruce fuhr zur See und sammelte Daten, die Marie an Land analysierte und auswertete. Diese Form der Zusammenarbeit war damals alles andere als ungewöhnlich. »Zur See zu fahren, empfanden die Männer als angenehmer und glamouröser, als zu Hause zu sitzen und Daten zu analysieren«, schreibt die Wissenschaftshistorikerin Naomi Oreskes. »Das ist einer der Gründe, warum die Auswertung der Daten oft den Frauen überlassen blieb.«[29]

Verfolgt man die unterschiedlichen Laufbahnen von Frauen und Männern in der akademischen Welt, ergibt sich ein treffendes Bild vom damaligen gesellschaftlichen Rollenverständnis. Als Marie nach Lamont kam, hatte sie drei Studienabschlüsse in der Tasche und konnte Berufserfahrung bei einem Ölunternehmen und bei der US-Behörde für Geologie vorweisen. Bruce war vier Jahre jünger als Marie, hatte nur zwei Studienabschlüsse und arbeitete noch an seiner Doktorarbeit. Trotzdem wurde sie seine Assistentin. Um die Motivation gebracht, zog sich Bruce' Promotion über zehn Jahre hin. »Er hatte einen Job, Geld, einen Stab an Mitarbeitern und konnte Expeditionen leiten. Wen interessierte es da, ob er

Doktor war oder nicht?«, schreibt der Ozeanograf H. W. Menard, ein Kollege und enger Freund von Bruce.[30] Zum ersten Mal eine führende Rolle auf einem Forschungsschiff gespielt hatte Bruce sogar noch vor dem Collegeabschluss. Bereits seine zweite Reise bestritt er als Chefwissenschaftler, obwohl er zu diesem Zeitpunkt gerade mal sein Grundstudium abgeschlossen hatte. Neben diversen Auszeichnungen bedachte ihn die Columbia University auch mit einer Festanstellung, ein Umstand, der für ihn, aber auch für Marie später noch von Bedeutung sein sollte. Die musste sich einstweilen mit befristeten Verträgen über Wasser halten und damit leben, dass einschlägige Publikationen, an denen sie mitgewirkt hatte, ohne Nennung ihres Namens erschienen.

Das spielte für sie so lange keine Rolle, wie sie, so ihre Formulierung, »etwas Wichtiges tun konnte. Ich empfand es als glückliche Fügung, Bruce als Chef zu haben, weil er mir derart anspruchsvolle Arbeit übertrug«, sagte sie. »Wie sich meine Position schimpfte, war mir egal. Assistentin, Zeichnerin, Programmiererin – mir war es einerlei. Ich wusste, dass ich an denselben Fragen arbeitete wie Bruce, und empfand keinerlei Neid oder Verbitterung.«[31]

Andere Frauen empfanden anders und erlebten die sexistischen Regeln durchaus als bitter, insbesondere jenen Punkt, der es ihnen versagte, zur See zu fahren. Er machte unzähligen ehrgeizigen jungen Ozeanografinnen einen Strich durch die Laufbahn, weil sie an Land festsaßen und daran gehindert wurden, ihre eigenen Daten zu sammeln. 1955 kreiste in Woods Hole das Pamphlet einer Absolventin, die diese Politik missbilligte. »Einige Wissenschaftler behaupten, dass man nicht unbedingt zur See fahren muss, um Ozeanograf zu werden«, schrieb Roberta Eike, eine junge Biologin, die an der WHOI arbeitete. »Ich würde es allerdings vorziehen, meine eigenen Daten zu erheben und mit eigenen Augen jene Beobachtungen machen zu können, die damit verbunden sind.«[32]

Nachdem ein Jahr vergangen war, ohne dass sich an ihrer Situation etwas geändert hätte, nahm Eike die Dinge selbst in die Hand und schlich sich als blinde Passagierin auf ein Forschungsschiff. Als ihr Vorgesetzter George Clarke sie an Bord aufgespürt hatte, legte er sie übers Knie und versohlte ihr eigenhändig den Hintern. Das Schiff machte kehrt und brachte Eike zurück an Land, Woods Hole strich ihr das Stipendium.[33] Was aus ihr geworden ist, ist nicht überliefert.

Damals war Marie Tharp Ende dreißig, und um sich als jugendliche Rebellin zu betätigen, fühlte sie sich möglicherweise zu alt. Gut zehn Jahre zuvor hatte sie in Lamont begonnen, zu einer Zeit also, in der nur wenige Frauen in der Wissenschaft unterkamen. Willkommen fühlte sie sich in dieser Welt aber immer noch nicht, nicht einmal bei jenem Mann, der sie engagiert hatte. »Ich denke, er fürchtete die Konkurrenz«, so Marie über Doc Ewings Haltung zu Frauen in der Wissenschaft.[34] Sie selbst zog daraus den Schluss, sich an den Zeichentisch zurückzuziehen. So hielten es auch zwei Frauen an der Westküste, die beide an der Scripps Institution of Oceanography arbeiteten und dort für ihre Ehemänner, die in der Forschung tätig waren, Karten des Meeresbodens zeichneten.[35]

Die Geografie gehört zu den eigentümlichen Grauzonen in Forschung und Lehre. Das Fach lässt sich keinem der beiden traditionellen Bereiche zuordnen: weder dem Feld der Kunst- und Geisteswissenschaften, das vornehmlich den Frauen zugedacht war, noch dem Feld der empirischen Forschung, auf dem sich in der Hauptsache Männer tummelten. In den USA gehörte die Geografie zu den ersten wissenschaftlichen Fächern, in denen Frauen zugelassen waren. »Das Fach ist so vielfältig und ansprechend, dass seit fast einem Jahrhundert auch Frauen es studieren können«, schrieb John Pinkerton 1818 im Vorwort zu einem Atlas.[36] Die Studieninhalte für Frauen unterschieden sich allerdings von denen für Männer. Frauen lernten vor allem, Landkarten der USA zu zeichnen, zu malen und sogar zu stricken, um so an dem patriotischen Ziel mitzuwirken, den Amerikanern unabhängig vom Geschlecht den Grenzverlauf der jungen Republik einzuimpfen. Diese frühen kartografischen Gehversuche kamen zum Stillstand, als die Karten gedruckt werden konnten, aber immerhin hatten sie dazu beigetragen, die Tür zur Wissenschaft einen Spaltbreit zu öffnen und es Frauen zu ermöglichen, Wissenschaft zu betreiben – wenn auch unter dem Siegel einer handwerklichen Tätigkeit, die seit jeher als weibliche Domäne galt.

Doch wie gesagt fiel es Marie schwer, in Lamont Fuß zu fassen. Dass sie einst in Ohio einen Violinisten geheiratet hatte und die Ehe zerbrochen war, noch bevor sie nach Lamont gekommen war, verschwieg sie beharrlich, um sich nicht dem Gespött der männlichen Wissenschaftler auszusetzen, die zu Hause Frauen und Kinder hatten.[37] Der Ozeanograf Bill Ryan, einer von Bruce' Studenten, beschrieb, dass Marie ihn »an ein kleines Mädchen erinnerte, weil sie ständig kicherte und eine piepsige Stimme hatte, wenn sie sprach«.[38] Noch als sie in ihren Siebzigern war, sprach sie von sich selbst als Mädchen. Ihr legerer Kleidungsstil sorgte ebenfalls für Stirnrunzeln. Standen feierliche Anlässe in der Columbia University an, unter deren Fittichen Lamont weiterhin stand, schickte Bruce Alma Kesner aus der Verwaltung vor, die Maries Kleidung prüfen und verhindern sollte, dass sie in einem langen Kleid und Turnschuhen auftauchte.[39] »Marie hatte damals eine ganz eigene, unverwechselbare Art, sich zu kleiden«, erinnerte sich Kesner. »Aber wenn ich mich heute umschaue, denke ich manchmal, dass alle aussehen wie Marie damals.«

Sosehr sie sich auch mühte, nicht anzuecken, so wenig Kompromisse machte sie auf dem Gebiet der Wissenschaft. Als Bruce Maries frühe Karten des Mittelatlantischen Rückens sah und sie von fragwürdigen Dingen wie der Kontinentaldrift sprechen hörte, tat er das als »weibliches Gerede« ab.[40] »Zu dieser Zeit der Theorie der Kontinentaldrift anzuhängen, war fast eine Form der wissenschaftlichen Häresie«, schrieb Marie. »Wer so dachte, musste sich als Ketzer verunglimpfen lassen.«[41] Wenn sie sich zu dieser Theorie bekannten, liefen Marie und Bruce Gefahr, aus der wissenschaftlichen Gemeinschaft ausgeschlossen zu werden, zumal in den 1950ern in den USA und ganz besonders in Lamont, wo Doc Ewing über die »reine Lehre« wachte.

Marie brauchte ungefähr ein Jahr, um Bruce davon zu überzeugen, dass der Rücken, der den Atlantik durchzog, keine Einbildung war. Zwei Argumente waren es, die ihn schließlich umstimmten. Ein gehörloser Absolvent einer Kunsthochschule, der neben Marie saß, hatte für die Bell Laboratories unter großen Mühen Tausende Karten erstellt, die Unterwasserbeben darstellten. Diese Beben zentrierten sich entlang des Grabenbruchs, den Marie dort vermutete, was bewies, dass der Grund des Atlantiks geologisch aktiv war. Der zweite überzeugende Punkt war, dass Erdbeben sowohl die Grabenbrüche an Land, wie den Ostafrikanischen Graben, der sich durch Dschibuti, Äthiopien, Kenia und Tansania zieht, als auch die mittelozeanischen Rücken unter Wasser erschütterten. Schließlich und endlich kam Bruce nicht umhin, sich Maries Interpretation dieser Fakten anzuschließen, allerdings ohne deshalb zum aktiven Unterstützer der Theorie der Kontinentaldrift zu werden. »Es war kaum möglich, die Theorie zu propagieren, wenn der Chef und mit ihm fast jeder in der wissenschaftlichen Welt sie vehement ablehnte«, notierte Marie dazu.[42] Und so brachte Bruce eine weitere Theorie ins Spiel, laut der die Erde sich langsam ausdehnt, weil geschmolzenes Magma aus den unterseeischen Gräben herausdrängt.

Weitere vier Jahre vergingen, bis ihre Erkenntnisse über das System aus mittelozeanischen Rücken, wie der Gebirgszug fortan genannt wurde, veröffentlicht werden konnten. Bis es so weit war, vertiefte sich Marie in Messungen vom Meeresboden, die bei Forschungsreisen erhoben worden waren, und benutzte sie dafür, das System für den ganzen Globus nachzuzeichnen. So analysierte sie

Messungen, die die *Meteor* im Jahr 1925 durchgeführt hatte, jenes deutsche Forschungsschiff, das die ersten systematischen Messungen über den Atlantik hinaus bis in den Südlichen Ozean vorgenommen und dabei den Süd-Sandwich-Graben entdeckt hatte. Tief in den noch nicht ausgewerteten Daten verborgen fand sie Informationen, anhand derer sie die v-förmige Vertiefung als Teil des mittelozeanischen Rückens identifizieren und so nachweisen konnte, dass er sich, ganz wie die Wissenschaftler an Bord der *Challenger* es hundert Jahre zuvor vermutet hatten, vom Atlantischen in den Südlichen Ozean fortsetzte. Sie durchwühlte Daten einer dänischen Expedition, die zwei Jahre nach der Fahrt der *Meteor* stattgefunden hatte, und fand im Indischen Ozean eine ganz ähnliche Formation, die nach der berühmten dänischen Brauerei und wissenschaftlichen Stiftung Carlsberg-Rücken genannt wird.[43]

Als Bruce gegen Ende der 1950er-Jahre begann, die Arbeit der Öffentlichkeit vorzustellen, nahm er stets einen Globus mit, um den Wissenschaftlern den Verlauf des Rückens rund um den Erdball zu zeigen. Marie zufolge reichten die Reaktionen von Belustigung über Unglaube bis hin zu offener Feindseligkeit. Nach einer Präsentation im Jahr 1957 erhob sich jedoch der Geologe Harry Hess von der Princeton University und erklärte, an Bruce gerichtet: »Junger Mann, Sie haben die Geologie in ihren Grundfesten erschüttert.« Der berühmte Meeresforscher Jacques Cousteau gehörte eher zu den Skeptikern, aber er fand einen Weg, die Theorie zu überprüfen. Bei einer Reise über den Atlantik schnallte er eine Videokamera auf einen Schlitten und schleppte beides hinter seinem Schiff her, während es den mittelozeanischen Rücken passierte. 1959 führte er das entstandene Filmmaterial auf einer internationalen Konferenz von Ozeanografen im New Yorker Waldorf Astoria Hotel vor. »Es waren wunderbare Aufnahmen von hohen schwarzen Bergen, weißen Schneeverwehungen und blauem Wasser«, erinnerte sich Marie, die im Publikum saß und die Vorführung gebannt verfolgte.

»Er hatte auch Fotos geschossen, was viele Menschen davon überzeugte, dass es unseren Grabenbruch tatsächlich gab, und das zu einer Zeit, als die meisten genau das bezweifelten.«[44]

Harry Hess, der Geologe aus Princeton, der Bruce' Präsentation 1957 so sehr gelobt hatte, hatte sich darangemacht, eine Erklärung für die Kontinentaldrift zu finden. Hess, der im Zweiten Weltkrieg als Marineoffizier im Pazifik stationiert gewesen war, hatte schon damals veranlasst, dass die Echolote auf den Kriegsschiffen rund um die Uhr in Betrieb waren, damit er so viele Daten wie möglich bekam. Nun intensivierte er seine Arbeit an der Theorie der unterseeischen Bodenspreizung, die zu erklären versuchte, wie die Kontinente über den Erdmantel drifteten. Die Bewegung des Meeresbodens entspricht dabei ziemlich genau dem, was sich in einem Topf mit kochendem Wasser abspielt, erklärte der Wissenschaftsjournalist Robert Kunzig. Heiße, geschmolzene Erde steigt durch Risse im Meeresboden auf und drängt älteren und kälteren Boden an die Seite. Diese konvektive Bewegung funktioniert wie ein Förderband, das alten Meeresboden vom mittelozeanischen Rücken wegträgt, bis er entweder auf einem Festlandsockel landet oder in einen Tiefseegraben fällt, um dort in den Erdmantel zurückzukehren.

Diese Theorie stand am Anfang einer der aufregendsten und bahnbrechendsten Phasen in der Erforschung unseres Planeten. Kaum hatte Hess seinen Erklärungsversuch veröffentlicht, tauchte nahezu jährlich eine neue Theorie auf, die auf der Kontinentaldrift fußte, und meist stammte sie von Wissenschaftlern, die unabhängig voneinander ähnliche Beobachtungen gemacht hatten. Damals grübelte die Fachöffentlichkeit über das Phänomen, dass in unmittelbarer Nachbarschaft zu ozeanischen Rücken ein eigentümlicher Magnetismus auftrat. Dann kamen drei Geologen – Drummond Matthews und Fred Vine aus Cambridge sowie der kanadische Geophysiker Lawrence Morley – unabhängig voneinander auf die

Idee, die Bodenspreizung mithilfe eben dieser streifenförmig verlaufenden magnetischen Anomalien zu erklären. Wenn Hess' Theorie stimmte, dann steigt neues Magma aus den Rücken im Ozean auf, teilt sich und erkaltet. Der hochmagnetische Basalt des neuen Meeresbodens übernimmt die Ausrichtung des Magnetfelds der Erde und drückt dem Meeresboden auf diese Weise bei jeder Magnetfeldumkehr, wenn also zu unvorhersehbaren Zeitpunkten der magnetische Norden zum magnetischen Süden wird und umgekehrt, einen Stempel auf, der eine grobe Datierung erlaubt. Die letzte Umkehrung fand vor etwa 780 000 Jahren statt. Nach jeder Polumkehrung weist auch das neu entstehende Magma eine andere Ausrichtung des Magnetfelds auf. Wer diese wechselnden Schichten zu lesen versteht, kann daraus Erkenntnisse über den Verlauf der Bodenspreizung gewinnen.[45]

Dieser Arbeit folgte in kurzem Abstand eine weitere durch John Tuzo Wilson, auch er ein kanadischer Geophysiker, der versuchte, die noch fehlenden Puzzleteile in der Theorie der Kontinentaldrift nachzureichen. Tuzo Wilson lieferte eine Erklärung dafür, warum sich tektonische Platten unterschiedlich verhalten. An Land macht sich nur ein Bruchteil der Aktivität bemerkbar, und das auch nur an wenigen Punkten zwischen den Platten. Die San-Andreas-Verwerfung ist eines der markantesten Beispiele. Sie beginnt im Norden bei Eureka in Oregon, verläuft parallel zur Küste durch Kalifornien, bevor sie sich im Bergland vor Palm Springs verliert. Die San-Andreas-Verwerfung bildet die Nahtstelle zwischen der Nordamerikanischen und der Pazifischen Platte. Da es sich aber um eine sogenannte Transformstörung handelt, die beiden Platten also in Kontakt miteinander stehen, kommt es zu Reibungen in Nord-Süd-Ausrichtung, die seismische Erschütterungen auslösen. Noch in San Diego kann ich spüren, wie die Fenster klirren und das Bett schwankt, sodass ich ein Stoßgebet gen Himmel sende, dass das große Erdbeben noch eine Weile auf sich warten lassen möge.

Am Mittelatlantischen Rücken verhalten sich die Plattengrenzen wiederum anders. Die Platten streben mit einer Geschwindigkeit von etwa fünf Zentimeter pro Jahr auseinander. In die Lücke strebt aus dem Erdinneren geschmolzenes Gestein, das abkühlt und auf dem beschriebenen Förderband landet, das auf dem Meeresboden verläuft. In anderen Worten: Der Grund des Atlantiks weitet sich aus, wenn auch sehr, sehr langsam. Im Pazifik, dem ältesten Ozean der Erde, verläuft der Prozess andersherum. Der Pazifik zieht sich zusammen, weil alter Meeresgrund in das Grabensystem entlang dem Pazifischen Feuerring rutscht und vom Erdmantel verschluckt wird. Das System der mittelozeanischen Rücken muss man sich also wie die platzenden Säume des Planeten vorstellen. Oder, wie Bruce Heezen es poetisch formulierte, als »Wunde, die nie heilt«.

Tuzo-Wilson befasste sich mit einem weiteren ungelösten Problem der Theorie der Plattentektonik. Wie können sich weit vom mittelozeanischen Rücken entfernt Vulkane bilden? An heißen Stellen im Erdmantel, sogenannten Hotspots, entstehen sie, wenn sich eine tektonische Platte darüber hinwegbewegt. Dabei entstehen ozeanische Vulkaninseln wie der Hawaii-Archipel. Zwei andere Forscher – Dan McKenzie von der Scripps Institution und Jason Morgan von der Princeton University – publizierten 1967 beziehungsweise 1968 Aufsätze, in denen sie die Ansicht vertraten, dass die Erdoberfläche von einem Geflecht aus beweglichen, in sich starren Platten bedeckt ist. Diese Theorie nennen wir heute Plattentektonik. Damit war das letzte Puzzleteil gefunden. Zum ersten Mal konnte eine Theorie sämtliche großen Fragen klären, vor die uns die Erde stellt, von der Form der Kontinente und Ozeane bis zu den Daseinsgründen für Erdbeben und Vulkane. An der Entstehung dieser Theorie waren Dutzende Wissenschaftlerinnen und Wissenschaftler beteiligt, nicht nur die, deren Namen hier genannt wurden. Gemeinsam entwickelten sie »die erste umfassende Theorie, die in der Geschichte der Geowissenschaften allgemeine Anerkennung fand«, wie die Wissenschaftshistorikerin Naomi Oreskes schreibt.[46]

Während die neuen Erkenntnisse in der wissenschaftlichen Welt für ungeheure Aufregung sorgten, blieben sie von der allgemeinen Öffentlichkeit weitgehend unbemerkt. Erst die Karte von Marie Tharp sollte das große Geheimnis des Meeresbodens auch dem breiten Publikum nahebringen.

5.

Während der ersten Jahre in Lamont zeichnete Marie Tharp herkömmliche topografische Karten des Meeresbodens – wissenschaftliche Dokumente, auf denen schlingernde Höhenlinien und penibel beschriftete Erhebungen zu sehen waren, die voller Informationen steckten, aber nicht leicht zu entziffern waren. Sie zu veröffentlichen, wurde ihr aber schon kurz nach ihrer Ankunft in Lamont untersagt. 1952 stufte das Pentagon einen Großteil der Erkenntnisse der Geowissenschaften als geheim ein, von den oberen Schichten der Atmosphäre bis in die tiefsten Tiefen des Ozeans. Während des Kalten Krieges galten die wichtigsten Vorhaben ballistischen Raketen und der Abwehr von U-Booten, und dafür war das Wissen um die Gravitation und die Gestalt des Meeresbodens unerlässlich. Jede Messung, die tiefer als 550 Meter führte, wurde als geheim eingestuft und zu einer Frage der nationalen Sicherheit erklärt. Marie und Bruce würden sich also einige Jahre, wenn nicht Jahrzehnte gedulden müssen, um die Karten zu publizieren, oder einen anderen Weg finden müssen, um die Welt vom System des mittelozeanischen Rückens wissen zu lassen, den sie auf dem Grund des Atlantiks entdeckt hatten.

Oft arbeiteten sie bis spät in die Nacht an ihren Karten, und dabei kam ihnen die Idee, wie sie die Auflagen des Pentagons umgehen konnten: Sie könnten den Meeresboden doch einfach so abbilden, wie er sich tatsächlich darstellte. Das Ergebnis wäre zwar weniger wissenschaftlich, könnte aber einen fundierten Eindruck vom Meeresgrund vermitteln und anschaulich machen, dass sich dort unten keine Mülldeponie befand, sondern eine abwechslungsreiche, von Bergen und Tälern durchzogene Landschaft. Bruce zückte einen Stift und machte sich daran, aus dem Gedächtnis den westlichen Atlantik zu zeichnen. Er begann mit dem Verlauf der Küsten, gefolgt von den Kontinentalhängen und den Ebenen der Tiefsee, den Plateaus und Rücken. Nach einer Stunde war ein erster Entwurf fertig, und den übergab er Marie. »Willst du nicht den Rest einzeichnen?«, fragte er. Keiner der beiden konnte ahnen, dass diese Aufgabe sie ihr weiteres Leben lang beschäftigen sollte.

Maries Stil war weniger naturgetreu, und ihre Skizze zeigte den Meeresgrund in einer angeschrägten Perspektive, etwa so, wie die Rocky Mountains aussehen, wenn man sie aus dem Fenster eines Flugzeuges betrachtet. Um die wenigen Datenpunkte in eine anschauliche Darstellung einer Landschaft zu übersetzen, musste sie all ihr geografisches und geologisches Fachwissen bemühen. An Land können Geologen auf einen Berg klettern, sich umsehen, Messungen vornehmen und dann eine Karte erstellen. Aber den Meeresboden konnte sich Marie nicht ansehen. Sie musste selbst entscheiden, welche Eigenschaften und Formationen sie hervorhob, um nicht bloß Datenpunkte miteinander zu verbinden, sondern ein »Gefühl« für die noch unbekannte Region zu erzeugen.[47]

»Wenn man Daten hatte, bestand die Herausforderung darin, möglichst viele Einzelheiten herauszuarbeiten. Hatte man keine Daten, konnte man erfinden und extrapolieren«, so Marie.[48] Und weil die weißen Flecken so groß und so zahlreich waren, blieb für Interpretationen viel Spielraum. Der Atlantik gehört zu den am besten erforschten Meeren der Welt, trotzdem betrug der Abstand zwischen zwei Vermessungslinien zu jener Zeit gut 200 Kilometer.

In manchen nur dürftig vermessenen Regionen griffen Marie und Bruce auf Messungen von unterseeischen Beben zurück, um den Verlauf des Rückens zu bestimmen. »Die Aussage, dass sie sich bei der Darstellung des Meeresbodens stark auf Intuition verließen, wäre ein Euphemismus: Sie dachten sich das meiste einfach aus«, so der Wissenschaftsjournalist Robert Kunzig. »Sie konnten mit weit mehr Lotungen als Matthew Fontaine Maury oder irgendein anderer Kartograph arbeiten, doch angesichts der Größe des Ozeans war die Datenmenge, die sie hatten, dennoch lächerlich klein.«[49]

Wenn Kartografen ein unbekanntes Gebiet kartieren wollen, müssen sie seit jeher kreativ sein, andernfalls hätten wir bis heute keine Karten. Bis ins 18. Jahrhundert hinein schrieben sie schlicht »Terra Incognita« oder »Terra Nullius«, wenn sie nicht sicher sein konnten, wie das Land, das sie darstellen wollten, aussah. Und damit hatte sich die Sache erledigt.[50] Immerhin waren sie damit ehrlicher als ihre Kollegen im Mittelalter, die bei der Darstellung fremder Kontinente ihrer Fantasie freien Lauf ließen. »Frühe Karten von Afrika und Asien gleichen riesigen Zoologischen Gärten. Auf ihnen tummeln sich Fische und Landtiere in Savannen, die aus geografischer Ignoranz bestehen«, schreibt Stephen Hall.[51] Bei ihrer Arbeit an einem nur wenig erforschten Teil des Nordatlantiks ging Marie ähnlich vor. Sie bediente sich einer Methode, die aus den Portolankarten des 13. Jahrhunderts stammt, und fügte ihrer Zeichnung einige Meerjungfrauen und Seeschlangen hinzu. Bruce erhob Einwände, und sie einigten sich schließlich darauf, über einer Stelle, über die keinerlei Informationen vorlagen, eine großflächige Legende einzufügen.

Ihre Neuschöpfung nannten sie eine »physiografische Karte«, wobei der Begriff aus der landgebundenen Kartografie stammt. Erstmals erschien diese Karte 1956 in einer Zeitschrift der Bell Laboratories, aber die Fachöffentlichkeit nahm erst Notiz davon, als eine geologische Fachzeitschrift sie nachdruckte. Dadurch wurde die Debatte um die Kontinentaldrift, die unter der Oberfläche geköchelt hatte, neu entfacht, und die Entdeckungen, die in den 1960ern auf dem Gebiet der Geologie gemacht wurden, lösten sich in halsbrecherischer Geschwindigkeit ab. Bruce legte eine frühe Fassung von Maries Karte den Herausgebern von *National Geographic* vor, die sich beeindruckt zeigten und Marie als Fachberaterin verpflichteten. Mehrere Jahrzehnte lang reiste sie immer wieder nach Österreich, um mit dem Grafiker Heinrich Berann zusammenzuarbeiten, der ihre physiografischen Darstellungen im Auftrag von *National Geographic* in lebendige plastische und kolorierte Karten verwandelte. Eine der größten Herausforderungen lag darin, genügend Daten aus Messungen aufzutreiben, damit Berann nicht die Arbeit ausging. »Wir haben alle verfügbaren Daten in die Karte übertragen, aber es blieben noch viele weiße Flecken«, so Marie. »Also machten wir uns auf den Heimweg und versuchten, die Leerstelle zu füllen. Dann ging es zurück nach Österreich, damit Berann wieder loslegen konnte.«[52]

Als die erste Karte des Indischen Ozeans fertig war, ließ *National Geographic* sie drucken und dem Heft vom Oktober 1967 beilegen – gerade rechtzeitig, um auf jenen Zug aufzuspringen, der die Theorie der Plattentektonik ins Zentrum des öffentlichen Interesses gebracht hatte. Die Karte ebnete den Weg für die längst überfällige Akzeptanz der Theorie in wissenschaftlichen Kreisen, aber auch das breite Publikum begeisterte sich dafür. Der gigantische mittelozeanische Rücken teilte die Erde säuberlich in verschiedene Platten und ließ ihre unendlich langsame und nahezu unsichtbare Bewegung auch für Laien anschaulich werden. »Jeder konnte es sehen. Auch die dreizehn Millionen Leser der *National Geographic*. ... Sie mussten nur die Augen öffnen«, so Maries Erinnerung.[53] Und etwas später schrieb sie: »Das alte Klischee, laut dem ein Bild mehr sagt als tausend Worte, hat sich ebenso bestätigt wie das Sprichwort, dass man sehen muss, um zu glauben.«[54]

6.

Auf der Türschwelle meiner Wohnung in San Diego landete ein dünnes Päckchen. Ich nahm ein Messer und trennte vorsichtig den Klebestreifen auf, der das braune Packpapier zusammenhielt. Bevor ich hineinschaute, versuchte ich mir vorzustellen, was ein Abonnent der *National Geographic* im Jahr 1967 gedacht haben mag, der noch nie zuvor eine Karte des Meeresbodens zu Gesicht bekommen hatte. Dann zog ich die Karte vorsichtig aus dem Umschlag, faltete sie auf ihr Maß von 48,26 Zentimeter mal 63,5 Zentimeter auseinander und legte sie auf dem Küchentisch ab.

Schon auf den ersten Blick wird der Indische Ozean erkennbar, wenn auch mit einer Besonderheit: Das Wasser fehlt, ist abgeflossen, verschwunden. Der Meeresboden wirkt, als wolle er zu einem Spaziergang einladen – einem Nachmittagsspaziergang, wie die wohlige Farbgebung suggeriert. Und auch wenn das Wasser unsichtbar ist, zeugen ein paar Schatten auf der Karte von seiner Anwesenheit. Das Land ist in einem dunklen Gelbton gehalten, die Küstengewässer leuchten himmelblau, und die Tiefsee lockt mit dunklem Aquamarin. Die Plastizität der Karte wird im Bereich der Inseln besonders deutlich, wo der Gelbton des Landes an der Wasseroberfläche endet und ins Aquamarin übergeht. Die Karte verschaffte Geologen einen Blick auf den Planeten, nach dem sie jahrzehntelang gehungert hatten. Weil das Wasser fehlte, wurden die Oberfläche und die Struktur des kompletten Planeten erkennbar, ein Anblick, der uns Sterblichen normalerweise nicht möglich ist und einen Ort zeigt, zu dem wir keinen Zutritt haben. Plötzlich wird einem klar, dass eine Insel nicht einfach von Wasser umgebenes Land ist, sondern der Gipfel eines hünenhaften unterseeischen Gebirges tief unter der Wasseroberfläche. Jedes Seegebiet hat seine ganz eigene Charakteristik. Die Ebenen tief auf dem Grund des Indischen Ozeans wirken so kalt und abweisend wie die Tundra Sibiriens. Das vergleichsweise flache Südchinesische Meer hingegen wirkt so warm und einladend, dass man auf seinem Grund einen Urlaub verbringen möchte. Eine solche Karte macht sich an der Wand über dem Bett eines aufstrebenden Hydrografen ebenso gut wie in den Gängen einer Universität, und hier wie dort werden sie gehangen haben, denn die Karte schlug ein wie eine Bombe. Bis heute, sechzig Jahre später, ist die Beilage von *National Geographic* die markanteste und bekannteste Karte des Meeresbodens und wird weiterhin nachgedruckt.

Die Entdeckung des mittelozeanischen Rückens machte das Lamont Geological Observatory berühmt. Alma Kesner aus der Verwaltung erinnerte sich, dass nach der Veröffentlichung der Karte viele Telefonate eingingen. »Die Leute riefen an und fragten: ›Dieser Heezen, mit dem arbeiten Sie doch zusammen, nicht wahr?‹ Und ich antwortete: ›Ja.‹ ›Es heißt, dass rund um den Erdball ein großer Riss verläuft. Könnten Sie ihn wohl fragen, ob die Erde an dieser Stelle zerbrechen kann?‹ ›Natürlich‹, erwiderte ich, ›das mache ich gern.‹ … Wir haben herzhaft gelacht.«[55]

Das Institut in Palisades war lange der kleine und unbedeutende Verwandte von Woods Hole an der Ostküste und Scripps an der Westküste. Doch in weniger als zwanzig Jahren hatte Doc Ewing es zu einem Observatorium von Rang verwandelt, das es mit den Platzhirschen aufnehmen konnte. Der Erfolg hatte allerdings seinen Preis, denn die zwanglose Atmosphäre der Anfangsjahre war einem höflichen, aber professionellen Umgang gewichen. »Die Zeiten ändern sich. Ende der 60er-Jahre gab es in Lamont mehr Wissenschaftler, mehr Geld und eine stetig wachsende Verwaltung«, schrieb H. W. Menard, Ozeanograf an der Scripps Institution.[56] Umgekehrt gab es weniger gemeinsame Essen, Besprechungen und Partys, auf denen sich die verschiedenen Forschungszweige begegnen konnten. In gewisser Weise war es normal, wenn nicht gar notwendig, dass sich der Sturm und Drang der Anfangszeit beruhigte, aber als Doc sich von seiner zweiten Frau scheiden ließ und seine Sekretärin heiratete, verschärften sich die Spannungen. Seine neue Frau Harriet arbeitete weiterhin als Docs Sekretärin und machte als Erstes mit dessen Angewohnheit Schluss, jederzeit für jedermann ansprechbar zu sein. Bis dahin hatten Wissenschaftler ungehindert in Docs Büro spazieren können, um mit ihm zu sprechen, nun mussten sie bei Harriet vorstellig werden und um einen Termin bitten. So machte sie sich sehr schnell sehr unbeliebt, und viele lasteten ihr das Ende der von Unbekümmertheit und flachen Hierarchien geprägten Anfangszeit an.[57]

Mit Bruce' Erfolg wuchs auch der Graben, der sich zwischen ihm und Doc auftat. Zum endgültigen Bruch kam es 1964, als Bruce erklärte, dass auf seinen Veröffentlichungen Docs Name künftig nicht mehr auftauchen sollte. Es ist wissenschaftlicher Brauch, den Namen des Institutsleiters auf allen Publikationen zu nennen, die an seinem Haus entstehen, aber Bruce störte sich schon länger an dieser Praxis, weil Doc für seinen Geschmack mehr Ruhm erntete, als ihm aufgrund seiner Arbeit zustand. Doc revanchierte sich, indem er Bruce zunächst den Zugang zu den Forschungsschiffen von Lamont und schließlich auch den zu den gesammelten Daten verwehrte. Bruce fand jedoch Mittel und Wege, an die Daten zu kommen, die er benötigte. »Marie Tharp lächelte vielsagend, als sie berichtete, wie oft in jener Zeit ihre Dienste mitten in der Nacht gefragt waren«, so Menard. »Aber publizieren konnte Bruce die Daten natürlich nicht.«[58] Doc gelang es nicht, Bruce wieder auf Linie zu bringen, aber entlassen konnte er den ordentlichen Professor nicht. Anders sah es mit Bruce' langjähriger Assistentin aus. Die konnte er sehr wohl feuern, und genau das passierte Marie Tharp.

Die Entdeckung des mittelozeanischen Rückens und die Veröffentlichung der Karte von Tharp und Heezen in *National Geographic* hatten das Zeug, Lamont im Glanz des Ruhmes erstrahlen zu lassen. Stattdessen trieben sie einen Keil in die Belegschaft, von der sich ein Teil auf Docs Seite stellte, während der andere Bruce unterstützte. »Ich habe Maries Rauswurf nie hinterfragt, weil ich auf Bruce' Seite stand«, sagte Alma Kesner. »Viele meinten, dass Bruce sich den Ärger mit seinen Wutanfällen selbst eingebrockt hatte, und in der Tat benahm er sich mitunter wie ein kleines Kind. Marie musste als Sündenbock herhalten und Lamont ein für alle Mal verlassen.«[59]

Wenig überraschend, begannen daraufhin auch andere Wissenschaftler, die von Beginn an dabei gewesen waren, das Weite zu suchen. Bruce konnte aufgrund guter Kontakte zur Marine bewerkstelligen, dass Marie weiterhin ihr Gehalt bekam. Fortan versah sie ihren Dienst in ihrem Haus in Nyack, New York, wo sie nahezu jedes Zimmer in einen Arbeitsraum verwandelte. Bis zu einem Dutzend Menschen konnte so parallel an einer Karte des Meeresbodens arbeiten. Das Einzelkind, das in der Kindheit ständig umziehen musste und darüber auch zum Einzelgänger wurde, sah sich erneut ausgeschlossen. Marie aber gewann der Situation, nur von zu Hause aus arbeiten zu können, insofern etwas Gutes ab, als dass sie es als Chance begriff, ihre Herkulesarbeit zu einem guten Ende zu führen. »Solange Bruce mein Gehalt auftreiben konnte, ich einen Ort hatte, an dem ich arbeiten konnte, und Menschen, die mir dabei halfen, machte ich einfach weiter«, so erinnerte sie sich.[60] Arbeitswütig, wie sie war, konnte sie sich nun voll und ganz darauf konzentrieren, Karten zu zeichnen.

Bis in die 1970er-Jahre hinein druckte *National Geographic* laufend weitere Karten aus der Feder von Tharp und Heezen. Marie lieferte die Entwürfe, Berann setzte sie um. Die erste war die des Indischen Ozeans, also jene, die ich heute mein Eigen nenne. Es folgten der Arktische Ozean, der Atlantik und schließlich eine Weltkarte. In den 1960er-Jahren hob die Marine die Geheimhaltung der Messdaten wieder auf, aber Bruce und Marie führten ihren eingeschlagenen Weg einfach fort.

In späteren Jahren befasste Bruce sich überwiegend mit der Entwicklung von Atom-U-Booten, und 1977 erhielt er die Chance, mit einem Forschungs-U-Boot mit Nuklearantrieb zum Mittelatlantischen Rücken zu tauchen. Die Reise sollte auf Island beginnen, und Bruce plante einen Zwischenstopp in Paris ein, wo er sich mit dem weltberühmten Meeresforscher Jacques Cousteau treffen wollte. Ehe er Lamont verließ, ging Bruce in Alma Kesners Büro, um sich von ihr zu verabschieden. »Ich treffe mich mit Cousteau. Er hat mich auf ein Tauchboot eingeladen«, soll Bruce laut Kesner gesagt haben, die schon da eine böse Vorahnung hatte.

»Bruce, komm mal her«, sagte sie, woraufhin sich Bruce vor ihren Schreibtisch stellte. Er war ein stämmiger Mann mit rundem Gesicht, der voller Tatendrang steckte und sich nur selten eine Pause gönnte – nicht eben der Inbegriff eines gesunden Lebenswandels.

»Was gibt's?«, fragte er.

»Hast du schon mal daran gedacht, wie dick du bist?«, erwiderte Kesner. »Du passt unmöglich durch die Einstiegsluke eines so kleinen Bootes.«[61] Hinzu kam, dass Bruce fast zwanzig Jahre zuvor einen Herzinfarkt erlitten und drei Wochen im Krankenhaus gelegen hatte. Kaum entlassen, war er nach New York gefahren, um auf dem Internationalen Ozeanografischen Kongress insgesamt dreizehn wissenschaftliche Aufsätze vorzustellen.[62] Im selben Jahr war sein Vater einem Herzinfarkt erlegen. Doch Bruce wischte Kesners Einwand beiseite und meinte nur, sie solle sich keine Sorgen machen. Auf dem Flug nach Paris hatte er die Korrekturfahnen der Weltkarte im Gepäck, die *National Geographic* drucken wollte.[63] Die gedruckte Version sollte er nicht mehr zu sehen bekommen, weil er an Bord des U-Bootes einen Herzinfarkt erlitt und starb.

Marie war über die Todesnachricht am Boden zerstört. Bruce hatte nie geheiratet und keine Kinder. Von Maries nach kurzer Zeit gescheiterter Ehe abgesehen, traf das auch auf Marie zu. Es galt als offenes Geheimnis, dass die beiden mehr als eine berufliche Partnerschaft verband, wenn auch keine Partnerschaft im eigentlichen Sinne. »Sie liebte ihn sehr«, erinnerte sich Kesner. »Er liebte sie auch, aber auf seine Weise. Und seine Weise bedeutete, dass er sie umso mehr liebte, je größer die Distanz war.« Mitunter zog Kesner Marie wegen der Beziehung zu Bruce auf und fragte sie, wann die beiden denn heiraten wollten. »Ach, daran hat er nicht das geringste Interesse«, erwiderte sie dann. Und so wurde über eine Heirat zwar gelegentlich gesprochen und mitunter auch gescherzt, aber dabei blieb es bis zum Schluss.[64]

Von Bruce' Tod war Marie nicht nur menschlich betroffen, sondern auch beruflich. Zum ersten Mal seit dreißig Jahren musste sie ohne seine Unterstützung auskommen, und das merkte sie daran, dass sie lieb gewonnene Aufträge verlor. Einer war die Zusammenarbeit mit der GEBCO, also jener Organisation, die heute hinter Seabed 2030 steht. Bruce war lange Mitglied und Herausgeber und maßgeblich dafür verantwortlich, dass das Projekt bei Marie gelandet war. »Von dort stammten die besten Karten, mit denen ich arbeitete«, so Marie, die GEBCO als ein gewagtes Unterfangen ansah. Die Organisation hat zwar nie illegale Karten vertrieben, bewegte sich aber stets im Graubereich, weil eine kleine, aber entschlossene Gruppe von Freiwilligen Daten aus Tiefenmessungen zusammentrug und untereinander austauschte, auch wenn diese Daten streng genommen der Geheimhaltung unterlagen. Mit Bruce' Tod war diese heikle und notorisch unterfinanzierte Arbeit zwangsläufig gefährdet. »Ich hatte weder einen Vertrag mit GEBCO, noch bekam ich Geld von ihnen. Bruce hatte die Arbeit begonnen, und ich konnte sie nach seinem Tod nicht zu Ende führen, weil sie sämtliche Arbeiten und Zuwendungen einbehielten und nicht mir, sondern anderen übertrugen. Sie kamen sogar zu mir nach Hause und nahmen sämtliche Unterlagen mit«, erinnerte sie sich. »Das war eine schwere Zeit für mich, aber auch nur ein Vorgeschmack darauf, wie mein Leben ohne Bruce sein würde.«[65]

Dass die Karten von Tharp und Heezen so bekannt und beliebt waren, hätte sich auch als Pferdefuß erweisen und dem Anliegen der Hydrografie unbeabsichtigt schaden können. Wer heute einen Blick auf diese Karten wirft, muss zu dem Schluss kommen, dass der Meeresboden vermessen und kartiert, die Arbeit folglich erledigt ist und wir uns anderen Dingen zuwenden können. Vor dieses Problem sieht sich heute, ein gutes halbes Jahrhundert später, Cassie Bongiovanni gestellt, weil sie wieder und wieder erklären muss, dass der Meeresboden keinesfalls kartiert ist, auch wenn die Karten anderes suggerieren mögen. »Was die Karten zeigen, ist eine Darstellung dessen, wie der Meeresboden aussähe, wenn wir das Wasser entfernen könnten. Der Eindruck, dass es sich um eine präzise Karte handelt, ist falsch«, erklärte Robert Ballard, der Gründer des Ocean Explorer Trust, zu dem die *Nautilus* gehört, 2008 in seinem TED-Talk mit Verweis auf die Weltkarte von Tharp und Heezen. »Es ist noch nicht einmal eine Karte.«

Karten stehen einerseits für Verlässlichkeit, andererseits haben sie eine große Verführungskraft. Sie machen uns glauben, einen Ort besser zu kennen, als es tatsächlich der Fall ist, insbesondere dann, wenn es sich um abgelegene Orte handelt. Anders als gewöhnliche Karten eignen sich die von Tharp und Heezen nicht dafür, die genaue Lage einer bestimmten Stelle zu finden. 1984 hat eine Gruppe Ozeanografen den Versuch unternommen und einen bestimmten Abschnitt des Grabenbruchs im Südlichen Ozean gesucht. Fündig wurde sie 300 Kilometer von jener Stelle entfernt, wo er sich laut der Karte befinden sollte.

Im Grunde gleichen die Karten von Tharp und Heezen jenen Darstellungen, die europäische Kartografen am Ende des 15. Jahrhunderts anfertigten. Eine dieser Karten, die von Henricus Martellus Germanus aus Florenz stammt, soll Christoph Kolumbus auf seiner Fahrt nach Westen über den Atlantik begleitet haben, als der eine Verbindung nach China suchte und stattdessen Amerika

»entdeckte«. Als Kolumbus 1492 aufbrach, galt die Karte von Martellus als die aktuellste ihrer Art, doch die Landmassen von Amerika, Australien und der Antarktis fehlen komplett. Der Verlauf der Küsten von Europa, Afrika und Asien repräsentiert den Stand des Wissens, das durch die Reisen von Marco Polo und Bartolomeu Dias zusammengetragen worden war, aber der Pazifik, immerhin das größte Meer der Erde, ist kaum mehr als ein blauer Fleck am Rand der Karte. Dass Martellus' Karte so lückenhaft ist, lässt verständlich werden, warum man damals glaubte, in westlicher Richtung schneller nach Asien zu kommen. Heute machen wir uns über Kolumbus lustig, der bis an sein Lebensende davon überzeugt war, in der Inselwelt Ostasiens gewesen zu sein, obwohl er es gerade mal bis in die Karibik geschafft hatte. Doch Kolumbus konnte sich auf die Karten berufen, die ihm damals zur Verfügung standen, und die zeigten ihm die Welt so, dass er sich seiner Sache sicher sein durfte.[66] Die Karten von Tharp und Heezen funktionieren ganz ähnlich: Sie zeigen den Stand der Forschung zu einem ganz bestimmten Zeitpunkt und frieren ihn ein. Die Karte des Indischen Ozeans, die ursprünglich in der *National Geographic* erschien, habe ich neben meinem Schreibtisch aufgehängt. Dort erinnert sie mich daran, dass eine Karte stets am Anfang von etwas steht, nicht am Ende.

Marie verlegte sich für den Rest ihres Lebens darauf, in ihrem Haus in Nyack einen Kartenversand zu betreiben und Artikel über Bruce zu veröffentlichen. Noch dreißig Jahre nach seinem Tod sprach sie über Bruce so, als säße er neben ihr. »Bruce könnte dazu allemal besser Auskunft geben als ich«, so eine ihrer typischen Bemerkungen, mit der sie hinter ihrem langjährigen Vorgesetzten zurücktritt.[67] Marie fiel es schwer, Unterstützung für ihre Arbeit an neuen Karten des Meeresbodens zu finden. So populär die Karten, die sie gemeinsam mit Bruce erstellt hatte, auch sein mochten, wurden sie doch von der Raumfahrt überstrahlt. Die Begeisterung für alles, was mit dem Mond zusammenhing, erreichte 1969 ihren Höhepunkt, als Apollo 11 auf dem Erdtrabanten landete. Die Welt orientierte sich an neuen Grenzen, und mit dem öffentlichen Interesse sank auch die öffentliche Förderung der Kartierung des Ozeans.

Erst gegen Ende ihres Lebens erfuhr Marie die gebührende Anerkennung für ihre Arbeit. In ihrem Haus begrüßte sie wissbegierige Historiker, Journalisten und Schriftsteller. Allen Rückschlägen und Tragödien zum Trotz klang sie in den letzten Interviews zuversichtlich und zugleich dankbar für alles, was sie erreicht hatte. »Die Existenz des Grabenbruchs und des mittelozeanischen Rückens nachzuweisen, der sich über 65 000 Kilometer rund um den Erdball zieht – das ist durchaus bedeutsam«, sagte sie. »Das ist einem nur ein Mal vergönnt, denn etwas Größeres gibt es nicht, zumindest nicht auf diesem Planeten.«[68]

Kapitel 5

DER EINSAMSTE OZEAN DER WELT

1.

Die Wellen wurden größer, die Temperatur sank, während die *Pressure Drop* Richtung Südlicher Ozean fuhr. Einige Tage zuvor, am 24. Januar 2019, hatte das Schiff Montevideo in Uruguay verlassen. Nach einem Zwischenstopp in Südgeorgien, mit dem vor allem dem britischen Entdecker Ernest Shackleton Respekt gezollt wurde, der dort begraben ist, setzte das Team von Five Deeps die Reise zu einem von weltweit nur zwei bekannten Tiefseegräben fort, in denen Temperaturen von unter null Grad Celsius herrschen. Von dort aus sollte es in einer fünfwöchigen Reise nach Kapstadt in Südafrika gehen. Ein deutscher Eispilot verstärkte die Crew. Er sollte das Schiff durch die von Eisbergen übersäten Gewässer des Südens geleiten.[1]

Atlantischer Ozean, Pazifischer Ozean, Indischer Ozean und Arktischer Ozean sind jene Weltmeere, die deutlich unterscheidbar sind, weil die jeweiligen Becken von Kontinenten begrenzt werden. Viele Menschen würden sich schwertun, den fünften und letzten Ozean zu nennen. Mal heißt er Antarktischer Ozean oder Südatlantischer Ozean, dann wieder Südpazifischer oder Südindischer Ozean. Tatsächlich gibt es keinen einheitlichen Namen, der international Gültigkeit besäße, aber die Wissenschaft nennt ihn seit über einem Jahrhundert Südlicher Ozean.[2] Wie immer Sie ihn nennen mögen, wichtig zu wissen ist, dass der Südliche Ozean ein besonderer ist, weil er ungehindert rund um den eisigen weißen Kontinent wabert, der am unteren Ende des Planeten liegt. Die Grenzen des Südlichen Ozeans werden von der starken Strömung bestimmt, die die Antarktis im Uhrzeigersinn umfließt. Hier findet sich kein Land, das sich der Strömung in den Weg stellen würde, sodass sich die Wellen zu außergewöhnlicher Höhe, Geschwindigkeit und in der Folge Kraft aufschwingen können.[3] Die höchste Welle, die hier je beobachtet wurde, war so hoch wie ein siebenstöckiges Haus, aber weil Messungen unter den unmenschlichen Bedingungen kaum möglich sind, ist das nur eine Schätzung. Und doch strahlt ein Ort, an dem Wellen, die Hochhäusern gleichen, um den Erdball rasen, ohne dass ein Mensch es sähe, eine große Faszination aus.

Die unwirtliche Gegend und die Dauer der Reise hatten bei einigen Crewmitgliedern schon im Vorfeld Sorgen und Ängste ausgelöst. Ein Mitarbeiter von Triton Submarines erlitt vor der Abfahrt in Montevideo eine Panikattacke und fiel einen ganzen Tag lang aus, bevor er wieder einsatzfähig war. Das Team von Five Deeps steuerte ein Seegebiet an, das von der menschlichen Zivilisation weiter entfernt ist als jeder andere Ort der Erde. Knapp nördlich des 60. südlichen Breitengrades liegt Point Nemo, der abgelegenste, weil von Land am weitesten entfernte Punkt auf Erden. Benannt ist er nach Jules Vernes Kapitän Nemo, dessen lateinischer Name übersetzt so viel wie »niemand« bedeutet. Point Nemo liegt jeweils 2688 Kilometer von Ducie, einer Insel der Pitcairns, auf denen die Meuterer der *Bounty* Zuflucht fanden, der chilenischen Insel Motu Nui sowie von der Maher-Insel entfernt, einer Insel, die zur Antarktis gehört. Die Stelle ist mit keiner Tonne und keinem Kreuz markiert. Sie liegt wortwörtlich im Nirgendwo, erkennbar nur an ein paar Koordinaten auf einer Seekarte. In Sachen Abgeschiedenheit steht der Südliche Ozean Point Nemo in nichts nach, denn auch er liegt denkbar abgeschieden und besteht aus nicht mehr als aus

Wasser, das sich über Hunderte Kilometer in alle Himmelsrichtungen erstreckt. Und bis das Schiff Kapstadt erreichen würde, wären die vierundvierzig Menschen an Bord mit sich und dem Meer allein.

Doch wo genau liegt dieser Südliche Ozean eigentlich? Weil es keine Landmarken gibt, die das Ende von Atlantischem, Pazifischem und Indischem Ozean und damit den Beginn des Südlichen Ozeans anzeigen würden, wird unter Ozeanografen, Politikern und Seeleuten diskutiert, wo genau die Grenze verläuft. »Die Grenze liegt mal hier und mal da, je nachdem, ob man mit einem Ozeanografen, einem Chemiker oder einem Biologen spricht«, erklärte Aileen Bohan. »Mit den Jahreszeiten ändert sich die Biologie, mit dem Wetter die Chemie und mit den Strömungen und El Niño die Ozeanografie. Hinzu kommen politische Interessen.«

Für Aileen und Cassie war die Grenze der 60. südliche Breitengrad. So definierten GEBCO und der Antarktis-Vertrag von 1959 den Südlichen Ozean. Für Five Deeps war das insofern ein Problem, als dass der Süd-Sandwich-Graben den 60. Breitengrad überspannt. Und das Meteortief, das als der tiefste Punkt des Grabens gilt, befindet sich nördlich des fraglichen Breitengrades und damit streng genommen außerhalb des Südlichen Ozeans, mit der Folge, dass Victor zu einer weniger tiefen Stelle desselben Grabens tauchen würde, weil eine letztlich willkürliche Definition es so wollte. Was, wenn irgendeine Behörde an Land die Grenzen des Südlichen Ozeans anders zog und Victor die Anerkennung des Rekordes versagte? Um das zu vermeiden, nahm sich das Team vor, zu der jeweils tiefsten Stelle zu beiden Seiten des 60. Breitengrades zu tauchen.

Während der Fahrt zeigten sich Delfine vor dem Hintergrund der grellen blauweißen Eisberge. »Wir hatten den ganzen Tag Eisbergen ausweichen müssen und mit Thule Island und Cook Island gerade den südlichsten Zipfel der Südlichen Sandwichinseln passiert. Beides sind Vulkaninseln, aus deren Gipfeln zarte Rauchschwaden aufstiegen, mit erkalteten Lavaströmen an ihren Flanken, während vor der Küste Eisberge trieben«, berichtete Victor in seinem Blog, den er während der Expedition führte.

Der Südliche Ozean entschloss sich, dem Team von Five Deeps, das im Labor arbeitete, nach Kräften zuzusetzen. Papier und Stifte flogen durch die Luft. Jemand hatte die unglückliche Entscheidung getroffen, den Raum mit Drehstühlen auf Rollen auszustatten. Nun flitzten sie wie Autoscooter durch den schwankenden Raum. Einige Leute steckten Klebeband in die Halterung der Rollen und hofften, sie so zügeln zu können – mit kläglichem Ergebnis. Eine besonders steile Welle ließ einige übermütig werden und Wetten darauf abschließen, welche Werte Cassie und Aileen auf ihren Monitoren sahen. »Zwölf Grad«, hieß es dann, und Freude kam auf, wenn sich die *Pressure Drop* in diesem Moment tatsächlich um zwölf Grad auf die Seite legte.

Sobald das Schiff die Südspitze der Südlichen Sandwichinseln hinter sich gelassen hatte, begann für Cassie und Aileen die eigentliche Arbeit, und die duldete keine Pause. Aileen übernahm die Nachtschicht, in der sie entlang von Vermessungslinien, die hin und her über den Graben führten, Daten erhob. Am Morgen löste Cassie sie ab und wertete die gewonnenen Daten aus, schrieb Berichte und nahm an Besprechungen teil. Und sooft es ging, saßen beide vor dem Bildschirm, auf dem die Messungen des Fächerecholots eingingen, um mögliche Fehler so früh wie möglich zu identifizieren und zu beheben. Jede Messung, gleich, ob sie über oder unter der Wasserlinie genommen wird, ist anfällig für Fehler. Dieses Problem ist unlösbar mit dem Beruf des Hydrografen verbunden, was zu begreifen mir besonders schwerfiel. Wenn man auf festem Boden steht, einen Zollstock in der Hand, tut sich der Kopf schwer, das Problem zu begreifen. Ein Zentimeter ist ein Zentimeter ist ein Zentimeter, oder nicht? Aber wie ich auf der *Nautilus* beobachten konnte, schleichen sich in alle Messungen Fehler ein. Je extremer die Landschaft, desto größer ist die Unsicherheit und desto schwieriger wird es, den Fehlerquotienten zu bestimmen. Auf dem Südlichen Ozean zu treiben und von Wellen herumgeworfen zu werden, dürfte die denkbar schwierigste Voraussetzung sein, um die Erde präzise zu vermessen. Fehler sind da unvermeidlich.

»Victor ist nett und freundlich, aber auch fordernd, wenn er sagt: ›Ich muss wissen, wo der tiefste Punkt ist, und kann nicht riskieren, dass es in einem Jahr heißt, ich habe mich geirrt‹«, so Aileen.

Bevor sich die *Pressure Drop* hierherwagte, war der Südliche Ozean in überwiegenden Teilen nicht kartiert. Das gilt auch für den Süd-Sandwich-Graben. Hier waren es exakt 91 Prozent, die nicht vermessen waren, und die Karten, die es gab, waren meist aus Satellitenbildern abgeleitet. Das EM 124 verwandelte das verschwommene Etwas, das aus diesen Informationen entstanden war, in die gestochen scharfe dreidimensionale Darstellung des Meeresbodens mit seinen Erhebungen, Spalten und Rissen. Der Unterschied zwischen den beiden Bildern war so gewaltig, dass er sich am ehesten mit dem Gefühl beschreiben lässt, das ein stark Kurzsichtiger empfindet, der zum ersten Mal im Leben eine Brille aufsetzt. Victor war so begeistert, dass er jede neue Karte ausdruckte und auf dem Schiff aufhängte. »Ich denke, wir konnten Victor klarmachen, was Vermessung bedeutet«, sagte Cassie. »Die meisten Menschen an Bord hatten nie zuvor eine bathymetrische Karte gesehen, und die wenigsten wussten, was es mit Vermessung auf sich hat. All denen konnten wir den Wert dessen, was wir tun, vor Augen führen.«

Kurz nachdem das Schiff den Süd-Sandwich-Graben erreicht hatte, meldeten der schottische Kapitän und der deutsche Eispilot, dass ein Fenster mit ruhigem und stabilem Wetter im Anmarsch war. Als bester Tag für den Tauchgang wurde der 4. Februar 2019 ermittelt. Selbst nach einem ganzen Tag am Echolot war Cassie zu aufgeregt, um zu schlafen. Kurzerhand beschloss sie, Aileen Gesellschaft zu leisten, während sie die letzten Vermessungslinien über den Graben spannte. Aileen holte einen Block mit selbstklebenden Notizzetteln in Form eines Dinosauriers aus der Schreibtischschublade und verteilte sie unter den Anwesenden. »Faites vos jeux«, sagte sie. In dem Seegebiet gab es drei Stellen, die als die tiefsten infrage kamen. In dieser Nacht würde die Besatzung des Schiffes Geschichte schreiben. Sie würde herausfinden, welches der tiefste Punkt im ganzen Ozean wäre.

»Später in der Nacht saßen Cassie und ich vor unseren Rechnern«, erinnerte sich Aileen. Dort liefen in einem fort neue Daten ein. Die höchsten Werte stammten ausgerechnet aus einem Bereich, von dem niemand es erwartet hatte.[4] Als ihnen dämmerte, was sie gerade entdeckt hatten, blieb es eigentümlich still und gedämpft, wie es häufig in den entscheidenden Momenten der Fall ist. Niemand rief »Heureka!«, und niemand machte sich daran, die Schlafenden zu wecken. Zwei Hydrografinnen saßen in einem ansonsten leeren Raum und sahen einander an. »Das war's, dachten wir beide«, so Aileen. »Was machen wir jetzt?«

Ein Bordingenieur hatte den besten Tipp abgegeben. Der Südliche Ozean war an der tiefsten Stelle 7434 Meter tief, mit einer Ungenauigkeit von dreizehn Metern mehr oder weniger. Am nächsten Morgen, nur wenige Stunden nach der Entdeckung, wollte Victor Vescovo zu der tiefsten Stelle im Südlichen Ozean tauchen.

Der Südliche Ozean ist in mehrerlei Hinsicht besonders. Er ist eines der letzten Gewässer der Welt, in denen sich auf mehr als der Hälfte der Fläche kein menschlicher Einfluss nachweisen lässt. Als Victor sich langsam in diesen Ozean hinabgleiten ließ, war er förmlich überwältigt von der Vielfalt des maritimen Lebens, das an den Bullaugen des Tauchbootes vorbeizog: tauchende Pinguine, Quallenschwärme, Unmengen an Plankton. »Ich war überrascht, wie groß die biologische Aktivität in diesen Breitengraden trotz der Kälte noch ist.« Was er sah, entsprach dem Zustand des Ozeans, bevor Überfischung, Umweltverschmutzung und Klimawandel irreparable Schäden angerichtet hatten. Die wohl verbreitetste Lebensform des Südlichen Ozeans ist der Antarktische Krill, ein Krebstier, das in Schwärmen lebt, die so groß und dicht sind, dass sie das Meer rötlich färben. Krill ist ein unverzichtbarer Bestandteil des Ökosystems der Antarktis. Er ernährt sich von Phytoplankton und Eisalgen und dient seinerseits größeren Tieren wie Robben, Walen, Seevögeln, Fischen und Kalmaren als Nahrung.

Doch nicht einmal der Südliche Ozean ist immun gegen Einflüsse, die jene Ozeane, die besser erreichbar sind, unwiderruflich verändert haben. Schwimmende Fischfabriken, die nur von ferne noch an Schiffe erinnern, kommen eigens aus Norwegen, China und Südkorea angefahren, um hier jedes Jahr mehr als 600 000 Tonnen Krill zu fangen, die für den wachsenden Markt mit Produkten bestimmt sind, die Omega-3-Fettsäuren enthalten. In kalifornischen Gewässern ist der Krillfang seit 2006 verboten. Damit wurde die Konsequenz aus der zentralen Rolle gezogen, die das kleine Tier im Ökosystem spielt.[5] Weniger als ein Prozent des Südlichen Ozeans ist durch Meeresschutzabkommen geschützt, und der weitaus größte Teil unterliegt keinerlei nationaler Rechtsprechung.[6]

Als Victor den Grund des Grabens erreicht hatte, fiel ihm etwas auf: Das Sediment dort unten war fest und grobkörnig und erinnerte rein gar nicht an den buttrig-weichen Boden im atlantischen Puerto-Rico-Graben. Heather Stewart, die Geologin an Bord, erklärte ihm, dass er auf dem Meeresboden auch auf Felsen vulkanischen Ursprungs hätte treffen können.[7] Nur wenigen Menschen war es bisher vergönnt, den Meeresboden in einem Tiefseegraben aus nächster Nähe zu sehen – geschweige denn in zweien. Victor gehörte nun zu diesem erlauchten Kreis, der aus eigener Anschauung berichten konnte, wie vielfältig und abwechslungsreich der Meeresboden tatsächlich ist.

Nach zwei Stunden in der Tiefe traten Victor und sein Tauchboot den Rückweg an. Der Tiefenmesser zeigte als maximalen Wert 7434,60 Meter an. Wie schon im Puerto-Rico-Graben wichen die Vorhersagen der Hydrografen nur im Zentimeterbereich von der tatsächlichen Tiefe ab. »Das war natürlich großartig«, sagte Aileen mit einem breiten Lächeln.

2.

Die beiden Hydrografinnen an Bord der *Pressure Drop* waren bester Stimmung, aber für das wissenschaftliche Team insgesamt liefen die Dinge nicht so gut. Der Kopf dieses Teams, Alan Jamieson, war schon früher in der Antarktis gewesen und empfand es damals wie heute als Qual. »Das Wetter war hundsmiserabel«, erinnerte er sich. »Ich habe fünf oder sechs Wochen lang gelitten wie ein Hund.« Wenn sich das Team in sperrigen Überlebensanzügen über das Schiff bewegte, fiel von oben dicker, nasser Schnee. Und bei jedem Rollen der *Pressure Drop* in den Wellen mussten sich die Wissenschaftler an der eisigen Reling festhalten, um nicht über Bord zu gehen und in den frostigen Ozean zu fallen.

Jamieson hatte drei metallene Plattformen mit an Bord gebracht, die in der Fachsprache Lander genannt werden. Lander sind so etwas wie die Schweizer Offiziersmesser der Tiefseeforschung. Sie können über nahezu alles Daten und Auskünfte sammeln – Temperatur, Salzgehalt, Sediment, Tiefe – und Proben mit Meeresgetier aufnehmen. Sie sind mit hochauflösenden Kameras bestückt, die das Leben auf dem Meeresboden aus nächster Nähe filmen können. Nicht selten lernen wir auf diese Weise bis dahin unbekannte neue Arten kennen. Verglichen mit bemannten Tauchbooten wie der *Limiting Factor* an Bord der *Pressure Drop* oder ferngesteuerten Unterwasserfahrzeugen wie der *Hercules* auf der *Nautilus*, bieten sie eine vergleichsweise kostengünstige Möglichkeit, Daten aus der

Tiefsee zu beschaffen. Zwei der an Bord befindlichen Lander hatte Jamieson für insgesamt 100 000 Dollar selbst gebaut. Der dritte, der durch einen Zuschuss finanziert worden war, war so teuer wie die beiden anderen zusammen, verfügte aber über eine Vorrichtung, mit der Kernproben des Meeresgrundes entnommen werden konnten.[8]

Wissenschaftler, die sich mit der Tiefsee befassen, müssen sich oft mit vergleichsweise schlichten geologischen Fragestellungen abfinden, weil der Mangel an Zeit und Geld sie hindert, hinauszufahren und vor Ort Proben zu nehmen. Die Five Deeps Expedition bot also die seltene Gelegenheit, nach Antworten auf die Frage zu suchen, was die Tiefseegräben vereint. Theoretisch war denkbar, dass in jedem Graben eine je eigene Tierwelt lebte, ganz so, wie es auf den Galapagosinseln eine einzigartige Fauna gibt, in diesem Falle aber auf dem Meeresgrund. Doch nun stellte sich heraus, dass die Lebewesen, die man im Abyssus fand, überall die gleichen waren. Warum? Die Geologin Heather Stewart hoffte, anhand von Sedimentproben der Geschichte der Tiefseegräben auf die Spur zu kommen und Aussagen darüber treffen zu können, ob und wann ein Erdrutsch oder ein Erdbeben bevorstand. Das Wissen über die Geologie und die Biologie der Tiefsee ist so lückenhaft, dass Grundlagenforschung häufig darin besteht, die richtigen Fragen zu stellen. Und um sie zu beantworten, benötigt die Wissenschaft belastbare Fakten.

Auf ihrer Fahrt gen Norden, über den 60. Breitengrad und in den Südatlantik, wurde die *Pressure Drop* von schlechtem Wetter begleitet. In den darauffolgenden Tagen arbeitete sich das Schiff entlang des Süd-Sandwich-Grabens weiter nach Norden vor und vermaß ihn dabei erstmals über eine Länge von fast 1000 Kilometern. Cassie und Aileen stolperten von einer Entdeckung zur anderen. Ein bislang unbekannter unterseeischer Berg ragte 300 Meter vom Meeresboden auf, und je mehr er sich auf dem Bildschirm abzeichnete, desto größer wurde Aileens Aufregung: »Man fragt sich: ›Was sollen wir mit dieser Information tun? Mit wem darüber sprechen? Niemand weiß von diesem Berg‹«, sagte sie. »In einer solchen Situation meine ich mir ausmalen zu können, was in Astronauten vor sich geht. Man fühlt sich der Welt regelrecht entrückt.«

Um das Meteortief aufzuspüren, die tiefste Stelle des Grabens, setzte das wissenschaftliche Team vom Deck der *Pressure Drop* aus drei Lander ein. Jamieson ist ein Pionier dieser Technologie, hat seine Doktorarbeit darüber geschrieben und im Laufe der Jahre schon Hunderte Lander in die Tiefe geschickt. Aber selten war ihm an einem einzigen Tag so viel schiefgegangen wie an diesem. Der Lander, der Sediment sammeln sollte, verweigerte den Dienst und sammelte nicht eine einzige Probe auf. Ein weiterer Lander wollte nicht zurück an die Oberfläche, woraufhin die Besatzung das Meer drei Stunden lang mit einem Fernglas absuchte, ohne ihn ausfindig zu machen. Der dritte Lander tauchte zwar wieder auf, aber als das Team ihn aus der aufgewühlten See an Bord nehmen wollte, durchtrennte der Propeller des Schiffes die Leine, an der er hing. Der Lander fiel klatschend zurück ins Wasser und versank augenblicklich und vor allem unwiederbringlich.[9] Jamieson verstand die Welt nicht mehr. Binnen weniger Stunden hatte er zwei Lander verloren, dazu Ausrüstung im Wert von Tausenden Dollar und einige wertvolle Proben aus einem unkartierten Tiefseegraben. Victor schlug vor, diesen Teil des Grabens »Bitter Deep« zu taufen, aber Jamieson konnte darüber nicht lachen.

Auch am nächsten Tag hielt die Pechsträhne an. Der Tauchgang, den Jamieson hatte unternehmen wollen, musste wegen schlechten Wetters abgesagt werden. Jahrelang hatte er mit Landern und ferngesteuerten Unterwasserfahrzeugen gearbeitet und sich mithilfe von Videos und Fotos, Sedimentproben und Tieren, die den Aufstieg an die Oberfläche an Bord eines Landers nicht überlebt hatten, ein Bild des Ökosystems des Hadopelagials gemacht, ohne diese Region je selbst in Augenschein nehmen zu können. Weltweit befassen sich etwa fünfhundert Biologinnen und Biologen hauptberuflich mit der Tiefsee, aber es gibt nur eine Handvoll Tauchboote. Bis dort mal ein Platz frei wird, vergehen in der Regel Jahre.[10] Wenn auch nur der leise Verdacht entsteht, dass jemand sich vordrängelt, kann es zu schweren Verwerfungen kommen. Entsprechend niedergeschmettert war Jamieson.

Das Schiff setzte die Fahrt zum Meteortief derweil fort. Es befindet sich etwa in der Mitte des sichelförmigen Grabens. Das Wetter war nicht mehr schlecht, sondern sehr schlecht. Schwere Böen peitschten den Ozean auf, drei, vier Meter hohe Wellen ließen das Meer schäumen. Diese Bedingungen wirkten sich auch auf das EM 124 aus. Die eleganten und klaren Linien, die es bislang abgeliefert hatte, verwandelten sich in wirre Krakeleien. »Dass wir so viele Probleme hatten, lag am Stampfen des Schiffes«, erklärte Cassie, die nie das Wort »seekrank« erwähnte oder auch nur von Unwohlsein berichtete.

Rollen, Stampfen, Schlingern: So lauten die Namen für die verschiedenen Bewegungen eines Schiffes im Wasser. Jede dieser Bewegungen wirkte sich auf das EM 124 aus, und zwar jede auf ihre eigene Weise. Rollen nennt man die Bewegung des Schiffes um die Längsachse. Auf den Bildern eines Fächerecholots führt es vor allem an den Rändern zu Wellen und regelrechten Beulen. Schlingern beschreibt die Bewegung eines Schiffes um die Hochachse, die Auswirkungen machen sich zwar bemerkbar, sind aber reparabel. Das Stampfen schließlich ist die Bewegung um die Querachse. Für die Vermessung ist diese Bewegung reines Gift. »Wenn ein Schiff stampft, häufen sich die Probleme, weil sich unter dem Schiff Luftblasen bilden«, erklärte Cassie. Dieses Polster aus Luftblasen blockiert die Schallsignale. Auf der *Pressure Drop* sorgte es dafür, dass das EM 124 den Kontakt zum Meeresgrund verlor und Bilder erzeugte, die ähnlich verzerrt und letztlich unbrauchbar waren wie die, die ich an Bord der *Nautilus* vor Point Conception gesehen hatte.

Victors Tauchgang war zwar erfolgreich verlaufen, die Stimmung an Bord der *Pressure Drop* aber trotzdem im Keller. Heimweh machte sich breit. Seit Wochen hatten sie kein Land mehr gesehen. Die hohen Wellen raubten den Menschen den Schlaf. Die verloren gegangene Ausrüstung, Tauchgänge, die abgeblasen werden mussten, das miserable Wetter – in der Summe hatte das für schlechte Laune gesorgt. Das Gefühl, ein Team zu sein, das Five Deeps noch am Puerto-Rico-Graben ausgezeichnet hatte, war verschwunden. Und weil auf der Südhalbkugel zudem der Winter näher rückte, wurde die Reise kurzerhand abgebrochen, die *Pressure Drop* ging auf Nordkurs, um in einer zweiwöchigen Fahrt Kapstadt zu erreichen. Noch während das Schiff sich dem nördlichsten Teilstück des Süd-Sandwich-Grabens näherte, spürte das EM 124 eine weitere Rinne auf, die vom Hauptgraben abzweigte und von der auf den Karten, die sich Satellitenbildern verdankten, keine Spur zu sehen war. Die Hydrografinnen nahmen diesen neuen, noch namenlosen Graben genauer in den Blick und entdeckten, dass sich hier und nicht im Meteortief die tiefste Stelle des Süd-Sandwich-Grabens befand. In weniger als einem Monat hatten die beiden Frauen Wissen, das seit einem knappen Jahrhundert als gesichert galt, mal eben über den Haufen geworfen.

»Wir werden Wikipedia überarbeiten müssen«, schrieb Victor begeistert in seinem Blog. Kaum hatte das Schiff sich auf den Weg nach Kapstadt gemacht, knöpfte er sich die Einträge zum Süd-Sandwich-Graben vor. »Die tiefste Stelle südlich des 60. Breitengrades und damit die tiefste Stelle im Südlichen Ozean wird von Victor Vescovo als Factorian Deep bezeichnet, ein Name, der sich, wie er hofft, durchsetzen wird«, so die Formulierung, die er dort hinterlegte.

Unversehens zeichnete sich auf den Wetterkarten ein kurzer

Zeitraum mit gutem Wetter ab. »Eines Tages kam Victor in mein Büro«, erinnerte sich Jamieson, und schlug vor, das Schiff solle umkehren, damit sie beide auf den Grund des Meteortiefs tauchen könnten. Gänzlich unvorhergesehen ergab sich für Jamieson so die Möglichkeit, sich auf einen Tauchgang mit Victor vorzubereiten. Das Wetter war weiterhin schlecht, aber gut genug. Als die Männer ins Tauchboot gestiegen waren, schleppte die *Pressure Drop* es Richtung Ziel. Doch noch bevor es abtauchen konnte, wurde es von einer Welle erfasst und gegen das Heck des Schiffes gedrückt. Jamieson guckte ungläubig zu Victor, doch der versicherte ihm, dass alles in Ordnung sei, und zeigte auf das Armaturenbrett. Alle Lichter leuchteten grün. Dennoch warteten Jamieson und Victor ab, bis ein Beiboot über das Tauchboot gefahren war und sich davon überzeugt hatte, dass auch von außen keine Schäden zu erkennen waren. Dann kam aus dem Funkgerät die Freigabe. Victor öffnete die Ventile und flutete die Ballasttanks des Tauchbootes, sodass die *Limiting Factor* vom Gewicht des Wassers in die Tiefe gezogen wurde. »Zu Beginn eines Tauchgangs sinkt man mit ungefähr fünf Stundenkilometern. Mit jeder Sekunde wird es dunkler, bis man schließlich nichts mehr sieht«, erinnerte sich Jamieson. »Es ist unglaublich beeindruckend.«

Die Reise in die Tiefe ging ungebremst weiter. Als sie einen halben Kilometer unter der Wasseroberfläche waren, erreichte sie über das Unterwassertelefon ein Befehl: Abbruch! Nach dem Abtauchen des Tauchbootes war einem Besatzungsmitglied an Bord der *Pressure Drop* ein Ölfleck auf dem Wasser aufgefallen. Beim Aufprall auf dem Heck war ein Kabel in Mitleidenschaft gezogen worden, das eine Unterwasserkamera mit dem Tauchboot verband, und aus der Verbindungsstelle trat Öl aus. Durch das Leck konnte aber auch Salzwasser in die Elektrik des Tauchbootes dringen und dort viel Unheil anrichten. Und dass die *Limiting Factor* den Grund erreichte, war unter diesen Umständen ausgeschlossen. Deshalb hatte

Patrick Lahey angeordnet, den Tauchgang abzubrechen, und die beiden Männer kehrten an die Wasseroberfläche zurück.[11]

Jamieson war am Boden zerstört. Er hatte kurz davorgestanden, das Hadopelagial mit eigenen Augen zu sehen, doch eine einzige Welle hatte es vereitelt. Als die Männer aus dem Tauchboot kletterten, stand Jamieson die Enttäuschung ins Gesicht geschrieben. Und dass das Filmteam anrückte, um ihn zu interviewen, machte seine Laune nicht besser.

Als das beschädigte Tauchboot wieder sicher an Bord verstaut war, fuhr die *Pressure Drop* weiter Richtung Südafrika. Dieses Mal änderte niemand den Kurs. Nach zwölf Tagen auf See kam Land in Sicht: ein Wald aus vielgeschossigen Urlaubsquartieren, die rund um Kapstadt an der Küste stehen. Eine Schule Buckelwale begleitete das Schiff bis vor den Hafen. Jamieson trauerte noch immer der verloren gegangenen Ausrüstung und der verpassten Chance nach, den Meeresgrund zu sehen. Dafür, dass er mehrere Monate auf See gewesen war, hatte er wenig vorzuweisen. Ein Manipulator, der auf dem Grund des Atlantiks lag, und zwei Lander, die sich im Südlichen Ozean selbstständig gemacht hatten, waren kein Ruhmesblatt. Er ertappte sich bei dem Gedanken, dass es vielleicht besser wäre, Five Deeps zu verlassen. Als das Schiff sicher vertäut im Hafen lag, flog er in der Gewissheit zurück nach England, dass er das Schiff und das Team nicht wiedersehen würde.

3.

Kurz nach der Rückkehr von Five Deeps aus dem Südlichen Ozean habe ich mit Cassie per Zoom sprechen können. So durfte ich auf meinem Bildschirm beobachten, wie sie eine Bodenkarte eines Gebietes des Südlichen Ozeans, in etwa so groß wie die Hauptstadt der USA, drehte, optimierte und bereinigte. Auf der Karte waren

Tausende rote und orange Punkte zu sehen, von denen jeder für knapp hundert Quadratmeter Meeresboden stand. Wenn Cassie den Bildausschnitt vergrößerte, wurde hinter den Punkten die v-förmige Kontur des Süd-Sandwich-Grabens erkennbar, ungefähr so wie bei einer Zaubertafel. »Da herrschte ein ziemliches Chaos«, meinte sie und zeigte auf eine Stelle, an der die akustischen Signale wegen des schwankenden Schiffes weit außerhalb des v-förmigen Grabens auf dem Boden aufgetroffen waren. Solche Streupunkte, auch Flyer genannt, schwebten an den Seiten oder in der Mitte des Grabens. Statistisch sind die Flyer nicht von Belang, aber es besteht die Möglichkeit, dass der eine oder andere gar kein Flyer, sondern ein echter Messpunkt ist. Cassie hat zahllose Stunden damit verbracht, echte Flyer auszusortieren, und dank dieser Erfahrung ging ihr die Arbeit nun leicht von der Hand. »Vielleicht sieht es ein bisschen rabiat aus, wenn ich die Punkte einfach lösche«, gab sie zu, aber eine Karte zu erstellen, ist immer auch eine Kunst, die sich darin erweist, wer das Bereinigen übernimmt. »Zwei Menschen machen aus demselben Datensatz zwei verschiedene Karten«, erklärte Cassie und löschte munter weiter.

Unterm Strich haben Cassie und Aileen im Südlichen Ozean 15 000 Quadratkilometer kartiert – ein Gebiet, ungefähr halb so groß wie Belgien. Und nahezu jeder Meter dieses Gebietes war für die Wissenschaft Neuland. »Uns ist es zum ersten Mal gelungen, einen vollständigen Datensatz für den Süd-Sandwich-Graben zu erstellen«, sagte Cassie. Und obwohl Jamieson die Zeit im Südlichen Ozean gehasst hat, musste er zugestehen, dass die entstandenen Karten von überragender Schönheit waren. »Man stelle sich ein verschwommenes altes Seerosenbild von Monet vor, an das Caravaggio Hand angelegt hat.«

Cassie dabei zu beobachten, wie sie das Puzzle des Meeresbodens zusammensetzt, hatte etwas Beruhigendes – fast so, als schaue man jemandem zu, der die Welt in Ordnung bringt. Die Besatzung der *Pressure Drop* reagierte ganz ähnlich, meinte Cassie. So kam es vor, dass ein Biologe oder ein Offizier des Schiffes an ihrem Schreibtisch inmitten des Chaos im Labor vorbeikam, während sie die Flyer eliminierte, und mit offenem Mund verfolgte, wie auf ihrem Bildschirm ein Unterwasserberg oder eine Schlucht entstand. Das kam so oft vor, dass sie die Arbeit an den Karten scherzhaft »Sonartherapie« nannte, zum einen wegen des Zen-Effekts, der davon ausging, zum anderen, weil die Menschen, die ihr bei der Arbeit zusahen, dazu neigten, Cassie in ihre Gefühlswelt einzuweihen.

Gemäß der Vereinbarung zwischen Victor und Seabed 2030 flossen alle Karten, die an Bord der *Pressure Drop* entstanden, in die globale Karte ein. Sobald Cassie die Rohdaten bereinigt hatte, lud sie die Terabytes an Daten, die eine solche Karte umfasst, auf eine Festplatte und schickte sie nach Boulder, Colorado. Dort, am Fuße der Rocky Mountains, residiert in einem Gebäude der NOAA aus Ziegeln und Glas das Datenzentrum für Digitale Bathymetrie (DCDB) der Internationalen Hydrografischen Organisation (IHO). In diesem Archiv, dessen Räume mit Datenspeichern vollgestopft sind, befindet sich das gesammelte Wissen der Welt über den Meeresboden.

Gegründet 1990, zu einem Zeitpunkt, zu dem der Wechsel von Papier- zu digitalen Karten stattfand, hat das DCDB unterdessen Daten von Tiefenmessungen im Umfang von vierzig komprimierten Terabytes angesammelt. Der größte Beitrag stammt von den fast fünfzig Forschungsschiffen der USA, aber auch Regierungen, Industrie und akademische Hydrografen aus aller Welt trugen und tragen dazu bei. Im DCDB angekommen, flossen Cassies Daten in die entstehende größere Karte ein. So verloren sie auch die Bindung an ihre Urheberin und gingen in den Besitz der Allgemeinheit über, damit die in naher Zukunft über eine vollständige digitale Karte des Meeresbodens verfügen wird, die für jeden Menschen jederzeit und überall zugänglich ist.

Man kann nicht oft genug betonen, wie grundsätzlich sich Seabed 2030 von jenen Karten unterscheiden wird, die ihr vorausgingen. Viel zu lange beschränkte sich die Vermessung der Meere darauf, Informationen zusammenzutragen, um sie dann geheim zu halten, statt sie anderen zugänglich zu machen und zu kooperieren. Der Padrón Real, ein früher Vorläufer von Seabed 2030 aus dem 16. Jahrhundert, ist ein gutes Beispiel für diese Strategie. Diese Karte, in der alle Kolonien des spanischen Königreichs eingezeichnet waren, hing vermutlich an einer Wand der Casa de Contratación de las Indias in Sevilla, der ältesten hydrografischen Behörde der Welt, die 1503 gegründet wurde. Seinerzeit schickten Spanien und das rivalisierende Portugal Kartografen los, um die Neue Welt zu erkunden. Zum Jahrhundertwechsel hatte Christoph Kolumbus bereits drei Reisen absolviert. Kehrte ein Kartograf nach Spanien zurück, musste er alle Karten mit sämtlichen Ergänzungen und Nachträgen an den obersten Kartografen übergeben, der wiederum eng mit dem obersten Kosmografen zusammenarbeitete. Diese beiden Männer verwahrten das gesamte Wissen Spaniens über Meeresströmungen, -tiefen und Küstenverläufe in einer verschlossenen Truhe. Das Haus, in dem sie stand, lockte Spione und Schmuggler an, die hofften, die Karten, die dort lagen, in ihren Besitz bringen zu können – sei es zu ihrem persönlichen Wohl oder dem ihres Landes. Nachdem der venezianische Kartograf Sebastiano Caboto versucht hatte, die navigatorischen Geheimnisse der Spanier an die Engländer zu verkaufen, verfügte der spanische König, dass alle Navigatoren und Kapitäne spanischer Schiffe Spanier sein mussten. Die Portugiesen ergriffen noch rabiatere Maßnahmen und verzichteten weitgehend darauf, ihre Reisen auf Karten oder in schriftlichen Aufzeichnungen festzuhalten. Wer solche Reisen oder gar Entdeckungen, die gemacht wurden, verriet, beging ein Verbrechen, auf das die Todesstrafe stand. Die Niederländische Ostindien-Kompanie, die später den Spaniern wie den Portugiesen den Rang ablief, hielt die Routen, über die sie in ihre Kolonien gelangte, in einem streng geheimen Atlas fest.

Zu Beginn des 18. Jahrhunderts erwies sich diese Geheimniskrämerei als überholt. »Die meisten ›Geheimnisse des Meeres‹ waren längst Allgemeingut, aber weil widersprüchliche und unvollständige Informationen kursierten, gingen nach wie vor viel zu viele Schiffe samt ihrer wertvollen Fracht verloren«, schrieb der Historiker Lloyd Brown, der sich intensiv mit der Geschichte der Kartierung befasst hat. »Die meisten Länder waren in der Lage und dazu bereit, sich an einer internationalen Kooperation zu beteiligen.«[12] Die heutige Schifffahrt fußt auf dem Austausch von Informationen über die sich ständig ändernden Bedingungen auf See, wie sie sich auch in aktuellen Seekarten niederschlagen.

Doch auch wenn Küstengewässer und die Hohe See heute nicht mehr klammheimlich vermessen werden müssen, liegt der Grund der Ozeane noch immer nicht nur buchstäblich im Dunkeln. In einer Welt, in der nur ein Viertel des Meeresbodens kartiert ist, kann es immer noch ein militärischer Vorteil sein, mehr über die unkartierten Regionen zu wissen als der Feind. 2021 prallte das drei Milliarden Dollar teure Atom-U-Boot USS *Connecticut* im Südchinesischen Meer gegen einen unterseeischen Berg. Dieser Teil des Pazifiks ist heftig umkämpft. Unter Missachtung internationaler Gesetze sowie des Umstandes, dass die Menschen Südostasiens ohne Ansehen ihrer Herkunft seit Tausenden von Jahren auf diesem Gewässer verkehren, lässt China seit einigen Jahrzehnten nichts unversucht, um seinen Anspruch auf große Teile der Region zu untermauern. Die USA lassen regelmäßig Kriegsschiffe im Südchinesischen Meer kreuzen, um zu dokumentieren, dass sie sich dem Prinzip der Freiheit der Seefahrt verpflichtet fühlen. Der Unfall des U-Bootes war allerdings der Beleg dafür, dass die USA darüber hinaus auch eigene Interessen verfolgen. Das Verteidigungsministerium weigerte sich, den genauen Ort bekannt zu geben, an dem sich der Unfall ereignet hatte, doch in einem Interview mit dem Sender CNN berichtete David Sandwell, Geophysiker an der Scripps Institution, von insgesamt siebenundzwanzig unkartierten Bergen, die für den Vorfall infrage kamen. Er hatte Satellitenmessungen des Gravitationsfeldes der Erde auf Karten des Südchinesischen Meeres übertragen und das Resultat anschließend mit GEBCO-Karten abgeglichen. Die siebenundzwanzig Berge, von denen er sprach, fehlten auf den Karten. (Ein Bekannter aus der Wissenschaft hat mir später erzählt, dass die Navy über Sandwells Vorstoß ganz und gar nicht erfreut war.)

Viele Nationen vertreten bis heute den Standpunkt, dass die Vermessung innerhalb der eigenen Hoheitsgewässer durch Dritte ein Verstoß gegen die Souveränität darstellt. Vor die Probleme, die sich daraus ergeben, sieht sich auch Seabed 2030 gestellt. Wie soll eine weltweite Karte des Meeresbodens entstehen, wenn die Welt sich weigert, zu kooperieren?

4.

An Bord der *Pressure Drop* hatte Cassie unterdessen Victor gegenüber beiläufig erwähnt, dass all die neu entdeckten Berge und Täler Namen benötigten. Allein im Südlichen Ozean hatte das Team Dutzende neuer Rücken, Berge und Senken entdeckt. Und weil Victor die Expedition finanziert hatte, kam ihm das Recht zu, diese Entdeckungen zu benennen. Als er das erfuhr, reagierte er regelrecht beglückt. »Das wusste ich gar nicht! Was muss man tun, um etwas einen Namen geben zu dürfen?«, fragte er. »Muss man es berühren? Es in einer bestimmten Auflösung kartieren? Wenn ja, in welcher?« Cassie erwiderte: »Nun ja. Bislang hat niemand sie gesehen oder ist zu ihnen heruntergetaucht. Also bist du es, der ihnen einen Namen geben darf.«

Victor hat eine diebische Freude daran, Dinge benennen zu dürfen. Der Name des Schiffes – *Pressure Drop* – und seiner wissenschaftlichen Lander – *Flare*, *Skaff* und *Closp* – stammen sämtlich aus den Science-Fiction-Geschichten des schottischen Autors Iain Banks. Seine Hunde tragen russische Namen – Rasputin, Mischa und Nikolai –, während seine Autos alle mit G beginnen. Bei der Namensgebung überlässt er nichts dem Zufall und greift dafür auf historische Ereignisse, Strukturen und Insiderwitze zurück.

Nun setzte Victor diese Tradition im Südlichen Ozean fort. Viele der Entdeckungen erhielten Namen, die in Verbindung mit dem deutschen Forschungsschiff *Meteor* standen, das im Jahr 1920 das nach ihm benannte Meteortief entdeckt hatte. In anderen Fällen bediente er sich bei den Sternen oder der Geschichte von Five Deeps. Und wie versprochen bekam jene Stelle, an der Jamieson seine Lander verloren hatte, den Namen Bitter Deep. »Zunächst fand Jamieson das gar nicht zum Lachen, aber nach einer Weile konnte er dem Namen etwas abgewinnen.«

Mit einem Mann wie Victor Vescovo bekommt man es nur selten zu tun, einem Multimillionär, der mit hochmoderner Technik auf Entdeckungsreise geht und die Ergebnisse weitergibt, damit daraus qualitativ hochwertige Karten entstehen. Viel ist es nicht, was Seabed 2030 im Gegenzug bieten konnte, aber das Recht, Namen zu vergeben, ist immerhin ein Köder. »Es ist derzeit fast der einzige Lohn, der bei der Vermessung des Meeresbodens abfällt«, meinte Cassie. Als leitende Kartografin von Five Deeps war es ihre Aufgabe, den wissenschaftlichen Beweis zu erbringen, dass Victor das Recht zustand, Namen zu vergeben. Cassie durchkämmte die Karten auf der Suche nach kleinen Datenklumpen, die auf neu entdeckte Formationen hinwiesen. Das erwies sich als schwieriger, als sie anfangs gedacht hatte. Nicht immer ließ sich mit Sicherheit sagen, wo ein Berg endete und der nächste begann. Mitunter fühlte sich die Arbeit eher wie eine Kunst an denn wie Wissenschaft.

Gemeinsam mit Alan Jamieson füllte Cassie für jede Neuentdeckung einen separaten Antrag aus, der auch bathymetrische Karten, Beschreibungen, Koordinaten und ein Gitternetz enthielt, um so das Objekt auf dem Meeresboden zu verorten. Dieses Schriftstück ging an das Subcommittee on Undersea Feature Names (SCUFN), das Gremium der GEBCO, das für die Namensgebung auf jenem Teil des Meeresbodens zuständig ist, der nicht der nationalen Rechtsprechung unterliegt.

Einen Namen auf eine Karte zu schreiben, das mag nach dem letzten Handschlag klingen, der zur Vollendung einer neuen Karte noch fehlt. In der Welt der Unterwasserkartografie ist es allerdings etwas komplizierter und politisch heikler. SCUFN ist nur eines von mehreren Unterkomitees, das zu GEBCO gehört und Daten für Seabed 2030 beisteuert. Und wie SCUFN tragen auch die anderen Komitees Namen, deren Abkürzungen den Anschein erwecken, als habe jemand wahllos Buchstaben aus dem Abc herausgegriffen und aneinandergehängt. Jedes dieser Komitees namens SCRUM, SCOPE oder TSCOM hat ein Dutzend oder mehr Mitglieder, die meisten von ihnen Wissenschaftler, die einen einzelnen Aspekt des Kartierens debattieren und diskutieren, seien es technische Verbesserungen oder die Frage, wie man das Interesse der Öffentlichkeit weckt. Mit dieser Arbeit wird man weder reich, noch ist sie sonderlich glamourös. Die meisten gehen ihr neben ihrer eigentlichen Tätigkeit an Universitäten oder staatlichen hydrografischen Institutionen nach. Auch die zwölf SCUFN-Mitglieder sind Experten und Expertinnen, die kein Honorar bekommen, aber das Subkomitee, das sie bilden, gilt als besonders anspruchsvoll und streng. Die Struktur bleibt ebenso undurchsichtig wie das Verfahren, nach dem neue Mitglieder ausgewählt werden. Ein bisschen erinnert das Ganze an den UN-Sicherheitsrat und dessen fünf ständige Mitglieder. Ein russisches Mitglied des SCUFN, um ein Beispiel zu nennen, sitzt seit vierzig Jahren in dem Komitee.

»SCUFN hat den gesetzlichen Auftrag, Formationen auf dem Meeresboden Namen zu geben, und dieser Vorgang war und ist bis auf den heutigen Tag ein politischer«, sagte mir Robin Falconer, selbst langjähriges GEBCO-Mitglied. »Darin unterscheidet er sich von allen anderen Schritten, die es braucht, um eine Karte des Meeresbodens zu erstellen.«

In der Regel versucht die physische Geografie politische Hürden zu umschiffen. Die Wissenschaftler interessieren sich mehr für die Region, in der sie arbeiten, als für die Menschen, die darin leben.[13] Früher hat Falconer interessierte Kolleginnen und Kollegen darauf hingewiesen, dass die Arbeit für SCUFN herausfordernd sein kann. Ein freiwilliger Zusammenschluss von Meeresforschern ist auf den ersten Blick jeglicher Einflussnahme unverdächtig, aber SCUFN sitzt an einem Schalthebel der Macht. Während die Karte von Seabed 2030 wächst, laufen im Hintergrund politische Manöver ab, die auf dem internationalen Meeresgrund nationale Interessen durchsetzen wollen. Während Victor eher seinen Launen folgt, wenn er Bergen, die er entdeckt hat, einen Namen gibt, verfolgen andere handfeste Interessen, weil sie mit den Namen möglicherweise auch eigene Ansprüche auf dem Meeresgrund durchgesetzt sehen möchten.

Kapitel 6

BENENNEN UND BESITZEN

1.

»Ich mag keine halben Sachen«, sagte ein Neuseeländer namens Kevin Arthur Mackay, der seine elf Kollegen bei SCUFN davon zu überzeugen versucht hat, die Namen zu übernehmen, die Victor Vescovo für seine Funde im Südlichen Ozean vorgeschlagen hatte.

»Ich plädiere dafür, alle Namen zu übernehmen. Mir gefallen die Geschichten, für die sie stehen«, begründete er seine Zustimmung zu dem Dutzend Namen, die zur Debatte standen. Besonders gut gefiel ihm »Bitter Deep«. »Der Mann hat zwei Lander verloren, einen, weil der genau unter den Schiffsschrauben aufgetaucht ist, und alle Daten eingebüßt. Das war kein guter Tag. Er war tatsächlich bitter enttäuscht.« Mackay lachte leise in sich hinein und machte es sich in seinem Sessel bequem, der im National Institute of Water and Atmospheric Research (NIWA) in Wellington stand, dem neuseeländischen Pendant zur NOAA.

Einige Mitglieder des SCUFN waren von dem Vorschlag Bitter Deep weniger begeistert. Ein Delegierter aus Tasmanien wies darauf hin, dass der Verlust von teurer Ausrüstung in der Meereskunde etwas ziemlich Alltägliches sei. »Erst vor zwei Wochen haben wir Equipment im Wert von 300 000 Dollar verloren, und das ist uns wahrlich bitter aufgestoßen«, meinte Mike Coffin, seines Zeichens Ozeanograf am Institute for Marine and Antarctic Studies der Universität von Tasmanien in Hobart. Wichtiger als der Einwand, dass der Name wenig originell sei (wovon Coffin überzeugt war), war ihm allerdings der Umstand, dass letztlich keiner von Vescovos Vorschlägen den Regeln für die Benennung von Neuentdeckungen auf dem Meeresboden folgte, die in der »Bibel« des SCUFN niedergelegt sind, einem Schriftstück mit dem profanen Titel B6.

»Als neu gewähltes Mitglied fühle ich mich B6 verpflichtet und lege hiermit Einspruch ein«, erklärte Coffin, ehe er begann, das genannte Dokument auszugsweise zu verlesen. Die Namen, die auf dem Meeresgrund vergeben werden, sollen »an Schiffe oder andere Seefahrzeuge, Expeditionen oder Forschungseinrichtungen erinnern«. Berühmte Personen kommen als Namensgeber nur dann infrage, wenn sie bereits verstorben sind und zu Lebzeiten einen Beitrag zur Erforschung der Ozeane geleistet haben. »Die Namen, die wir gestern akzeptiert haben, und die, die wir heute diskutieren, entsprechen diesen Vorgaben nicht«, so Coffin. Zwei andere Mitglieder der virtuellen Versammlung nickten zustimmend. Für Vescovo eine Ausnahme zu machen, könnte eine Schwächung der Regeln bedeuten, an die sich alle anderen hielten. Und so steckte das SCUFN einstweilen in einer Sackgasse.

Die Diskussion fand Ende 2020 statt, und ich verfolgte sie per Kopfhörer aus meiner Wohnung in San Diego. Joe Biden hatte vor wenigen Tagen die Wahl zum Präsidenten gewonnen, und das SCUFN sah sich gezwungen, ein Treffen zum ersten Mal in seiner fünfundvierzigjährigen Geschichte virtuell abzuhalten. Das fünftägige Jahrestreffen, das ursprünglich im russischen Sankt Petersburg hatte stattfinden sollen, war wegen der Coronapandemie abgesagt und durch eine sechsstündige, auf zwei Tage mit einem strengen Zeitplan verteilte Videokonferenz ersetzt worden. In dieser Zeit wollten die Mitglieder Namen für mehr als fünfzig Formationen auf dem Meeresboden finden – mit Rücksicht auf das neue Format weniger als üblich. Auf der letzten regulären Versammlung waren fast zweihundert neue Namen abgesegnet worden.

Das SCUFN arbeitet seit jeher im Hintergrund, aber dennoch nach einer strikten Ordnung. Im zehnten Monat von Pandemie und Zoom-Sitzungen war es das förmlichste Treffen, das mir bis dahin untergekommen war. Die zwölf Mitglieder schalteten sich aus Australien, China, Frankreich, Italien, Japan, Kenia, Malaysia, Mexiko, Neuseeland, Russland, Südkorea und den Vereinigten Staaten zu. Darüber hinaus fand sich ein gutes Dutzend Gäste ein, die erleben wollten, wie Berge, Schluchten und Rücken am Meeresboden Namen erhielten. Zu diesen Gästen gehörte auch ich, und ich war nicht nur die einzige Journalistin, die teilnahm, sondern auch die erste in der Geschichte der jährlichen Treffen. Meine Anfrage hatte offenbar für Unruhe gesorgt, weil einige Mitglieder der Auffassung waren, die Jahrestreffen sollten vertraulich bleiben. Schließlich und endlich durfte ich unter der Bedingung teilnehmen, dass ich meine Fragen erst am Ende der Veranstaltung und nur jenen Mitgliedern stellte, die sich vorab bereit erklärt hatten, mir Rede und Antwort zu stehen.

Es hatte sich als Ding der Unmöglichkeit erwiesen, die verschiedenen Zeitzonen, in denen die Mitglieder lebten, miteinander in Einklang zu bringen, und so wurde der Beginn der Tagung auf sieben Uhr mitteleuropäischer Zeit gelegt. Für mich, die ich von San Diego aus teilnahm, begann sie damit um 22 Uhr Ortszeit – spät, aber wenigstens musste ich nicht mitten in der Nacht aufstehen. An der Ostküste der USA war es zu diesem Zeitpunkt ein Uhr nachts, und eine blasse Beobachterin saß dort zusammengesackt hinter ihrem Schreibtisch. In ihrer Brille spiegelte sich der Bildschirm, sodass nicht auszumachen war, ob sie schlief oder nicht. Auf dem Bild aus Südkorea waren Menschen zu sehen, die auch im Büro Schutzmasken trugen. Das japanische SCUFN-Mitglied wurde von zwei Masten gerahmt, an denen jeweils eine Flagge wehte. Ein Teilnehmer aus Vietnam hatte vor sich ein Schild aufgestellt, auf dem statt seines Namens sein Herkunftsland stand, als wähnte er sich auf der Vollversammlung der UN. In den Vereinigten Staaten ging es deutlich lockerer zu. Der Delegierte meldete sich aus einem schummrigen Esszimmer in Springfield, Virginia. An der Wand hinter ihm waren Kinderzeichnungen zu erkennen. Seine Wortbeiträge beendete er jedes Mal mit einem vernehmlichen »Over« und gab damit seine Zugehörigkeit zum Militär zu erkennen.

Je länger das Treffen dauerte, desto näher rückte ich an den Bildschirm heran, weil der prasselnde Regen, der auf dem Dach über mir hämmerte, die Stimmen zu übertönen drohte. Der Sommer hatte Kalifornien neue Rekorde in Sachen Waldbrände beschert, nun zog der erste Wintersturm heran. Im Zimmer nebenan schnarchte mein Mann leise vor sich hin. Mein Hund, der sich unweit meines Schreibtisches eingerollt hatte, klappte von Zeit zu Zeit ein Augenlid hoch, wie um mich vorwurfsvoll zu fragen, was ich da eigentlich trieb. Ich machte die Nacht zum Tage, um mitzuerleben, wie eine Karte des Meeresbodens mit Namen gefüllt wird. Tag zwei des Treffens begann mit den zwölf Namen, die Victor für bislang unbekannte Formationen im Südlichen Ozean vorgeschlagen hatte.

»Eine Frage zum Ablauf: Müssen wir eine einstimmige Entscheidung treffen?«, wollte Kevin Mackay wissen. In Wellington, wo er sich befand, war es mittlerweile halb acht Uhr abends. Die untergehende Sonne fiel durch das hinter ihm liegende Fenster in sein Büro, im Hintergrund versank ein Berg in der Dunkelheit. Die Diskussion war ein wenig vom Kurs abgekommen und bei der Frage gelandet, was genau das Schriftstück B6, die Bibel des SCUFN, besagte. Mike Coffin wies von Hobart aus darauf hin, dass B6 die Regeln bei der Namensgebung »Prinzipien« nennt, und die seien ja wohl sakrosankt. Daraufhin stritten Coffin und Mackay eine ganze Weile lang über die Bedeutung des Wortes »Prinzip«. Schließlich erklärte der Vorsitzende des SCUFN, ein langmütiger Professor für Geophysik aus Südkorea namens Hyun-Chul Han, dass er die Frage nach der Zulässigkeit um den Namen Bitter Deep ausdiskutieren wolle, damit sie sich nicht bei den elf weiteren Namen, die Victor vorgeschlagen hatte, wiederholte. Der Rückstau bei der Namensnennung auf dem Meeresboden war auch so schon groß genug. Im Jahr 2013 hatte SCUFN über dreiundfünfzig Vorschläge zu entscheiden, 2018 waren es bereits 281 – eine Verfünffachung binnen weniger Jahre. Auf dem nächsten SCUFN-Treffen, angesetzt für das Frühjahr 2021, wollte allein Cassie Bongiovanni im Namen von Victor Vescovo neunzig Vorschläge präsentieren. Vietnam und China reichen Jahr für Jahr mehr Vorschläge ein, die Philippinen und Malaysia holen mit Siebenmeilenschritten auf.

Eine halbe Stunde später war der Vorschlag Bitter Deep akzeptiert, und das Unterkomitee stimmte über die weiteren Namen auf Victors Liste ab: Factorian Hill: angenommen. Frozen Ridge: abgelehnt. Letzteres ist streng genommen kein Rücken, sondern ein Berg, dem der weitaus weniger eindrucksvolle Name Frozen Hill verliehen wurde. Weiter im Programm: Hydris Deep: angenommen. Triton Deep: vertagt, weil eine geologische Formation nicht nach einem kommerziellen Unternehmen benannt werden darf, in diesem Falle Triton Submarines. Die Debatte zog sich fort bis in die Nacht – oder in den Tag, je nachdem, wo sich die Mitglieder befanden.

Alle SCUFN-Mitglieder arbeiten für Institutionen, die an der Namensgebung auf dem Meeresboden ein besonderes Interesse haben. Vor jedem Treffen teilt jeder von ihnen die eingegangenen Vorschläge in drei Gruppen ein, für die jeweils eine Farbe der Ampel steht: Rot bedeutet Ablehnung, Grün Annahme, Gelb Diskussionsbedarf. Die Treffen selbst dauern lange, sind förmlich und ein bisschen skurril. Mitglied des SCUFN zu sein, bedeutet, sich intensiv mit der Kartierung einer Gegend der Welt zu beschäftigen, die nur wenige Menschen je sehen werden und in der kein Mensch je leben wird.

Kevin Mackay ist zweifelsohne einer jener Menschen, die sich intensiv mit der Kartierung des Meeresbodens befassen. Seit zwei Jahrzehnten arbeitet er an der Erstellung eines neuseeländischen Ortslexikons. Derlei Projekte sind selten geworden, und nur wenige Länder auf der Welt betreiben die Arbeit daran so aktiv wie Neuseeland – auch und gerade dann, wenn es um Namen auf dem Meeresgrund geht, so Mackay. Zurückzuführen ist das auf den Vertrag von Waitangi, geschlossen 1840 zwischen Vertretern der britischen Krone und den Māori. Der Vertrag schützt die Rechte und das Eigentum der Māori und verpflichtet die Behörden Neuseelands, sie an der Benennung neuseeländischen Bodens zu beteiligen. »Wohin Neuseeland auch geht, die Māori gehen mit«, wie Mackay es ausdrückt. Heute stehen im Ortslexikon des Meeresbodens von SCUFN mehr als zweihundert Namen aus Neuseeland (das selbst auch Aotearoa heißt), die aus der Sprache der Māori stammen, zum Beispiel Kūmara Hill (wobei *kūmara* für Süßkartoffel steht).

Mackay wurde auf SCUFN aufmerksam, als er feststellte, dass das Unterkomitee Gebieten Namen verlieh, die innerhalb der ausschließlichen Wirtschaftszone Neuseelands lagen, ohne mit den dortigen Behörden oder gar den Māori, deren Kultur aufs Engste mit dem Ozean verbunden ist, Rücksprache zu halten. Zunächst hatten er und sein Team vom NIWA geglaubt, die Namen des SCUFN ignorieren zu können. Neuseeland konnte schließlich eigene Karten mit eigenen Namen drucken. So hatten es viele Länder über Jahrhunderte gehalten. Aber im Zeitalter des Internets hilft das nur noch bedingt. Wie so vieles sind auch die Karten des Meeresbodens heute meist digital, und die Namen, die SCUFN vergeben hat, sind international anerkannt und haben daher deutlich mehr Gewicht als lokal vergebene Namen. Da wurde Mackay klar, dass er dem SCUFN beitreten musste, um den neuseeländischen Interessen und den Namen der Māori Geltung zu verschaffen. Und so wurde er im Jahr 2018 Mitglied.

Bis vor nicht allzu langer Zeit herrschte bei der Benennung von Neuentdeckungen auf dem Meeresboden ein heilloses Durcheinander, und es gibt Stimmen, die behaupten, das täte es noch heute. Die Meeresgeologin Heather Stewart erinnert sich noch gut an ihre Anfänge beim British Geological Survey zu Beginn des neuen Jahrtausends. Damals war es üblich, dass Wissenschaftler Formationen, die sie entdeckten, einen beliebigen Namen verpassten. Dafür nahm er oder sie sich einen Zettel, notierte die äußere Gestalt der Entdeckung, fügte einen Namen hinzu und machte sich wieder an die Arbeit. Ein paar Jahre später »entdeckte« ein anderer Wissenschaftler den Berg oder das Tal erneut und verfasste einen wissenschaftlichen Aufsatz, in dem ein anderer, dann und wann auch anzüglicher Name genannt wurde. Und so weiter und so fort.

Schlüpfrige Namen auf einer Karte des Meeresbodens waren noch das geringste Problem, mit dem sie und ihre Wissenschaft sich konfrontiert sahen. Gravierender war, dass es an verbindlichen Definitionen fehlte, nach denen der Meeresboden beschrieben werden sollte. An Land besteht eine Art von Konsens darüber, wann ein Tal ein Tal ist und eine Schlucht eine Schlucht. Was es ist, entscheiden wir mit unseren Augen, und wie hoch oder tief etwas ist, können wir messen. Unter Wasser fällt beides deutlich schwerer. Erst die Fortschritte, die die Messtechnik in den letzten sechzig Jahren genommen hat, lassen uns etwas klarer sehen.

Die erste und älteste Möglichkeit, die Tiefe des Wassers und damit des Meeresbodens zu messen, boten der Peilstab und das Handlot. Von einem Schiff herabgelassen, konnte damit die Tiefe direkt unter dem Standpunkt gemessen werden. Sank das Lot besonders tief, konnte derjenige, der es bediente, auf die Idee verfallen, die Stelle Challengertief oder Tonga Deep zu nennen, auch wenn seine

Messung sich auf einen winzigen Punkt auf dem Meeresboden beschränkte. Mit dem technischen Fortschritt hielten Fächerecholote Einzug, die den Hydrografen einen großflächigen Blick auf den Meeresboden erlaubten. Als Marie Tharp in den 1950er- und 60er-Jahren ihre Karten zeichnete, war sie auf ihre Fantasie angewiesen, um die einzelnen Messpunkte miteinander zu verbinden. Ihre später geborenen Kolleginnen und Kollegen konnten ein unterseeisches Gebiet bereits vollständig erfassen und die Formen, die es annahm, dreidimensional rekonstruieren.

In vielen Fällen stellte sich heraus, dass die vermeintlich tiefsten Stellen nicht die tiefsten waren. »Hat man eine Stelle als ›tief‹ bezeichnet, denken viele, dass es tiefer nicht geht, zumindest nicht in der betreffenden Region«, so Stewart. »In Wirklichkeit hat das eine mit dem anderen nichts zu tun.« Eine der Herausforderungen, denen sich Cassie Bongiovanni bei ihrer Arbeit auf der *Pressure Drop* gegenübersah, bestand also darin, in dem jeweiligen Ozean die tiefsten Stellen ausfindig zu machen und von jenen zu unterscheiden, die in Zeiten, in denen die Vermessung des Meeresbodens noch in den Kinderschuhen steckte, für die tiefsten gehalten wurden.

SCUFN verdankt seine Gründung dem Wunsch, ein wenig Ordnung in das Chaos zu bringen, das bei der Benennung des Meeresbodens herrschte. Mehrere Fachgremien versuchten sich des Problems anzunehmen, aber alle Interessierten an einen Tisch zu bringen, erforderte viel Zeit. Auf den internationalen Gewässern treiben sich Wissenschaftler, Vermesser, Segler, Fischer und Kapitäne aus fast allen Ländern der Welt herum. Und wer wochen- oder gar monatelang auf See ist, ist nur schwer zu erreichen oder ausfindig zu machen. Ist es gelungen, liegt ihnen womöglich eine bestimmte Facette der Namensgebung in einem bestimmten Seegebiet am Herzen, zum Beispiel in Gestalt der Navigation in der Straße von Malakka oder des Eisgangs vor der Westküste der Antarktis. Für den großen Rest der Welt bringen sie hingegen nicht das geringste Interesse auf.

Manche Länder versuchten es daher mit nationalen Komitees zur Namensgebung, etwa dem Advisory Committee on Undersea Features (ACUF) in den USA oder dem New Zealand Geographic Board (NZGB). Probleme in internationalen Gewässern ließen sich so allerdings nicht lösen. Deshalb musste eine internationale Instanz her, die sich auf einige grundlegende Regeln und Definitionen einigte. Wie die Debatte zwischen Mike Coffin und Kevin Mackay belegt, lassen auch die Regeln des SCUFN noch genügend Spielraum für Auslegung bei der Namensfindung.

Warum müssen wir dem Meeresboden eigentlich Namen geben? Den Tieren, die dort unten leben, dürfte es gleichgültig sein. »Dingen Namen zu geben, liegt in der Natur des Menschen«, erklärte Heather Stewart. »Ob es sich um deinen Garten handelt oder etwas anderes, spielt keine Rolle. Die Menschen sind versessen darauf, Namen zu vergeben.« Eltern brüten eine kleine Ewigkeit über die Frage, wie sie ihr Neugeborenes nennen sollen, um so vielleicht die Erinnerung an eine Großmutter oder den Lieblingsonkel wachzuhalten und ein unsichtbares Band zwischen den Generationen zu spannen. Namen sind nebenbei auch praktisch und für Lebewesen, die wie wir über Sprache kommunizieren, unverzichtbar. Gäbe es keine Namen, müssten wir uns in endlosen Beschreibungen ergehen, um uns über Menschen, Orte und Objekte auszutauschen.

Aber wenn es um denkbar abgelegene Orte auf der Erde oder im Weltall geht, brauchen wir dann wirklich Namen? Wissenschaftler beharren in der Regel darauf, weil sie anhand von Namen die Natur kategorisieren und bestimmen können. Die für das Weltall zuständige Schwesterorganisation des SCUFN ist die International Astronomical Union, der eine Gruppe von Astronomen angehört, die sich um die Benennung von Sternen kümmert. Für die Antarktis entscheidet das Scientific Committee on Antarctic Research darüber, welche der von den sechsundvierzig Mitgliedsländern vorgeschlagenen Namen zur Anwendung kommen. Wissenschaftler geben Orten Namen, um sie so unterscheidbar und leichter erforschbar zu machen. Umgekehrt aber wird ein Ort, sobald er einen Namen trägt, für Menschen leichter erreichbar, und mit dem Menschen hält dort Gutes ebenso wie Schlechtes Einzug.

1975 fand im kanadischen Nova Scotia das erste Treffen einer Vorläuferorganisation des SCUFN statt.[1] Die Tagesordnung war so umfangreich, dass die Runde nur einen einzigen Namen verabschiedete, und zwar den für eine unterseeische Schlucht vor der Küste Feuerlands. Ein Jahrzehnt später entstand das SCUFN mit dem Geologen Robert Fisher von der Scripps Institution an der Spitze. Drei Jahrzehnte lang leitete Fisher das SCUFN mit eiserner Hand. Er setzte Regeln und Richtlinien durch, nach denen Namen auf dem Meeresboden vergeben wurden. Von seinen Vorgängern unterschied sich SCUFN fundamental, weil sich hier Fachleute aus aller Welt trafen, deren Herkunftsländer für etwa die Hälfte der Erdoberfläche standen. »Erkundung und Entdeckung ist seit jeher mit dem Recht verbunden, Entdecktes zu benennen«, schrieb Fisher in einem Buch, das die Geschichte der GEBCO aufrollt. »Die Karten entlegener Regionen sind vollgestopft mit Namen, die sich Vetternwirtschaft, Selbstbeweihräucherung oder derbem Humor verdanken. Auf dem Meeresgrund sieht es hier und da nicht anders aus.«[2]

Damit spielte Fisher auf die Schattenseiten der Vermessung an, insbesondere die Gewohnheit derjenigen, die sie betreiben, ihre »Entdeckungen« nach Belieben zu benennen und dadurch jene Namen zu tilgen, die die Ureinwohner verwendeten. Die Karten des amerikanischen Doppelkontinents sind ein gutes Beispiel dafür. Dort finden sich fast ausschließlich europäische Bezeichnungen, nach indigenen Traditionen sucht man hingegen vergeblich. Die Kolonialmächte nutzten die neuen Namen und die verbesserten Karten, auf denen sie standen, um ihre territorialen Ansprüche zu untermauern und die einheimische Bevölkerung zu unterdrücken. »Wie Gewehre und Kriegsschiffe waren auch Karten eine Waffe des Imperialismus«, formulierte der Historiker J. Brian Harley.[3]

Die koloniale Vergangenheit ist im internationalen Recht noch sehr präsent, insbesondere wenn es um Gebietsansprüche geht. Im Südchinesischen Meer könnten die einstigen Weltreiche Großbritannien und Frankreich mehr der umstrittenen Inseln für sich reklamieren als Anrainerstaaten wie Vietnam und China, obwohl deren Fischer und Seeleute seit ewigen Zeiten hier unterwegs sind. »Seit Jahrhunderten stellt das internationale Recht den einstigen Kolonialmächten Mittel zur Verfügung, mit denen sie ihre Gebietsansprüche unter Berufung auf europäische Rechtspraxis durchsetzen können«, so der Journalist Bill Hayton, der sich intensiv mit den Konflikten im Südchinesischen Meer befasst hat.[4] Das Rechtssystem, auf das er sich bezieht, beruft sich auf schriftliche Belege wie Karten und die Namen, die darauf verzeichnet sind, und negiert die angestammten und tradierten Kulturpraktiken jener Menschen, die hier zu Hause sind.

In seiner Rolle als Leiter des SCUFN war Fisher bestrebt, diese wenig ruhmreiche Vergangenheit zu überwinden und ein wissenschaftliches Leitbild für die Namensgebung am Meeresgrund zu etablieren. Politisch konnotierte Namen sind laut B6 seither untersagt. Admirale, die nichts für die Meereskunde geleistet haben, dienen nicht länger als Namensgeber. Schluchten werden nicht nach Firmen, Berge nicht nach Prominenten benannt. Stattdessen gelten Richtlinien, Regeln und Prinzipien, die in der Bibel des SCUFN niedergelegt sind. Mitglieder sollen »unparteiisch, unpolitisch und nicht übertrieben nationalistisch sein, Klugheit und Humor schätzen, Grobheit, Kriecherei oder Klüngelei missbilligen«, wie Fisher es formulierte.[5] Kurz gesagt sollen die Mitglieder als Expertinnen und Experten für den Meeresgrund agieren, nicht als Repräsentanten ihres Heimatlandes.

Doch selbst SCUFN-Mitglieder müssen eingestehen, dass immer eine Prise Nationalismus dabei ist, sobald es um einen internationalen Schauplatz wie den Meeresgrund geht. »Wir vertreten zwar keine Staaten«, so Mackay, »aber natürlich spürt man ständig die Versuchung, die Interessen des Heimatlandes besonders zu betonen.«

Als das Treffen des Subcommittee on Undersea Feature Names am frühen Morgen (San-Diego-Zeit) endete, war über alle dreiundfünfzig Namen, die zur Debatte gestanden hatten, entschieden, 430 weitere befanden sich in der Warteschleife. In drei Monaten wollten sich die Mitglieder erneut treffen und die nächsten Namensvorschläge abarbeiten. Ich schaltete meinen Rechner aus und schleppte mich ins Bett. Mein Körper war erschöpft, mein Geist hellwach. Das SCUFN-Treffen war so geordnet und routiniert abgelaufen, dass man es für ein einstudiertes Schauspiel hätte halten können. Ohne die Anwesenheit einer Journalistin wäre es vermutlich anders zugegangen.

Kurzerhand nahm ich mir vor, auch am nächsten Treffen teilzunehmen. Bis ich einschlafen konnte, vergingen trotzdem noch ein paar Stunden.

2.

Am Sitz von Seabed 2030 im englischen Southampton, Global Center genannt, leitet Helen Snaith ein kleines Team, das die vielen Daten, die hier eintreffen, zu einer weltumspannenden Karte des Meeresbodens zusammensetzt. Die dafür erforderlichen Detailkarten stammen aus regionalen Zentren, die über den Globus verteilt sind und in Deutschland, den USA, Schweden oder Neuseeland liegen. Jedes dieser Zentren ist für einen bestimmten Teil des Ozeans verantwortlich. Auch das SCUFN steuert Karten bei, auf denen die neu zugewiesenen Namen eingetragen sind. Snaith weiß den Beitrag des SCUFN zu schätzen, aber die Karte eines kleinen unterseeischen Berges oder Rückens in eine ungleich größere und nahezu unbeschriebene Karte einzufügen, ist für eine Kartografin ein Albtraum.

»Das ist schon ziemlich nervig«, bekannte sie fröhlich lächelnd. Sie klang, als sei es ganz und gar nicht nervig, wenn sie Karten bekommt, die zu nichts anderem dienen, als den Anspruch zu untermauern, einen neuen Namen zu etablieren. »Wenn sie einen Berg oder eine kleine Bucht oder etwas in der Art benennen wollen, bekommen wir nur von diesem Ausschnitt Daten. Natürlich haben sie noch viel mehr Daten erhoben, aber sie stellen uns nur den Ausschnitt zur Verfügung.« Diese Oasen inmitten einer großen Wüste nimmt Snaith als Hinweis darauf, dass da draußen jemand ist, der zwar über eine Unmenge an Daten verfügt, aber nicht damit herausrücken will. Zumindest noch nicht.

Als Seabed 2030 im Jahr 2017 die Arbeit aufnahm, wurden die Kosten für die Erstellung einer vollständigen Karte des Meeresbodens auf drei bis fünf Milliarden Dollar geschätzt. Die Nippon Foundation stellte 18 Millionen Dollar als Startkapital zur Verfügung. Mit diesem Geld wurde ein Netzwerk aus regionalen und globalen Zentren aufgebaut und eine Verwaltung etabliert. Aber 18 Millionen Dollar sind eben nur ein Bruchteil von drei Milliarden Dollar und reichen bei Weitem nicht, um die begonnene Arbeit zu einem guten Ende zu bringen.

Auf dieses Dilemma reagierte Seabed 2030 mit dem Versuch, Forschungsschiffe, Handelsmarine und staatliche hydrografische Institute »anzuzapfen«, um an Daten zu kommen – mit bemerkenswertem Erfolg. Im Jahr 2019 konnte Seabed 2030 eine Karte vorlegen, die fünfzehn Prozent des weltweiten Meeresbodens – doppelt so viel wie der zwei Jahre alte Vorgänger – mit einer Auflösung von 1000 Metern erfasst.[6] Doch auch diese Karte ist mit Vorsicht zu genießen, denn nur ein kleiner Teil der verwendeten Daten war tatsächlich neu. Der Großteil stammt von einer Festplatte, die irgendwo gelegen hatte, bis Seabed 2030 des Weges kam, die Daten auswertete und die Erlaubnis erwirkte, die Karte, die daraus entstanden war, zu publizieren. Es mag nach einem banalen Vorgang klingen, aber man muss sich immer wieder vor Augen führen, mit welchen Argusaugen Staaten früher über ihr Kartenmaterial wachten. Dass die alten Daten nun freigegeben wurden, hat auch einen Umweltaspekt: Vermessungsschiffe fahren mit Dieselmotoren und verursachen zudem Schallwellen, die Meeressäugern gefährlich werden können. Auf vorhandene Daten zurückzugreifen, vermeidet Lärm und Kohlendioxidemissionen, die ein eigens entsandtes Forschungsschiff produzieren würde.

Mein Gespräch mit Helen Snaith fand Ende 2020 statt, und zu diesem Zeitpunkt ging sie davon aus, dass Seabed 2030 noch »ein gutes Jahr braucht, um herauszufinden, was dort draußen noch an Daten schlummert. Etwas anderes ist es, die Daten zu übernehmen und in eine Karte einzupflegen.«

»Wir sind davon deutlich weiter entfernt als ein Jahr«, sagte Vicki Ferrini ein paar Tage später. Ferrini ist Geoinformatikerin am Lamont-Doherty Earth Observatory (LDEO) in Palisades, New York. (Den Namen trug das Institut seit 1969 und nach einer Unterbrechung wieder seit 1993, er ersetzt die alte Bezeichnung Lamont Geological Observatory.) Parallel leitet sie auch die Regionalzentren von Seabed 2030 für den Atlantischen und den Indischen Ozean. Um ihre Aussage zu bekräftigen, stellte sie mir einen kniffligen Fall vor, an dem sie gerade saß. Es ging um Daten, die ein Forschungsschiff auf einer Fahrt zu den Kanarischen Inseln erhoben hatte. Ferrini wusste von dieser Reise, sie wusste, dass das Schiff rund um die Inseln Messungen vorgenommen hatte, und sie wusste sogar recht genau, welche Regionen es kartiert hatte. Was sie nicht wusste, war, wer die Daten hatte und wie sie die entsprechende Person ausfindig machen sollte. Sollte es ihr gelingen, waren Probleme mit der Übertragung oder der Umwandlung in ein Format zu erwarten, mit dem sie weiterarbeiten konnte. Dieser Fall ist charakteristisch für die Schwierigkeiten, mit denen Seabed 2030 zu kämpfen hat, so Ferrini. Ein kleiner Kreis von überarbeiteten, unterbezahlten Hydrografen sucht nach der berühmten Stecknadel im Heuhaufen, der in diesem Falle der Ozean ist.

Im Grunde sind Ferrini und ihre Mitstreiter auf der ganzen Welt mit dem Aufspüren von im Verborgenen schlummernden Karten ausgelastet. »Das ist weitaus mühsamer, als es klingt«, erklärte Snaith mit Blick auf die Karten, die zudem gänzlich unterschiedlichen Gesetzmäßigkeiten folgen. Sie hofft, durch vermehrte Öffentlichkeitsarbeit Abhilfe schaffen zu können. Vielleicht kommen die Menschen in Zukunft von sich aus auf Seabed 2030 zu. »Sollten Sie bathymetrische Daten auf einem USB-Stick haben, würden wir uns freuen, wenn wir sie haben könnten«, sagte sie in einer Mischung aus Scherz und Ernst. »Melden Sie sich bei uns. Wir machen was daraus.«

Ginge es nach Snaith, würden die Namensvorschläge, die vom SCUFN geprüft und gebilligt werden, größere Gebiete betreffen – je größer und unbekannter, desto besser. »Wenn jemand das Weddellmeer in Abschnitte von hundert Quadratkilometern einteilen und benennen wollte, könnten wir das wunderbar in unsere Karten integrieren, aber es muss immer ein Berg oder eine Schlucht sein.«

Auch auf der aktuell gültigen Karte von Seabed 2030 ist der Mangel an Daten für große Gebiete nicht zu übersehen. Und Snaiths Team im Global Center in Southampton führt quälend lange Debatten darüber, wie kartierte und unkartierte Gebiete in einer Karte zusammengebracht werden können. Wie passt die hübsch anzusehende Karte eines unterseeischen Berges, die SCUFN zur Verfügung gestellt hat, zu dem verschwommenen Satellitenbild, das seine Umgebung darstellen soll? Wie geht man mit den weißen

Flecken um, von denen die Karte übersät ist? Sechzig Jahre nachdem Marie Tharp Lücken in ihren Karten zu schließen versuchte, indem sie eine Legende darüberlegte, ist das Problem noch immer nicht gelöst.

Auf der Webseite von Seabed 2030 findet sich eine Rubrik, in der die Öffentlichkeit Fehler melden kann. »Wir sind auf Menschen angewiesen, die sich die Karte einer bestimmten Region ansehen und merken, wenn etwas nicht stimmt«, so Snaith. »Meist sind das Wissenschaftler, die für ihre Forschung auf die Daten zurückgreifen.« Dann führte sie mir einen solchen Fehler vor, den ein Wissenschaftler im Indischen Ozean entdeckt hat. Unweit der Malediven war ein Korallenriff an der falschen Stelle verzeichnet. Vor der Gründung von Seabed 2030 gingen zwei oder drei Fehlermeldungen bei GEBCO ein, nun passiert es im Wochentakt, was Snaith als gutes Omen wertet. »Ich glaube nicht, dass die Häufung so verstanden werden darf, dass die aktuelle Karte schlechter ist als ihr Vorgänger«, sagte sie. »Ich denke, es ist die Konsequenz daraus, dass sich immer mehr Menschen mit der Karte befassen.«

Seabed 2030 profitiert von solchen Fehlermeldungen und der Beteiligung möglichst vieler Menschen. Darin gleicht es Wikipedia, das durch Schwarmwissen zu einem gigantischen Nachschlagewerk geworden ist.

Die meisten Fehler, die gemeldet werden, sind lässlich und auf ein simples Versehen zurückzuführen. Dann und wann kommen aber auch vorsätzlich eingebaute Fehler ans Licht, die sich dem Kalten Krieg und der Geheimniskrämerei verdanken, die seinerzeit um kartografische Daten gemacht wurde. Heute nutzt jeder, der ein Smartphone besitzt, das Global Positioning System, kurz GPS, aber noch vor wenigen Jahren war der Zugang dazu stark reglementiert. Für die Entwicklung von GPS hatte das US-Militär Milliarden von Dollar investiert, um Raketen präzise an ihr Ziel bringen zu können. Die ersten GPS-Satelliten wurden 1980 ins All geschickt.[7]

Erst gegen Ende des Kalten Krieges konnten Wissenschaftler, die nicht dem Militär angehörten, auf diese Informationen zurückgreifen.

Helen Snaith berichtete mir, wie sie 1995 auf einem Forschungsschiff im Südlichen Ozean GPS eingesetzt hat. Sie war für die Berechnung der Position des Schiffes verantwortlich und stutzte über merkwürdige Ungereimtheiten in den Koordinaten, die sie ermittelte. »Mal wurde das Schiff 500 Meter in diese Richtung versetzt, dann wieder 500 Meter in jene.« Ursache waren Verzerrungen und Abschaltungen, die sich die USA vorbehielten, um auf politische Krisensituationen reagieren zu können. Die Hydrografen behalfen sich damit, dass sie auf die uralte Methode der Triangulation zurückgriffen. Dennoch kam es vor, dass Fehlinformationen Eingang in die entstehenden Karten fanden. Auch aus der aktuellen Karte von Seabed 2030 sind sie nicht restlos getilgt.

Wie SCUFN ist auch Seabed 2030 nach Kräften bemüht, sich von der Politik möglichst fernzuhalten. Auf ihren Karten gibt es keine Staatsgrenzen, und der Schwerpunkt liegt auf internationalen Gewässern – und das bedeutet genügend Arbeit für viele Jahre. Großen Wert legt die Organisation auch darauf, dass zwischen den verschiedenen regionalen Zentren keine Konkurrenz entsteht. Als ich Helen Snaith fragte, ob das englische Global Center die Arbeit der vier regionalen Zentren koordiniert, wies sie die Frage zurück: Die Zentren von Seabed 2030 arbeiten unabhängig voneinander. Kevin Mackay, der für Neuseeland im SCUFN sitzt und dem regionalen Zentrum für den Süd- und den Westpazifik vorsteht, hat mir sinngemäß dasselbe gesagt. Als ich von ihm wissen wollte, wie groß der Beitrag sei, den sein Zentrum für die globale Karte des Meeresbodens geleistet habe, weigerte er sich, eine konkrete Zahl zu nennen. Ein Grundsatz sei es, einen Wettstreit zwischen Ländern oder Regionen zu vermeiden, weshalb Seabed 2030 keine Zahlen zu den einzelnen regionalen Zentren veröffentlicht. Wann immer ich einen Hydrografen fragte, welche Länder Karten oder Daten zurückhielten, kam die Antwort ohne Nennung von Namen aus. Manche Wissenschaftler umschifften die Antwort auch elegant, indem sie die Hoffnung äußerten, dass in naher Zukunft alle Länder ihre Tresore öffnen und Informationen, die dort schlummern, preisgeben.

3.

Bald stellte sich heraus, dass meiner ersten Teilnahme an einem SCUFN-Treffen keine zweite folgen würde. In Zukunft sollte die Presse außen vor bleiben. Als Grund wurde mir genannt, dass SCUFN schnell und effektiv bleiben sollte und mit 160 Vorschlägen, die zu bearbeiten waren, schon genug zu kämpfen hatte. Auch als ich versprach, nichts zu tun, was den Ablauf verzögerte, blieb es bei einem Nein. Die Entscheidung, Journalisten auszuschließen, war offenbar einmütig gefallen. Das leuchtete mir nicht ein. Das Treffen war harmonisch verlaufen, und ich hatte mich an alle Regeln und Vorgaben gehalten. Warum durfte ich also nicht dabei sein?

Ob es etwas mit dem Ablauf des letzten Treffens zu tun hatte, das Anfang Januar stattgefunden hatte, konnten die Sitzungsprotokolle verraten, die online einsehbar sind. Ich las sie gründlich, und dabei wurde mir klar, dass dieses Treffen, an dem ich nicht teilgenommen hatte, nicht nur spannend, sondern auch kontrovers verlaufen sein musste. Vietnam, China und Malaysia hatten Namensvorschläge für neu zu benennende Formationen im Südchinesischen Meer eingereicht, dem wohl umstrittensten Gewässer des gesamten Planeten. Allein Vietnam hatte siebzig Vorschläge eingereicht, Malaysia elf und China drei.

Traditionell teilen sich die südostasiatischen Länder das Südchinesische Meer. Fischer und Seeleute aus Vietnam, Indonesien,

Malaysia, Korea, Brunei, China, von den Philippinen und Borneo gehen hier ihrer Arbeit nach. China war allerdings stets der Hecht im Karpfenteich. In den letzten Jahrzehnten hat sich das Land von einer Regional- zu einer Supermacht entwickelt, die das Südchinesische Meer für sich reklamiert und andere Nationen zu vertreiben sucht. Küstenwache und Kriegsmarine scheuen nicht davor zurück, Schiffe anzugreifen und zu zerstören, die in der ausschließlichen Wirtschaftszone eines anderen souveränen Landes nach Öl suchen. Schiffe der Küstenwache haben vietnamesische Fischerboote gerammt und versenkt, weil sie die Neun-Striche-Linie missachtet hatten, die im Zentrum der Streitigkeiten steht.

Diese Linie verläuft vom chinesischen Festland aus entlang der vietnamesischen Küste nach Süden, dann in einem u-förmigen Bogen vorbei an Malaysia, Brunei, den Philippinen und Taiwan. In diesem U liegen achtzig bis neunzig Prozent des gesamten Seegebietes, das in der Summe größer ist als Mexiko. 2016 hat ein Gericht in Den Haag geurteilt, dass die Linie keinerlei rechtliche Grundlage hat und mit dem UN-Seerechtsübereinkommen nicht vereinbar ist. Dieses Übereinkommen war das erste internationale Abkommen für die Weltmeere und wurde auch von China unterzeichnet. Das Gericht stellte weiter fest, dass China im Begriff war, die Umwelt zu zerstören, indem es Sand auf Riffen verklappte, um so neue Inseln zu erschaffen, die einen Anspruch auf das umliegende Gewässer begründen können.

Der Verlauf von Grenzen auf dem Meer wird in erster Linie durch die zu einem Land gehörende bewohnbare Fläche bestimmt. Die Verschiebung dieser Grenzen durch einen Zugewinn an Land hängt wiederum von der Frage ab, ob es sich bei diesem Land um einen bloßen (unbewohnbaren) Felsen handelt oder um eine Insel (wo sich Menschen ansiedeln können). »Bei der Verteilung der Meeresressourcen ist der Unterschied zwischen einer Insel und einem Felsen entscheidend«, schreibt Bill Hayton. »Ein Felsen begründet einen Anspruch auf 452 nautische Quadratmeilen Gewässer ($\pi \times 12 \times 12$). Dieser Wert gilt auch für eine Insel, aber bei der kommt noch die ausschließliche Wirtschaftszone hinzu, die mindestens 125 600 nautische Quadratmeilen groß ist ($\pi \times 200 \times 200$).«[8]

Die Fischerei ist im Südchinesischen Meer von erheblicher wirtschaftlicher Bedeutung. Das gilt umso mehr für die großen, noch unerschlossenen Öl- und Gasvorkommen, die unter dem Meeresboden liegen. Dennoch kommt ein Bericht des US-Verteidigungsministeriums zu dem Schluss, dass es China in der Auseinandersetzung vor allem um den Zugang zu Schifffahrtsrouten und seine Stellung als industrielle Supermacht geht.[9] Die hoch industrialisierte Küste Chinas, wo Turnschuhe und Leiterplatten entstehen und in die ganze Welt verschifft werden, ist von der südostasiatischen Inselwelt mit Ländern wie Indonesien, den Philippinen und natürlich Taiwan umringt, das China als abtrünnigen, zum Festland gehörenden Landesteil ansieht.

Zu den weniger aggressiven Strategien, mit denen China Kontrolle im Südchinesischen Meer auszuüben versucht, gehört die Namensgebung auf dem Meeresboden. Im Jahr 2020 gab China fünfundfünfzig neue Namen für Formationen entlang des Festlandsockels Vietnams bekannt. Diese Namen hat es sich ebenso rechtlich schützen lassen wie die Umrisse von Hunderten kleinen Inseln und Riffen im Südchinesischen Meer – ein Schritt, der rechtlich irrelevant zu sein scheint, wenn man nicht weiß, dass Namen und Karten einen territorialen Anspruch begründen und untermauern können.[10]

Fairerweise soll nicht unerwähnt bleiben, dass China nicht das einzige Land ist, das so vorgeht. Berichten zufolge hat Japan mehrere Milliarden Yen investiert, um Okinotorishima, ein Atoll mit zwei Felsen, das mehr als 1000 Seemeilen südlich der japanischen Küste liegt, vor weiterer Erosion zu schützen.[11] Die beiden Felsen sind unbewohnt, der größere der beiden ist knapp so groß wie ein gewöhnliches Schlafzimmer. Doch Japan beharrt darauf, dass Okinotorishima eine Insel ist, und beansprucht daher eine 200-Meilen-Zone als ausschließliche Wirtschaftszone samt allen Rohstoffen, die sich darin befinden. Seit dem Jahr 2004 bestreitet China den japanischen Anspruch und stellt sich auf den Standpunkt, die »Inseln« seien bloß Felsen, die den Anspruch auf eine 200-Meilen-Zone nicht rechtfertigten.[12]

Dass Namen und Grenzen im asiatischen Pazifikraum umstritten sind, ist eher die Regel als die Ausnahme. Hier gibt es so viele Länder, die ans Meer grenzen, und Inselstaaten, dass sich die ausschließlichen Wirtschaftszonen zwangsläufig überschneiden. Nicht einmal auf einen gemeinsamen Namen für das Gewässer, das von Russland, Korea und Japan umrahmt wird, konnte man sich einigen. In Korea heißt es Koreanisches Ostmeer, in Japan und Russland Japanisches Meer. Der Name Südchinesisches Meer ist international gebräuchlich, aber in der Region selbst hat jedes Land seine eigene Bezeichnung. Auf den Philippinen sieht man es als den westlichen Ausläufer der Philippinensee an, in Indonesien heißt das zum Staatsgebiet gehörende Teilstück Nord-Natuna-Meer. In Vietnam spricht man kurz vom Ostmeer.

In der Sprachregelung des SCUFN werden Regionen, in denen sich Länder um Gebietsansprüche streiten, »gemeinsame Interessengebiete« genannt. In diese nichtssagende Kategorie fallen beispielsweise Teile des Arktischen Ozeans und die Falklandinseln beziehungsweise Islas Malvinas. Doch »SCUFN ist in diesen Gegenden nicht präsent, weil es sich um Küstengebiete handelt«, die zudem in strittigen Regionen lägen, erklärte mir Kevin Mackay vom NIWA. Und das Subkomitee ist nun einmal nur für den Meeresboden internationaler Gewässer zuständig.

Bei dem Treffen im Januar 2021, an dem ich nicht teilnehmen durfte, hat das SCUFN fast alle Namensvorschläge, die das Südchinesische Meer betrafen, zur weiteren Beratung zurückgestellt.

Das bedeutet weder Zustimmung noch Ablehnung, sondern soll die vorschlagenden Länder dazu ermutigen, eine einvernehmliche Lösung herbeizuführen. Von Mackay weiß ich, dass das seit 2018, dem Jahr, in dem er Mitglied wurde, noch nicht einmal funktioniert hat. Normalerweise werden die Verhandlungen von den jeweiligen Außenministerien geführt. Und sowohl Mackay als auch andere SCUFN-Mitglieder haben mir versichert, dass manche Länder zum Schein Namen vorschlagen, von denen sie wissen, dass das SCUFN sie nicht akzeptieren wird. Gleichzeitig versuchen sie, hinter den Kulissen Unterstützung für ihre Vorschläge zu gewinnen. Delegierte aus der Region des Südchinesischen Meeres sind nach Schweden und Neuseeland geflogen, um gezielt SCUFN-Mitglieder anzusprechen. 2020 war Mike Coffin, der Ozeanograf aus Tasmanien, noch neu im SCUFN und hatte noch an keiner Versammlung teilgenommen, aber schon mehrmals Besuch von solchen Geschäftemachern bekommen.

»Ein Vertreter eines der besagten Länder hat mich angesprochen, und die kanadische Botschaft in Canberra hat mich mehrfach telefonisch kontaktiert, um mich um Unterstützung zu bitten«, so Mike. »Ich glaube, vor allem die Entwicklungsländer betrachten das als Möglichkeit, ihren Fußabdruck auf einem Gebiet zu hinterlassen, auf dem sie bislang noch nicht vertreten sind. ... Die USA, Deutschland, Großbritannien und Frankreich kartieren den Meeresboden seit einem Jahrhundert und haben dort reichlich Namen hinterlassen – auch in Gebieten, die heute zu den ausschließlichen Wirtschaftszonen der Entwicklungsländer gehören. Dort finden sich Namen, die mit dem Land, zu dem die Zone gehört, nicht das Geringste zu tun haben. Dass das nicht auf Gegenliebe stößt, kann ich gut verstehen.«

Der Vorsitzende des SCUFN, Hyun-Chul Han, ein Geophysiker vom Korea Institute of Geoscience and Mineral Resources, dachte anders darüber. Er wies darauf hin, dass die beiden Länder, die die meisten Vorschläge einreichen, China und Japan seien: das eine ein Entwicklungsland, das andere ein Industrieland. Han glaubt, dass das wachsende Interesse daran, Namen auf dem Meeresgrund zu vergeben, ein Gradmesser dafür ist, welche Länder der Wissenschaft eine hohe Priorität beimessen. Aber auch die Wissenschaft ist nicht vor politischer Einflussnahme gefeit. Von der britischen *Challenger*-Expedition in den 1870er-Jahren bis hin zum Wettlauf zum Mond während des Kalten Krieges war Wissenschaft immer auch Mittel und Zweck, um die – auch militärische – Schlagkraft eines Landes unter Beweis zu stellen.

Dass mit Han ein Südkoreaner den Vorsitz des SCUFN übernahm, war nicht unumstritten, denn auch Korea hat Interessen im Südchinesischen Meer. Die Wahl gewann Han mit nur einer Stimme Mehrheit. Seit er den Vorsitz innehat, arbeitet er mit Nachdruck daran, das Vertrauen aller Mitglieder zu erwerben. Und er plant, nach einer Amtszeit abzutreten, statt wie seine Vorgänger eine zweite dranzuhängen. »Länger möchte ich nicht Vorsitzender sein. Es ist keine leichte Aufgabe«, erklärte er. »Ich habe mich bemüht, das SCUFN auf einen guten Weg zu bringen, insbesondere was Vorschläge für die gemeinsamen Interessengebiete betrifft, und Vorschläge zu machen, wie das SCUFN mit diesen Dingen umgehen sollte. Sobald ich die in den Regularien verankert weiß, ziehe ich mich zurück. So habe ich es zumindest vor.«

Sosehr sich Seabed 2030 auch bemüht, sich bei dem Versuch, eine vollständige Karte des weltweiten Meeresbodens zu erstellen, politischem Einfluss zu entziehen, findet die Politik doch immer wieder ein Schlupfloch, durch das sie sich einschleicht. Bei meinem Besuch im Global Center in Southampton beschrieb Helen Snaith die Strategie beim Umgang mit widersprüchlichem Kartenmaterial als Versuch, die Daten aus dem Widerspruch zu lösen und zu einem Dritten zu formen, in dem beide Teile aufgehen und in eine bessere, weil genauere Darstellung des Meeresbodens einfließen.

Aber früher oder später wird das SCUFN wieder vor der schwierigen Entscheidung stehen, wie ein bestimmter Punkt auf dem Meeresboden genannt werden soll.

4.

Konferenzen sind der ideale Nährboden für Gerüchte, Klatsch und Tratsch. Jenseits der offiziellen Tagesordnung finden Treffen und Essen statt, bei denen neben gutem Wein auch die eine oder andere Theorie unter die Leute gebracht wird, die nicht für die Öffentlichkeit bestimmt ist. Auch Hydrografen neigen gelegentlich zu Verschwörungstheorien. Manche Länder mögen mehr Daten haben, als sie zugeben. Vielleicht – ganz vielleicht – ist der Meeresboden ja schon komplett vermessen, und die entsprechenden Daten liegen auf dem Server irgendeiner Regierung. In Verdacht stehen vor allem die reichen Länder des globalen Nordens, denn sie haben das Geld und die Schiffe, mit denen sich das bewerkstelligen ließe. Tim Kearns, der kanadische Hydrograf, der Map the Gaps betreibt, vermutet, dass das Vereinigte Königreich, die USA und die Russische Föderation die größten Summen in die Kartierung des Meeresbodens stecken. Allein das britische Schiff HMS *Scott* hat seit dem Stapellauf 1998 jedes Jahr mehr als dreihundert Tage auf See verbracht und vermessen.[13] Wo bitte schön sind die Daten gelandet, die an insgesamt sechstausend Tagen gesammelt wurden? Niemand kann Kearns diese Frage beantworten.

Natürlich ist es ein schwieriges Unterfangen, einem Land nachzuweisen, dass es Daten zurückhält. Und ein wenig lächerlich macht man sich damit auch, denn in einem bestimmten Maße verfährt jedes Land so. Zudem ist es ein strategischer Vorteil, wenn ein Land den Eindruck vermittelt, mehr Informationen zu besitzen, als es tatsächlich tut. In der Welt der Hydrografie, in der kostspielige Unternehmungen der Großmächte auf dem offenen Meer kaum verhohlen vor allem militärischen Zwecken dienen, sollte man nicht allzu leichtgläubig sein: Zu Zeiten von Bruce Heezen und Marie Tharp verlegte die Firma Bell Laboratories im Nordatlantik ein Telefonkabel – und parallel ein weiteres, geheimes, mit dem die U.S. Navy feindliche U-Boote überwachen konnte. Bob Ballards Suche nach dem Wrack der *Titanic* wurde vom Militär finanziert – weshalb er als Erstes nach einem Atom-U-Boot suchte, das vermisst wurde. Howard Hughes' *Glomar*-Expedition verfolgte offiziell den Zweck, im Pazifik Bodenproben zu nehmen. Tatsächlich war sie dazu gedacht, Informationen über russische Atom-U-Boote zu sammeln. Geschichten wie diese gibt es viele, und die meisten kommen erst mit einigen Jahren Verspätung heraus. Dass Gerüchte und Verdächtigungen entstehen, ist daher nicht verwunderlich, zum einen, weil Wissenschaftler beteiligt sind, zu deren Berufsbild eine gewisse Skepsis gehört, zum anderen, weil es nicht das erste Mal wäre, dass ein Land anders handelt, als es redet.

In den 1980er-Jahren erstellte William Haxby, der als Wissenschaftler in Palisades arbeitete, erstmals Karten des Meeresbodens mithilfe eines Satelliten. Dafür nutzte er freigegebene Daten des Satelliten Seaset, den die NASA 1978 ins All geschickt hatte und der schon nach drei Monaten wegen eines Defekts ausfiel.[14] 1999 machten sich David Sandwell von der Scripps Institution und Walter Smith von der NOAA daran, Haxbys Technik zu verbessern, indem sie freigegebene Daten des Geosat-Satelliten verwendeten. Den hatte die Navy 1985 ins All geschickt, wo er die Höhe der Meeresoberfläche und das Magnetfeld der Erde maß. Diese Messungen dienten der präzisen Steuerung von U-Booten und ballistischen Raketen und damit ausschließlich militärischen Zwecken. Smith und Sandwell konnten belegen, dass die Navy aus dem All den Meeresboden vermessen hatte – auch wenn das gar nicht ihre Absicht gewesen war. Nun fehlten nur noch ein paar findige Wissenschaftler, die sich die Daten genauer anschauten. »Smith und Sandwell entwickelten ein Verfahren, mit dem sie aus Satellitendaten Karten des Meeresbodens erstellen konnten«, sagte Cassie Bongiovanni. »Grundlage war der schlichte Gedanke, dass man doch mal schauen könne, was man mit den Daten, die ihnen in die Hände gefallen waren, tun könne.«

Als ich 2020 mit David Sandwell sprach, beschrieb er sich selbst als Außenseiter in der Welt von Seabed 2030.[15] Anders als die eher zurückhaltenden Wissenschaftler, die für das Projekt arbeiten, glaubte Sandwell zu wissen, welche Länder Daten zurückhielten, und er nannte sie unverblümt beim Namen. »Es heißt immer, wir teilen unsere Daten, aber davon kann keine Rede sein«, sagte er über die USA. »Seit Generationen sammeln amerikanische Schiffe für das Militär Daten, die noch immer der Geheimhaltung des Kalten Krieges unterliegen. Vor allem im Nordpazifik und im Nordatlantik gab es enorme Anstrengungen, und die Abdeckung dürfte nahe hundert Prozent liegen. Die Daten dazu liegen aber noch immer in irgendwelchen Tresorräumen.«

Dieses Vorgehen ist nicht auf die USA beschränkt, so Sandwell weiter. Fast jedes Land, das in der Lage ist, den Meeresboden zu vermessen, hält Daten zurück. »Früher waren es die Japaner, die Karten geheim hielten, aber vor einigen Jahren haben sie alles offengelegt. Das ist wirklich vorbildlich. Die Briten hingegen machen es eher wie die USA. Daten über den Atlantik rücken sie nicht raus. Auch Frankreich stellt sich stur. Sie haben detaillierte Karten für das Gebiet rund um La Réunion im Indischen Ozean, auf denen man förmlich sehen kann, wo sie waren, um zu vermessen. Nur Daten bekommt man von ihnen nicht.«[16]

Ich ertappte mich bei dem Gedanken, Einsichtnahme in die geheimen Karten zu beantragen, von denen Sandwell gesprochen hatte – auch wenn es Jahrzehnte dauern kann, bis sie freigegeben werden und ich zum Zuge komme. Dann aber unterhielt ich mich mit John Hall, einem amerikanischen Geophysiker, der das Bestreben, den Meeresboden zu kartieren, ganz anders interpretiert. In den wenigen unbekümmerten Stunden, die ich mit ihm sprach, schaffte er es, so ziemlich jede Instanz herunterzuputzen, die mit der Vermessung des Meeresbodens zu tun hat. Vom SCUFN (das unlängst einen von ihm eingereichten Namensvorschlag abgelehnt hatte) bis zur International Hydrographic Organization (»da sitzen nur Admirale im Ruhestand«) taten Halls Auffassung nach alle viel zu wenig, um Seabed 2030 im geplanten Zeitraum abzuschließen. Hall, der bis zu seiner Pensionierung beim Geological Survey of Israel angestellt war, hat als Rentner jeden Tag dreizehn Stunden damit verbracht, in seinem Haus an Karten des Meeresbodens zu arbeiten. »2030 bin ich neunzig Jahre alt«, erklärte er und äußerte Zweifel, dass Seabed 2030 die Arbeit zu seinen Lebzeiten abschließen könne.

Neben viel Zeit hat Hall auch einen beträchtlichen Teil seines Vermögens in das Vorhaben investiert, die Karte zu beenden. Er schätzt, dass er allein an GEBCO etwa 300 000 Dollar überwiesen hat, hinzu kommen mehr als eine Million britische Pfund, die in die Entwicklung und den Bau eines Luftkissenboots geflossen sind, mit dem rund um die Eiskappen im Arktischen und im Südlichen Ozean vermessen werden kann. Dass Fortschritte trotzdem allenfalls im Schneckentempo gemacht werden, bringt Hall regelrecht auf die Palme. Sein Herzensprojekt ist ein bestimmter Bereich in der Arktis, auf dem vor sieben Millionen Jahren ein Asteroid eingeschlagen sein könnte.[17] Hall hat Jahre mit dem Versuch verbracht, über die unterschiedlichsten Quellen an Karten dieses Seegebiets zu kommen. Ich ging davon aus, dass er ein paar spannende Anekdoten zu berichten hätte, aber wann immer ich nach Details fragte, winkte er ab. »99 Prozent des Meeresbodens haben nichts Geheimnisvolles an sich, sieht man mal davon ab, dass dort unten ständig an der Entstehung neuen Lebens gearbeitet wird.« Bei diesen Worten kochte seine Wut wieder hoch. Ja, es stimmt, räumte er ein, manches erinnert durchaus an einen Thriller, und erzählte von freigegebenen russischen Karten, die nach dem Zusammenbruch der Sowjetunion in seine Hände gelangten, und von einem britischen Hydrografen, der in Saudi-Arabien arbeitete und Hall berichtete, dass der König gedroht hatte, jeden Vermesser köpfen zu lassen, der ohne erkennbaren Grund mit einer Karte herumläuft.

Doch letztlich spielten politische Intrigen eine allenfalls untergeordnete Rolle, so Hall. »Wissen Sie, warum amerikanische U-Boote lange nicht preisgeben wollten, wo sie sich befanden? Weil sie es selbst nicht wussten.« Das habe sich erst dank GPS geändert. Und so ist Hall davon überzeugt, dass die angeblich geheimen Karten nur eine Ablenkung sind, eine Verschleierung, hinter der sich das eigentliche Problem verbirgt, vor dem Seabed 2030 steht: die schiere Größe des Ozeans.

5.

Als die Wissenschaftler, die hinter Seabed 2030 stehen, ihren Plan der Öffentlichkeit vorstellten, hatten sie die Hoffnung, dass jedes Land Vermessungsschiffe losschicken würde, um gemeinsam die letzte Grenze auf dem Globus einzureißen. Das Jahr 2030 als Ziel war ambitioniert gewählt, aber in Anbetracht der vielen Vermessungsschiffe, die zur Verfügung standen, nicht utopisch. Zudem gab es eine weitere Quelle, die sie zu nutzen gedachten, und das waren die vielen Schiffe, die ohnehin auf den Weltmeeren unterwegs sind.

Fast jedes Schiff, gleich ob Flugzeugträger oder Fischerboot, hat ein Echolot an Bord, das den Meeresboden abtastet. »Nutzt man die Technik, die auf dem Meer unterwegs ist, hat man eine internationale Flotte von Forschungsschiffen, die Daten sammeln und an Seabed 2030 weitergeben kann, wo sie in eine weltweite Karte einpflegt werden«, heißt es in einer Broschüre aus den Anfangsjahren der Organisation. Selbst ein einfaches Echolot, das zum Aufspüren von Fischschwärmen benutzt wird, kann präzisere Messungen vornehmen als ein Satellit.

Ein Forschungsschiff verursacht Kosten von etwa 50 000 Dollar pro Tag, weshalb Entwicklungsländer, die sich das nicht leisten können, von der Beteiligung an Seabed 2030 im Grunde ausgeschlossen sind. Tragischerweise würden aber genau diese Länder von besseren Karten besonders profitieren, wie ihnen umgekehrt schlechte Karten zum Nachteil gereichen. Mit dem Anstieg des Meeresspiegels und dem sich ändernden Verlauf von Küsten steigt der Bedarf der Inselstaaten im Pazifik wie Palau, Kiribati oder der Marshallinseln an neuen und besseren Karten. Das sogenannte Crowdsourcing, also das Zusammentragen aller verfügbaren Daten von allen verfügbaren Schiffen, ebnete diesen Ländern auch ohne ein Budget, das dem der Industrienationen vergleichbar wäre, den Weg zu dem Wissen, das sie dringend benötigen. Zudem können kleinere lokale Boote regelmäßig flache, schwer erreichbare Küsten anlaufen. Größere Forschungsschiffe müssten hingegen für jede Messung von weit her anreisen und drohten zudem auf Grund zu laufen.

Jennifer Jencks war von der Idee, die Vermessung des Meeresbodens mit vielen kleinen Beiträgen voranzubringen, hellauf begeistert. Jennifer leitet das Rechenzentrum der NOAA in Boulder, Colorado, wo alle Detailkarten von Seabed 2030 verwahrt werden, sowie die Crowdsourced Bathymetry Working Group der International Hydrographic Organization (IHO). Über die Jahre hat sie an zahllosen Tagungen und Kongressen zum Thema teilgenommen und dabei immer wieder dieselben Gesichter gesehen. Nicht dass sie Anlass zur Klage hätte. Ihr gefällt die kleine, engagierte Gruppe von Wissenschaftlern, die für die Aufgabe, den Meeresgrund zu kartieren, regelrecht brennen. Klar war aber auch, dass diese Gruppe Nachschub benötigte, und den Karten ging's nicht anders. Zwischen beiden Problemen, so Jencks, gab es offenbar Zusammenhänge.

»Crowdsourcing hat vor einigen Jahren Einzug in die Bathymetrie gehalten, als die IHO einsehen musste, dass die Arbeit nie fertig wird, wenn sie in dem Tempo wie bis dahin weitergeht. Und so suchte man jenseits der üblichen Pfade eine Lösung«, erinnerte sich Jennifer. Und kaum hatte ihre Arbeitsgruppe die ersten Crowdsourcing-Projekte angestoßen, tauchten auf den Tagungen und Kongressen neue Gesichter auf. Als ich bei ihr war, kam sie gerade von einem Workshop in der Karibik, bei dem Costa Rica dem Sammeln von Daten in seinen Hoheitsgewässern zugestimmt hatte. »Das sind alles Leute, die früher nicht teilgenommen haben«, so Jennifer.

Dann zählte sie Projekte auf, die in Palau, Südafrika und Grönland angestoßen wurden. In Australien ist man schon einen Schritt weiter. Dort hat der Meeresgeologe Robin Beaman auf einem guten Dutzend Fischer- und Sportbooten eine Vorrichtung für die Datenaufzeichnung installiert, die die Lücken in den Karten für das Great Barrier Reef schließen können. Insbesondere die Lagunen, Rinnen und Bereiche zwischen einzelnen Riffen sind weitgehend noch nicht vermessen, weil größere Schiffe dort nicht hinkommen.

»Im Bereich des Great Barrier Reef sind Tausende Menschen mit Booten unterwegs, und jedes dieser Boote verfügt über ein Echolot«, sagte Beaman am Telefon. »Die meisten Menschen speichern lediglich einen Wegpunkt, um an den Angelgrund zu kommen. Sie geben den Punkt ein, steuern zu ihm hin, fangen einen Fisch und fahren wieder nach Hause. All die Daten, die das Gerät unterwegs empfängt, bleiben ungenutzt.« Mit Beamans Aufzeichnungsgeräten ausgestattet, stopften Fischer- und Sportboote die Datenlöcher auf den Karten für das Great Barrier Reef. Wenn er einen USB-

Stick mit den Daten eines dieser Boote entgegennahm, fühlte es sich jedes Mal an wie Weihnachten, so Beaman. Er wusste nie, was er am Ende bekommen würde.

Ein ähnliches Projekt gibt es im kanadischen Teil der Arktis. »Dort oben nimmt der Schiffsverkehr gewaltig zu«, erfuhr ich von Jencks, die den Zuwachs auf 25 Prozent in den letzten sechs Jahren bezifferte. »Gleichzeitig ist das Seegebiet ein unbeschriebenes Blatt.« Wie der Südliche Ozean ist auch der Arktische Ozean groß, stürmisch und weitgehend unkartiert. Und wie viele der kleinen Inselstaaten im Pazifik die Auswirkungen des Klimawandels und des steigenden Meeresspiegels als Erste zu spüren bekommen, so stoßen auch die Inuit in der Arktis mit ihren Kanus unter den veränderten Bedingungen auf Probleme. Nach einer Reihe von Unfällen hielten die Menschen in Arviat, einer Inuit-Siedlung im kanadischen Nunavut, den Zeitpunkt für gekommen, etwas zu unternehmen. Die Jäger, die dort lebten, wollten und konnten nicht länger darauf warten, dass die Regierung oder die Industrie ihnen aktuelle Seekarten lieferte. Also nahmen sie es selbst in die Hand.

Kapitel 7

DATENSAMMLUNG FÜR EINE KARTE DER ARKTIS

Zivilisation ist wie eine dünne Schicht Eis
über einem tiefen Ozean aus Chaos und Dunkelheit.

Werner Herzog

1.

Einen ersten Eindruck von Arviat, einer Inuit-Siedlung an der Westküste der Hudson Bay in Kanada, bekam ich beim Blick aus dem Fenster eines zweimotorigen Propellerflugzeugs. Ein halbes Dutzend Häuser reihte sich entlang einer flachen Bucht, die in einem hellen, an die Karibik erinnernden Blau leuchtete. Am Ufer ging die farblose Tundra gemächlich in den Ozean über, Land wurde ohne großes Aufheben von Wasser abgelöst. Ich hatte mich auf den Weg gemacht, um den Vorreiter in Sachen Crowdsourcing von Karten kennenzulernen, und so war ich in diese Gegend gekommen, wo das Meer noch kaum kartiert ist und von der Regierung und der Industrie gleichermaßen ignoriert wird.

Der Arktische Ozean ist das kleinste und flachste der fünf Weltmeere.[1] Ich reiste im Spätsommer an, jener Jahreszeit, in der die Jagd auf die Weißwale ihren Höhepunkt erreicht, weil sie in die Bucht schwimmen und deshalb dankbare Beute für Schwertwale,

Eisbären und die Jäger der Inuit sind. Der Sommer ist auch die Jahreszeit, in der Frachtschiffe kommen und Dinge wie Quads, Baumaschinen und -material bringen. In die Bucht fahren können sie allerdings nicht, weil die dafür nicht tief genug ist und zudem immer flacher wird. Deshalb sind die Karten nicht nur alt, sondern auch veraltet. Also ankern die Frachtschiffe bis zu drei Kilometer vor der Bucht im tieferen Wasser der Hudson Bay. Dann wird die wertvolle Fracht auf Schuten umgeladen und an Land gebracht. Bis ein solches Schiff entladen ist, können einige Tage vergehen.

So also bedient die internationale Schifffahrt die abgelegenen Regionen des Ozeans: gar nicht. Sie bleibt lieber in gut kartierten Küstengewässern und auf transozeanischen Schifffahrtsrouten. Europas größter Seehafen, das niederländische Rotterdam, wird täglich neu vermessen, weil sich der Grund durch den Einfluss der Maas täglich verändert. Auch in der Themse ist ein Team von Vermessern täglich im Einsatz, damit der Hafen von London sicher bleibt. Für den Hafen von Boston wird jeden Monat eine neue Karte erarbeitet. Auf die Kartierung wichtiger und viel befahrener Routen wird allergrößter Wert gelegt, aber weil bestenfalls ein Viertel des Meeresbodens kartiert ist, sind vermessene Gewässer nicht die Regel, sondern die Ausnahme. Auf dem Großteil des Ozeans fährt kaum je ein Schiff, und sobald eines die Schifffahrtsrouten verlässt, geht zwar nicht das Licht, aber das Kartenmaterial aus, das ihm etwas über den Meeresboden sagen könnte, der unter seinem Kiel vorbeizieht.

An den Polen unseres Planeten gibt es große Gebiete, in denen noch nie ein Forschungsschiff gewesen ist. Geschuldet ist das vor allem der Eisschicht, die bis vor nicht allzu langer Zeit die Pole ganzjährig umgeben hat. In der kanadischen Arktis, in der auch Arviat liegt, genügen bestenfalls fünfzehn Prozent der Karten internationalen Standards. Nur 2,5 Prozent der zu den USA gehörenden Arktis wurden mit modernen Methoden und moderner Ausrüstung vermessen. Gibt es darüber hinaus Daten, stammen sie meist aus dem 19. Jahrhundert und wurden mit Handloten erhoben, die meist von Schiffen ausgeworfen wurden, die auf der Suche nach der legendären Nordwestpassage waren. Ein modernes Frachtschiff, das sich heute einen Weg durch die unbeschriebenen Meerengen und Buchten bahnt, kann schnell in eine Situation geraten, die der eines europäischen Entdeckers des 15. oder 16. Jahrhunderts gleicht. Je näher man den Polen kommt, desto unzuverlässiger werden die Karten, schlimmstenfalls sind sie leer. Kein Wunder, dass sich Einheimische meist lieber auf ihre Erinnerung und ererbtes Wissen verlassen als auf Karten.

Die Arktis gehört zu den Orten auf der Welt, die sich am schnellsten erwärmen. Hier steigen die Temperaturen drei- bis viermal so schnell wie im weltweiten Durchschnitt. Der Traum, die Nordwestpassage zu finden, die den Weg von Europa nach Asien deutlich verkürzt, hat sich erfüllt – wenn auch zu einem hohen ökologischen Preis. Jedes Jahr schmilzt die Polkappe ein Stückchen mehr, und weil dadurch der Meeresspiegel steigt, verändert sich auch der Verlauf der Küsten; der Permafrost zieht sich zurück, Treibhausgase entweichen in die Atmosphäre; immer mehr Schiffe zwängen sich durch die Nordwestpassage. In den letzten Jahrzehnten ist sowohl die Zahl der Schiffe und Touristen, die sich in der Region aufhalten, als auch ihre Verweildauer regelrecht explodiert.[2] Der Höhepunkt war im Jahr 2012 erreicht, als dreißig Schiffe die Nordwestpassage befuhren. (Zuvor waren es jedes Jahr zwei bis sieben Schiffe gewesen.) Spätestens 2040 wird die Arktis während des Sommers weitgehend eisfrei sein – und der flache, unkartierte Arktische Ozean von der kommerziellen Schifffahrt überrannt werden. Ob er vermessen ist oder nicht, spielt dabei keine Rolle.

Eine der größten Umweltkatastrophen der Geschichte hat sich 1989 in der Arktis ereignet, als der Supertanker *Exxon Valdez* vor der Küste Alaskas auf das Bligh-Riff fuhr. 40 Millionen Liter Öl ergossen sich in den unberührten Prinz-William-Sund, unzählige Seevögel verendeten, die Fischerei kam zum Erliegen. Als Ursache des Unglücks wurden Überarbeitung und Erschöpfung der Besatzung genannt, aber gänzlich unberücksichtigt blieb in dem Bericht, dass der Arktische Ozean zu großen Teilen unkartiert war. Ein knappes Jahrhundert zuvor war ein Dampfschiff auf demselben Riff gelandet. Weil es nicht befreit werden konnte, diente es dort zehn Jahre lang als Mahnmal und Warnung, einen großen Bogen um das Gebiet zu machen.[3] 2009 lief ein Schlepper auf das Bligh-Riff, der in der Region verkehrte, um ein Unglück wie das der *Exxon Valdez* zu verhindern. Er hinterließ einen fünf Kilometer langen Ölteppich, der auf dem Wasser schimmerte.

Die gewerbliche Schifffahrt braucht dringend bessere Karten vom Arktischen Ozean, aber das gilt auch für die Menschen, die ganzjährig in Siedlungen wie Arviat ausharren. Das Leben hier steht und fällt mit dem Wasser. Was in den Ort soll, kommt über die Bucht, was hinaussoll, verlässt es über die Bucht, die so zu einer Lebensader für die Bevölkerung wird. Früher wurde das Wissen, das erforderlich ist, um sich sicher auf dem Wasser zu bewegen, von Generation zu Generation weitergegeben. Das hat sich geändert, wie es heute auch keine Schneestürme mehr gibt, die den Ort drei Tage lang lahmlegen. Die Bucht friert später zu und taut eher wieder auf.[4] Manche Tierarten vermehren sich prächtig, andere Bestände gehen dramatisch zurück. Wenn die Älteren heute ihr Wissen weitergeben, fügen sie hinzu, dass es veraltet sein könnte, weil der Klimawandel die Welt, die ihnen vertraut war, verändert hat. In der kanadischen Provinz Nunavut haben sich Unfälle und Rettungseinsätze binnen eines Jahrzehnts verdoppelt. Sie fallen besonders häufig an warmen Wintertagen an, wenn das Wetter für die Jagd gut ist, die Eisbindungen aber tückisch sind.[5] Parallel zur Klimaveränderung ist das erstaunliche geologische Phänomen zu beobachten, dass sich der Boden der Tundra, aber auch der Meeresboden heben. In der Bucht von Arviat wird das besonders evident. Hier bilden sich Inseln und Untiefen, die bislang unbekannt waren. Das Land kommt zurück, sagen manche hier oben, und das seichter werdende Wasser ist für eine ganze Reihe von Unfällen verantwortlich, die sich ereignet haben. Die fünfundzwanzig Orte, die es in Nunavut gibt, sind nicht durch Straßen verbunden, und wer die Region besuchen will, muss entweder fliegen oder von einer der beiden größeren Städte aus – Rankin Inlet im Norden und Churchill im Süden – mit dem Boot fahren.

Als das Flugzeug, in dem ich saß, ausgerollt war, stiegen die fünfzig Passagiere nacheinander aus und gingen über die staubige Rollbahn zum Flughafengebäude. Die weitaus meisten waren Inuit, die mit einem prallvollen Rucksack, in dem Colaflaschen, Angeln und Hygieneartikel steckten, aus dem Süden zurückkamen. Sie wurden von einer Gruppe Kinder erwartet, die ihre Nasen auf die Panoramascheibe des Flughafengebäudes pressten und mit jedem Schritt, den die Ankömmlinge näher kamen, aufgeregter wurden. Die Ankunft im Gebäude glich einem Freudenfest: Der kleine Raum summte vor Lärm und Energie, die junge Familien, tobende Kinder, alte Leute, bellende Hunde und Unmengen an Gepäck verbreiteten.

Ich stellte meine Taschen ab und schaltete mein Mobiltelefon ein. Mein Standort wurde mir auf Google Maps als blauer Punkt inmitten einer weißen, unbeschriebenen Fläche angezeigt. »Kein Netz«, erklärte das Telefon bestimmt. »Keine Internetverbindung.« Vor dem Abflug hatte ich Julien Desrochers, den Hydrografen aus Québec, der die Datensammlung in Arviat koordinierte, gefragt, wie ich ihn finden könnte, wenn mein Telefon nicht funktionierte. Für jemanden, der beruflich mit Vermessung befasst ist, nahm er es mit seiner Antwort nicht sonderlich genau. »Frag dich einfach zu Shirleys Haus durch«, sagte er. Shirley – damit war Shirley Tagalik gemeint, die Gemeindevorsteherin, die Desrochers engagiert hatte, damit er den lokalen Jägern erklärte, wie sie die sich stets verändernde Küstenlinie kartieren könnten.

Kurz darauf ging ich die Hauptstraße von Arviat herunter und hielt Ausschau nach jemandem, der mir sagen konnte, wo Shirley Tagalik wohnte. Ich wusste, dass ihr Haus irgendwo an der Küste stand, mehr aber auch nicht. Die ungeteerte Straße war quasi menschenleer. Ab und zu knatterte ein Quad vorbei. Dann kam mir eine Gruppe Kinder entgegen. Sie mochten zwölf oder dreizehn Jahre alt sein. Alle trugen Turnschuhe und schwarz-weiße Sweatshirts mit einem fluoreszenten Punkt auf der Brust. Sie liefen mitten auf der Straße. Einer von ihnen reckte ein Telefon gen Himmel, das scheppernde Musik in die arktische Luft entließ.

Arviat ist eine junge Stadt. Das Durchschnittsalter liegt bei fünfundzwanzig Jahren, fast vierzig Prozent der Bevölkerung sind unter vierzehn Jahre alt. Hier fungiert also die Jugend als Kartografin, und sie ist es auch, die der Vermessung der Küstenlinie ihre Dringlichkeit verleiht. Neue Technik, nicht zuletzt Smartphones und GPS, macht das Leben im hohen Norden leichter, ist aber auch für ein trügerisches Gefühl von Sicherheit verantwortlich. Abgelenkte Teenager gibt es natürlich nicht nur in Arviat. Unachtsamkeit ist eine Seuche, von der die ganze Welt betroffen ist. In der arktischen Tundra, in der Arviat liegt, kann es allerdings fatal sein, wenn man vergessen hat, sein Satellitentelefon aufzuladen. Man muss nur aus dem Haus treten, und schon steht man in der Wildnis. Vielleicht wühlt gerade ein Eisbär in deiner Mülltonne. Oder ein Quad rast in der Dunkelheit direkt an dir vorbei. (Ein paar Tage nach meiner Abreise hat ein betrunkener Quadfahrer in Rankin Inlet einen Jugendlichen umgefahren und getötet.)[6] Wer den Ort und seine Straßen verlässt, kann sich leicht in der topfebenen Tundra verirren, in der es kaum Landmarken gibt. Im Winter, der fast das ganze Jahr andauert, liegt die Landschaft unter weißem Schnee, was die Orientierung zusätzlich erschwert.

»Beobachten zu können, ist eine Fähigkeit, die verloren zu gehen droht, zum Überleben hier oben aber unerlässlich ist«, erklärte mir Kukik Baker. Sie, ihre Mutter Shirley und ein paar andere halten die Aqqiumavvik Society am Laufen, einen gemeinnützigen Verein in Arviat. Die Skepsis gegenüber Experten und Expertinnen, die von außen kommen, ihre Ideen mitbringen und mit ihren Erkenntnissen wieder abreisen, hat sie dazu bewogen, die Dinge selbst in die Hand zu nehmen. »Alles, was wir tun, ist aus der Bevölkerung heraus angeregt worden«, erklärte mir Shirley. Frühere Generationen haben ihre Beobachtungsfähigkeit und ihre Eigenständigkeit regelmäßig in kleinen Gruppen von Inuit trainiert. Die heutige Jugend muss sich in einer Umgebung zurechtfinden, die sich permanent verändert: durch den Klimawandel, durch moderne Technik, durch zunehmenden Schiffsverkehr. Die Aqqiumavvik Society versucht, die sich verändernde Welt mit überliefertem Wissen zu versöhnen. Dafür greift sie auf innovative Methoden wie die Vermessung der Weltmeere zurück.

Für eine kleine Siedlung mit nicht einmal dreitausend Einwohnern hat Arviat erstaunlich viele Probleme zu bewältigen: Nahrungsmangel, Verarmung, Wohnungsmangel, der ganze Großfamilien dazu zwingt, in einer Schuhschachtel unterzukommen, die die Regierung vor sechzig Jahren hier hingestellt hat. Damit hängt vermutlich auch die hohe Selbstmordrate zusammen, die in allen Gemeinden Nunavuts vorliegt. Vor allem junge Menschen bis dreißig sind betroffen. Wäre Nunavut ein eigenständiges Land, wäre es das mit der höchsten Selbstmordrate der Welt.[7]

Mithilfe staatlicher Zuschüsse hat die Aqqiumavvik Society mehrere Programme entwickelt, um der Jugend zu vermitteln, dass in den tradierten Werten und Verhaltensweisen der Inuit eine Sinnhaftigkeit und das Angebot der Zugehörigkeit liegen. Sie hat Gewächshäuser errichtet, in denen Obst und Gemüse wachsen, die sonst mühsam und kostspielig per Schiff aus dem Süden eingeführt werden müssten. Sie bietet Kochkurse an, in denen traditionelle Gerichte zubereitet werden, deren Zutaten aus der unmittelbaren Umgebung stammen. Das bislang erfolgreichste Programm aber ist Ujjiqsuiniq Young Hunters. Kinder ab acht Jahren gehen mit erfahrenen Jägern in die Tundra und lernen die Umwelt zu beobachten und zu verstehen.

Mehr als siebzig Prozent des weltweiten Meeresbodens sind noch nicht kartiert, ein Wert, der die Hochsee ebenso umfasst wie abgelegene Küstenstreifen in Industrienationen wie Kanada, wo indigene Menschen leben, unterwegs sind und arbeiten. Das jüngste Programm der Aqqiumavvik Society hat zum Ziel, endlich den Verlauf der Küsten vor Ort zu kartieren. Jahrelang gingen Geschichten über Unfälle um die Welt, bei denen erfahrene Jäger auf Untiefen und Riffen gestrandet sind, die unversehens im Wasser auftauchten. Diese Unfälle hat es tatsächlich gegeben, und einige davon endeten tödlich.

2.

An einem Augustabend im Jahr 2014 machten sich drei Männer in zwei Booten auf den Weg, um nach den Fallen zu gucken, die sie am Rande eines bekannten Fischgrunds etwa fünfzig Kilometer nördlich von Arviat ausgebracht hatten. Als sie Sandy Point, so der Name des Fischgrunds, erreicht hatten, trennte sich einer der Männer von den beiden anderen, doch die beiden Boote hielten über CB-Funk Kontakt. Dann aber verstummten die zwei Männer, die zusammengeblieben waren, und so fuhr der einzelne Jäger hin und fand die Leichen der beiden im Wasser, in das sie nach dem Aufprall des Bootes auf einem Riff oder einer Untiefe geschleudert worden waren. In einer Umgebung wie der von Arviat sind solche Todesfälle noch folgenreicher als andernorts, weil das ganze Dorf das Unglück per Funk mitverfolgen kann: ein Mann, der seine Freunde, während er nach ihnen sucht, wieder und wieder ruft, ohne eine Antwort zu bekommen, während das ganze Dorf zuhört und gebannt wartet, wie die Geschichte ausgeht.

Ein Jahr bevor die beiden Männer bei Sandy Point ertranken, musste Joe Karetak unweit von Arviat um sein Leben bangen. Karetak, der von Kindesbeinen an zur Jagd gegangen ist, wurde vor mehr als sechzig Jahren in Arviat geboren. Sein ganzes Leben lang fährt er schon hinaus, auch im Winter, wenn das Wasser vor Arviat gefroren ist. An einem ungewöhnlich warmen Tag im Januar 2013 fuhr er mit seinem Sohn in einem kleinen Holzboot los, um Jagd auf Robben zu machen. Am Nachmittag frischte der Wind schlagartig auf und trieb das Boot mit den beiden Männern auf die offene See, wo es an einer Eisscholle zerschellte, auf die sie sich retten konnten. Ein Hubschrauber, der ihnen zu Hilfe kommen wollte, versank bei dem Versuch, auf der Scholle zu landen, im Meer. Karetak musste tatenlos zusehen, wie sich der Pilot aus dem Wrack befreite und Richtung Scholle schwamm. Dort waren sie nun zu dritt und warteten nass und frierend auf Rettung, die endlich in Gestalt eines zweiten Hubschraubers kam. Alle drei Männer überlebten, aber Karetak behauptet, dass sich sein Körper von den langen Stunden auf dem Eis in nasser Kleidung nie wieder richtig erholt hat. Rund um Arviat gibt es einige Stellen, die unberechenbar sind. Dort lohnt es sich auch nicht mehr zu fischen, weil es so flach ist, dass der Seesaibling einen Bogen darum macht.

»Manches davon ist selbst verschuldet, weil wir auch im Flachwasser Wale jagen«, so kommentiert Karetak die Bootsunfälle rund um Arviat. »Aber in diesem Sommer war ich bei Ebbe draußen und glaubte, weit genug weg vom Ufer zu sein, als ich trotzdem auf Grund gelaufen bin.« Den verbogenen Propellerschaft seines Außenborders konnte er notdürftig reparieren, aber Schäden am Getriebe und an der Welle sind fast schon an der Tagesordnung.

Die Reparatur kostet gut und gern mehrere Tausend Dollar, und auf die Ersatzteile muss man lange warten. Beides kann einen Jäger für einige Monate, wenn nicht Jahre arbeitslos machen. Und wenn ein erfahrener Jäger wie Karetak nicht aufs Meer hinausfahren kann, sind mit seinem Lebensunterhalt auch die traditionellen Fähigkeiten der Inuit gefährdet.

Teenager mit Konzentrationsschwierigkeiten, höhere Temperaturen, sich verändernde Küstenlinien und unzuverlässige oder unvollständige Karten – Zutaten, die in der Summe Unheil bedeuten. »Wir sind darin übereingekommen, dass wir Karten brauchen, damit die Menschen sehen, wo sich neue Untiefen und Riffe gebildet haben«, erzählte Kukik Baker. Für den Bereich außerhalb der Bucht gibt es quasi keine Karten, und um Unfälle zu vermeiden, müssen sich die Bewohner aufs Hörensagen verlassen. Die Bucht von Arviat wurde zuletzt vor mehr als fünfundzwanzig Jahren vermessen, seitdem ist der Wasserstand stark gesunken. Der kanadischen Regierung sind aber Schifffahrtsrouten und Fischgründe wichtiger, und das wenige Geld, das zur Verfügung steht, fließt vor allem dorthin. »Die Regierung hat kein Interesse, die Küstengewässer hier oben zu kartieren«, sagte Shirley. Also haben sie und Kukik die Initiative ergriffen und M2Ocean kontaktiert, eine Firma aus Québec, die sie an Julien Desrochers verwiesen hat, den früheren Geschäftsführer der Firma. M2Ocean vertreibt ein leicht zu bedienendes Sonar, mit dem auch Laien in Küstenregionen Vermessungen durchführen können.

Man muss kein erfahrener Seebär sein, um zu erkennen, wie sehr sich das Meer vor Arviat verändert hat. Während ich über die unbefestigten Straßen des Ortes ging und nach Shirleys Haus suchte, lugte zwischen den Gebäuden, die die Straße säumten, immer wieder die Bucht hervor. Die Einheimischen hatten mir dringend davon abgeraten, an der Küste entlangzugehen, weil ich dort Eisbären begegnen könnte. Aber konnte ich nicht wenigstens einen kurzen

Blick riskieren? Das Wasser lag so verführerisch nahe. Und in der flachen Landschaft müsste ein Eisbär, der sich mir nähert, doch schon von Weitem zu sehen sein. Kurzerhand beschloss ich, das Risiko auf mich zu nehmen, und ging den leicht abfallenden Weg hinunter, der zum Wasser führte.

Im Laufe der letzten hundert Jahre haben sich das Land und der Meeresboden rund um Arviat um fast einen Meter angehoben. Am Übergang vom Land zum Wasser ist das daran zu erkennen, dass der Abstand vom Meer zu den ersten Häusern zum Zeitpunkt meines Besuches gut zehn Meter betrug und mit jedem Jahr um einen guten Zentimeter wächst. Der letzte aus der Eiszeit stammende Gletscher von Arviat ist vor einigen Tausend Jahren geschmolzen, aber die Landschaft spürt bis heute die Auswirkungen der langen Zeit, die sie unter einer dicken Schicht aus Eis verbracht hat. Dieser Effekt, auch postglaziale Landhebung genannt, lässt sich an einer Matratze veranschaulichen, die sich langsam hebt, sobald wir aus dem Bett aufgestanden sind. Hier ist das fehlende Gewicht des Eises dafür verantwortlich, dass sich das Festland wie auch der Meeresboden heben. Allerdings war die Eisschicht an manchen Stellen dicker als an anderen, sodass die Hebung nicht gleichmäßig erfolgt. Zudem gibt es auch das entgegengesetzte Phänomen, und das Land senkt sich, statt anzusteigen. Schätzungen zufolge wird die Chesapeake Bay im Laufe der nächsten hundert Jahre um bis zu einen halben Meter absinken, weil schmelzende Gletscher Hohlräume hinterlassen haben, in die das Gelände kollabiert. Geologen sprechen von glazialer isostatischer Anpassung, um zu beschreiben, wie die Erde auf die Belastungen durch Eisschilde reagiert, die vor Tausenden von Jahren geschmolzen sind.[8]

Derlei Dinge haben in meinem Schulunterricht selbstverständlich keine Rolle gespielt, und auch die vielen anderen atemberaubenden Phänomene, die sich auf dem Meeresgrund abspielen, sind dort nie zur Sprache gekommen, seien es die mittelozeanischen Rücken, die Marie Tharp entdeckt hat, die Tiefseerinnen, in denen der Meeresboden in den Erdmantel übergeht, oder die Berge, die sich unversehens erheben. Kaum jemand von uns ist sich der tragenden Rolle bewusst, die der Meeresboden bei der Gestaltung des Planeten spielt, weil sich ein Großteil der geologischen Aktivität in den Ozeanen abspielt. Mehr als achtzig Prozent aller Vulkanausbrüche ereignen sich unter Wasser, aber sofern durch sie nicht gerade ein Tsunami ausgelöst wird oder eine neue Insel entsteht, nimmt im Grunde niemand davon Kenntnis. Und kleinste Veränderungen wie postglaziale Landhebungen bleiben ohnehin unbemerkt. Die Inuit aber, zu deren traditioneller Lebensweise die genaue Beobachtung der Umwelt gehört, haben lange vor der Ankunft der Europäer registriert, dass und wie sich die Küstenlinie ändert. Die Älteren wussten zu berichten, dass dort, wo ich gerade durch Arviat ging, vor nicht allzu langer Zeit noch Wasser war. Binnen einer Generation hat sich die Welt, in der die Inuit leben, grundlegend gewandelt.

Wie fast alle der fünfundzwanzig Gemeinden in Nunavut ist Arviat in der ersten Hälfte des 20. Jahrhunderts entstanden, als nomadisch lebende Inuit das Land ihrer Vorfahren verlassen mussten – sei es freiwillig, sei es unter Zwang. Drei Gruppen waren es, die sich in Arviat niederließen, darunter die Ahiarmiut, ein Stamm, der ursprünglich 300 Kilometer westlich der Hudson Bay gesiedelt und sich von Karibus ernährt hatte. Als der kanadische Autor Farley Mowat in den späten 1940er-Jahren die Gegend bereiste, war der Stamm binnen weniger Jahrzehnte von mehreren Hundert Mitgliedern auf gerade mal sechzig geschrumpft.[9] Vorgeblich um das Überleben des Stammes zu sichern, hatte die kanadische Regierung die Ahiarmiut umgesiedelt, an einen Ort, der zwar nur hundert Kilometer entfernt war, aber weder Schutz noch Jagdmöglichkeiten bot. (Gerüchten zufolge war der eigentliche Grund, dass im Siedlungsgebiet des Stammes eine Wetterstation errichtet werden sollte, deren Mitarbeiter mit den Einheimischen nichts zu tun haben wollten.) Als nach drei Monaten viele Mitglieder des Stammes erkrankt oder gar gestorben waren, kehrten die Ahiarmiut in ihre angestammte Heimat zurück, nur um wenige Jahre später erneut von der Regierung umgesiedelt zu werden, dieses Mal um mehr als 200 Kilometer an einen Ort, wo die Lebensbedingungen so schlecht waren, dass weitere sieben Mitglieder des Stammes starben. So oder ähnlich verfuhr die kanadische Regierung auch mit anderen Stämmen, die hier oben lebten, aber der Fall der Ahiarmiut ist besonders extrem, wie sich heute noch in Farley Mowats erfolgreichem Buch über ihre Beinaheauslöschung nachlesen lässt. Der Name des Stammes ist zu einem Synonym für den Ethnozid geworden, der sich in der Arktis abgespielt hat. Die Überlebenden haben sich schließlich in Arviat und zwei weiteren Gemeinden niedergelassen. Im Jahr 2019 sprach ein Mitglied der kanadischen Regierung eine offizielle Entschuldigung aus. Dazu hatten sich die einundzwanzig Überlebenden Ahiarmiut im Gemeindesaal von Arviat eingefunden. Eine von ihnen, Mary Anowtalik, die als junges Mädchen miterleben musste, wie Regierungsvertreter das Heim der Familie dem Erdboden gleichmachten, schlug die Hände vors Gesicht und weinte bitterlich.

Heute leben in Arviat Alt und Neu, Gegenwart und Vergangenheit so gut oder schlecht vermischt zusammen, wie sich Öl und Wasser verbinden. An der Hauptstraße finden sich Filialen zweier Restaurantketten. Es gibt drei Lebensmittelgeschäfte, in denen junge Mütter, die die traditionellen Anoraks der Inuit tragen und ihre Babys auf den Rücken geschnallt haben, Einkaufswagen durch die grell ausgeleuchteten Reihen schieben. Auf den Dächern vieler Häuser prangt das Geweih eines Karibus, deren Felle manche Veranda zieren. Am steinigen Strand stieß ich auf die Hinterlassenschaften der Tötung eines Weißwals, zu denen eine abgetrennte, von Narben übersäte Schwanzflosse gehörte. Ganz in der Nähe stand ein Schlitten, den jemand aus dem Holz der Paletten gebaut hatte, auf denen die Dinge des täglichen Bedarfs aus dem Süden Kanadas eintreffen. Diese traditionellen Schlitten, »qamutiq« genannt, können aus allen erdenklichen Materialien bestehen und werden gebraucht, um die Karkasse eines erlegten Wals an Land zu ziehen. Später erfuhr ich, dass fast jeder Weißwal, der in Arviat gefangen wird, Narben auf dem Rücken trägt, die von den Eisbären stammen, die am Ufer entlangstreifen.

Eisbären verbringen große Teile des Sommers im Wasser, aber wie Krokodile verfügen sie über die Fähigkeit, binnen eines Wimpernschlags an Land zu kommen. 2018 hat ein Eisbär einen jungen Vater getötet, der mit seinen Töchtern auf einer Insel in der Bucht von Arviat nach Vogeleiern suchen wollte. Als der Bär angriff, hatte der Mann seine Waffe nicht zur Hand, anders als er kamen wenigstens die Kinder mit dem Schrecken davon.[10] Als ich diese und andere Schauergeschichten hörte, schämte ich mich noch nachträglich dafür, dass ich alle Warnungen in den Wind geschlagen und allein und unbewaffnet an den Strand gegangen war.

Über die Bucht wehte eine kalte Brise heran. Ich steckte die Hände in die Taschen und wünschte, ich hätte Handschuhe mitgenommen. Die Sonne würde bald untergehen. Ich musste Shirleys Haus vor Einbruch der Dunkelheit finden.

Zu dem Zeitpunkt, an dem Shirley und Kukik den Kontakt zu M2Ocean und Julien Desrochers aufnahmen, hatte Julien bereits drei arktische Gemeinden mit einem Prototyp für die Vermessung ausgestattet. Zu seinem Bedauern hatte die Technik dort aber weitaus weniger Anklang gefunden als erhofft. In einer Gemeinde war sie sogar in einem Schuppen gelandet und nach und nach verstaubt. In Arviat, so Juliens Hoffnung, würde alles besser werden. Immerhin war die Gemeinde auf ihn zugekommen, nicht andersherum. Damit war auch das hierarchische Verhältnis zwischen Norden und Süden umgekehrt, das die Beziehung über lange Zeit geprägt hatte: Der Süden schickte Fachleute, die dem Norden »Fortschritt« bringen und Hilfe leisten sollten, um die die Inuit nie gebeten hatten. Doch nun war er gefragt worden, und das war ein gravierender Unterschied.

Ich drehte dem Wasser wieder den Rücken zu und ging zurück zur Hauptstraße. An einer Kreuzung hielt ein Transporter neben mir, der aussah, als gehöre er einer Behörde. Ich winkte dem Fahrer zu, der die Scheibe herunterließ. »Können Sie mir sagen, wo Shirley Tagalik wohnt?«, fragte ich. Er nickte und öffnete langsam den Mund, als wolle er antworten, aber dann gab er mir per Handzeichen zu verstehen, ich solle einsteigen. Allmählich verstand ich den Rat, den Desrochers mir gegeben hatte. Fragen war deutlich einfacher, als sich auf eine Karten-App eines Smartphones zu verlassen.

3.

Am nächsten Morgen erteilte mir Desrochers in Shirleys Wohnzimmer einen Crashkurs in Sachen Vermessung des Meeresbodens. Damit eine brauchbare nautische Karte entsteht, müssen Dutzende Größen einfließen, aber für einen schlichten Überblick über die unterseeische Topografie – den Seabed 2030 bis Ende des Jahrzehnts erstellen will – genügen drei Werte: Tiefe, Zeit, Ort. Der HydroBlock, ein vergleichsweise simples Echolot, das Desrochers und sein Team bei M2Ocean entwickelt haben, ist darauf ausgelegt, diese drei plus einige weitere Werte zu ermitteln und den Aufwand für die Nutzer dabei so gering wie möglich zu halten.

Anders als das schrankgroße Fächerecholot, das ich von der *Nautilus* kannte, ist der HydroBlock ein autonomes Vermessungsgerät, das in einem leichtgewichtigen Kasten von der Größe einer kleinen Reisetasche steckt. »Die Daten von Einstrahlloten sind nicht per se schlechter oder besser als die von Fächerecholoten. Es sind zunächst schlicht weniger Daten, sodass es länger dauern kann, eine Karte zu erstellen«, erklärte Jamie McMichael-Phillips, der Direktor von Seabed 2030 und ein wahrer Meister des Crowdsourcing. Und selbst einfachste Einstrahllote sind immer noch effektiver als jedes Satellitenbild. »Crowdsourcing ist deshalb so effektiv, weil die Messungen für die Zwecke von Seabed 2030 unglaublich ergiebig sind, obwohl ihre Qualität nicht die allerbeste ist«, so McMichael-Phillips. »Und Daten unterschiedlichster Herkunft sind immer noch besser als keine Daten.«

Im Laufe dieser morgendlichen Unterrichtseinheit habe ich einiges über die Vermessung des Meeresbodens gelernt. Erstens: Fahre bei Flut hinaus aufs Meer, weil du dann auch jene Ecken und Winkel erreichst, die bei Ebbe trockenfallen. Zweitens: Ordne die Vermessungslinien nicht parallel, sondern rechtwinklig zum Ufer an, damit das Echolot den abfallenden Grund erfasst, statt immer auf derselben Tiefe zu messen. Drittens: Lege die Vermessungslinien so an, dass der Abstand der dreifachen Tiefe entspricht. (Die Bucht von Arviat ist so flach, dass der Abstand zwischen den Linien lediglich zehn Meter beträgt.) Viertens: Fahre nicht zu schnell. Eine Geschwindigkeit von vier, fünf Knoten – was etwa dem Tempo eines Joggers entspricht – ist für die Vermessung ideal.

Der letzte Hinweis war derjenige, den zu befolgen Andrew Muckpah am schwersten fiel. Nach der Unterrichtseinheit machten sich er und die vier anderen Ausbilder der Aqqiumavvik daran, in der Bucht von Arviat Vermessungslinien festzulegen. Mithilfe einer Schraubzwinge wurde der orange Kasten mit dem Hydro-Block am Schandeck des Bootes befestigt, ehe zwei Sendemasten montiert wurden: ein Satellitenempfänger, der gen Himmel ragte und neben der Position auch den Zeitpunkt der Messung ermittelte, ein weiterer, der ins Wasser zeigte und die Tiefe maß, indem er ein akustisches Signal gen Meeresboden schickte und wieder empfing. In dem Kasten steckte zudem eine inertiale Messeinheit (IMU), die die Position des HydroBlocks aufzeichnete und die erhobenen Daten um die Bewegungen des Bootes bereinigte. Tiefe, Zeit, Position – ein ums andere Mal werden diese drei Werte erfasst. Muckpah, der von allen nur Balum genannt wird – was auf Inuktitut »Dicker« bedeutet –, machte sich daran, die Bucht im Schneckentempo von fünf Knoten abzufahren. So langsam fährt er normalerweise nie, sagte er. Schließlich will er die Fischgründe so schnell wie möglich erreichen. Auch stur geradeaus zu fahren, statt quer über die Bucht zu donnern, kommt ihm komisch vor. Ganz zu schweigen von dem Laptop, der auf dem Armaturenbrett vor ihm den Fortschritt der Vermessungen anzeigte.

Trotzdem ist Balum unter den Ausbildern derjenige, der sich am meisten für die Vermessung des Meeresbodens starkgemacht hat. Vor ein paar Jahren, von der Robbenjagd kommend, war auf dem Heimweg der Außenborder seines Bootes stark beschädigt worden. Es war Herbst, und das Wasser in der Bucht war leicht angefroren, was die Robben dazu animierte, sich auf die ersten Eisflächen zu legen und ein Sonnenbad zu nehmen. Für Jäger wie Balum ist das eine Einladung. An diesem Tag erlegte er fünf Robben – kein Rekordwert, aber doch genug, um von einem guten Fang zu sprechen. Als erfahrener Jäger, der eine lange Familientradition fortsetzte, hatte er den Babyspeck längst gegen Muskelpakete eingetauscht. Wenn er die Sonnenbrille abnahm, was selten vorkam, wurden rund um seine Augen dunkle Bräunungsstreifen sichtbar – ein Hinweis auf die vielen Stunden, die er auf dem Wasser, in Eis und Schnee verbracht hatte, wo die grelle arktische Sonne alles versengt, was ihr in die Quere kommt. Und doch waren Balums von Sommersprossen übersäte Gesichtszüge auf überraschende Weise weich. Vielleicht war er den Spitznamen aus der Kindheit deshalb nicht losgeworden, selbst wenn er längst erwachsen war.

Als sie an besagtem Tag von der Jagd nach Hause zurückfuhren, steuerte ein Freund von Balum das Boot. Dabei folgten sie dem Weg durch den Eismatsch, den sie gekommen waren. In einer Region wie Arviat, die nicht kartiert ist, ist das ein alltäglicher Vorgang, der an diesem Tag aber einen unalltäglichen Ausgang nahm. Während sie Jagd auf die Robben gemacht hatten, war die Tide gekentert, und mit dem ablaufenden Wasser hatte sich auch das Neueis bewegt. Das aber fiel den Männern erst auf, als das Boot auf einen Felsen gefahren war und die beiden sich gezwungen sahen, ins flache Wasser zu springen, um es wieder flottzumachen. »Wir standen bis zu den Hüften im Wasser, das um die minus zwanzig Grad Celsius hatte«, so Balum.

Balum hatte keine Ahnung, woher er das Geld nehmen sollte, das die Reparatur des Außenborders verschlingen würde. Als ich ihm zum ersten Mal begegnete, hatte seine Freundin gerade ein Kind zur Welt gebracht. Inzwischen sind die beiden verheiratet und haben ein zweites Kind bekommen. In dieser Situation Geld abzuzweigen, um das Boot zu reparieren, ist kein leichtes Unterfangen.

Der gesunde Menschenverstand lässt vermuten, dass die besten Karten von Hydrografen stammen, die an Forschungseinrichtungen wie dem Center of Coastal and Ocean Mapping der Universität von New Hampshire ausgebildet wurden. Aber »hydrografische Daten sind nicht zwangsläufig die beste Grundlage, um Entscheidungen zu treffen. Das ist in gewisser Weise ein Mythos«, erklärte Brian Calder, stellvertretender Direktor des CCOM, der lange zu der Unschärfe geforscht hat, die in professionell erstellten Karten eingebaut ist. Und auch er experimentiert mit dem Crowdsourcing. Ja, geübte Hydrografen stellen gute Karten her, sagte er, aber die können auch von »Superbeobachtern« stammen, wie er jene Laien nennt, die Daten beisteuern.

Die Bezeichnung Crowdsourcing missfällt Calder und Desrochers gleichermaßen, weil sie den Vergleich mit dem weltweit größten und erfolgreichsten Projekt dieser Art heraufbeschwört: Wikipedia. Die digitale Enzyklopädie wird von unbezahlten Autorinnen und Autoren gefüttert, deren Einträge von so vielen anderen gegengelesen und geprüft werden, dass das Ergebnis der Wahrheit ziemlich nahe kommt. Wer einen solchen Eintrag liest, stellt schnell fest, dass sich die Belastbarkeit schon mal in Grenzen hält, aber um eine Meinungsverschiedenheit im Familien- oder Freundeskreis zu schlichten, reicht es allemal. Eine Karte des Meeresbodens durch Crowdsourcing zu erstellen, folgt einem ähnlichen Prinzip: Eine bestimmte Anzahl Freiwilliger vermisst an einem bestimmten Ort den Meeresboden, bis die Messungen in der Summe einen halbwegs akkuraten Wert ergeben.

Der HydroBlock arbeitet anders, betont Desrochers. Erstens werden die Laien durch Fachleute angelernt, und zweitens sind die einzelnen Daten dank GPS durchgehend so präzise, dass eine bessere Karte entsteht. Das GPS eines gewöhnlichen Smartphones bestimmt einen Ort auf fünf Meter genau. Das GPS, das im HydroBlock verbaut ist, ist fast schon angsteinflößend gut, denn die Abweichung beträgt nur wenige Zentimeter.[11] Als Balum mit seinem Boot über die Bucht fuhr, um sie zu vermessen, erhielt er von Desrochers Anweisungen und Hinweise.

»Wenn du die Vermessungslinien abfährst, kommt es nicht nur darauf an, geradeaus zu fahren«, rief Desrochers ihm gegen den Wind zu. Am strahlend blauen Himmel des Vortags waren unterdessen graue Wolken aufgezogen, der Wind blies, und die Bucht war von Schaumkronen übersät. »Das Wasser ist ständig in Bewegung, und du musst den Kurs, den du steuerst, an die Strömung und den Wind anpassen.«

»Ist das schwer, Balum?«, wollte ich wissen. Wie aufs Stichwort begann das Boot auf den Wellen zu hüpfen. Der Laptop löste sich vom Armaturenbrett. Desrochers bekam ihn zu fassen, ehe er auf dem Boden landete. Als der Computer wieder an Ort und Stelle war, verriet der Bildschirm, dass das Boot ein paar Meter vom Kurs abgekommen war. Einen Moment lang hatte Balum mit dem Ruder zu kämpfen.

»Mal so, mal so«, erwiderte er, als das Boot wieder auf Kurs war. »Je nachdem, woher der Wind kommt.« Er musste sich so sehr auf das Steuern konzentrieren, dass er alles andere um sich herum vergaß – auch, auf sein Smartphone zu gucken. Inzwischen hatte die Ebbe eingesetzt. Wann immer wir eine Messfahrt beendeten und auf das Ufer zuhielten, verriet ein feuchter Streifen auf dem Sand, dass der Wasserstand ein bisschen weiter gesunken war.

Desrochers hatte berechnet, dass es zwei Tage à sieben Stunden dauern würde, um die gesamte Bucht zu vermessen. So jedenfalls die Theorie. In der Praxis erwies sich aber alles als deutlich komplizierter. Der Sommer ist Jagdsaison, und wenn das Wetter mitspielt, lassen die Ujjiqsuiniq Young Hunters alles andere stehen und liegen. Der Weißwal dient den Menschen von Arviat nicht nur als Einnahme-, sondern auch als Nahrungsquelle. Das Fleisch eines erlegten Wals wird zerlegt und unter den Bewohnern und Bewohnerinnen verteilt, damit sie im Winter etwas zu essen haben. Die Ausbilder entnehmen aber auch Gewebeproben, um sie auf Umwelteinflüsse hin zu untersuchen. Aupaa Irkok, einzige Frau und inoffizielle Leiterin des Projekts, zeigte sich zuversichtlich, dass sich die Ausbilder zwei Tage allein auf das Vermessen konzentrieren könnten, bevor die Bucht zufror und die Männer andere Pflichten übernehmen mussten. Im darauffolgenden Sommer, wenn sich das Eis zurückzog und die Boote wieder hinausfahren könnten, wollte die Aqqiumavvik Society eine aktualisierte Karte vorlegen. Für die Denkweise der Inuit ist das charakteristisch: Informationen sind wertlos, wenn nicht alle darüber verfügen können.

Im Laufe des letzten Jahrzehnts konnten viele Bedenken, die gegen das Crowdsourcing vorgebracht wurden, ausgeräumt werden, erklärte Mathieu Rondeau, ein Kollege von Julien Desrochers, der an der Entwicklung des HydroBlocks mitgewirkt hat. 2010 – Rondeau hatte mit dem Zusammentragen von Daten gerade erst begonnen – hielt er auf einer hydrografischen Konferenz einen Vortrag zu dem Thema. Es waren nur wenige Zuhörer im Saal, und nachdem er geendet hatte, stellte niemand Fragen – der akademische Todeskuss. Heute arbeitet Rondeau für den Canadian Hydrographic Service (CHS) und erlebt, dass und wie in der wissenschaftlichen Debatte ein Wandel vonstattengeht. Auch wenn manch ein Hydrograf, der für die Regierung seines Landes arbeitet, die Nase rümpft, wenn er das Wort Crowdsourcing hört, sind Seabed 2030 und andere Institutionen auf den Zug aufgesprungen und verleihen ihm so neuen Schwung.

Vielleicht gibt es sogar ein Einsehen darin, dass studierte Hydrografen allein Seabed 2030 nicht zu dem erhofften Ende führen können. Dafür ist der Ozean schlicht zu groß, wie John Hall betonte. Der CHS hat die Aufgabe, in der Arktis zwei Millionen Quadratkilometer zu vermessen, 85 Prozent davon stehen noch aus. »Im südlichen Kanada ein Schiff auszurüsten und nach Norden zu schicken, Hydrografen an Bord zu nehmen und zu vermessen, das alles ist sehr teuer«, erklärte Rondeau. Es dauert Tage, wenn nicht Wochen, bis sich ein Eisbrecher den Weg durch das letzte Eis des Winters gebahnt hat. Man addiere die Kosten für Proviant, Treibstoff, Besatzung, Ausrüstung und Schiff, und eine Expedition in die Arktis verursacht im Handumdrehen Kosten von einer Million Dollar und mehr. »Ich ertappte mich bei dem Gedanken, dass es weitaus billiger wäre, wenn man auf die Menschen zurückgreift, die ohnehin vor Ort leben, ihnen Ausrüstung zur Verfügung stellt und sie dazu anleitet, uns die Arbeit abzunehmen«, so Rondeau.

Der zunehmende Schiffsverkehr im Arktischen Ozean verleiht dem Problem zusätzliche Dringlichkeit. Der CHS rät Schiffen, die tradierten Routen zu nutzen, die durch die Arktis führen und zu immerhin 42 Prozent kartiert sind. Um zahlenden Passagieren einen Eindruck von der »wirklichen« Arktis zu bieten, fahren Passagierschiffe aber immer häufiger in unkartierte Fjorde und Buchten hinein, damit die Gäste stahlblaue Gletscher, langzahnige Walrosse und Schulen von Weißwalen aus der Nähe sehen können. Das Passagierschiff *Clipper Adventurer* fuhr 2010 vor der Küste Nunavuts auf ein Riff. Bis ein Eisbrecher vor Ort war, der die Passagiere in Sicherheit bringen konnte, vergingen zwei Tage. Ein Jahr zuvor war die *Clipper Adventurer* ihrem Schwesterschiff *Ocean Nova* zu Hilfe gekommen, das in der Antarktis auf Grund gelaufen war. Immer mehr und immer größere Schiffen befahren die Arktis. Das erste richtige Kreuzfahrtschiff, die *Crystal Serenity*, hat im Jahr 2016 die Nordwestpassage befahren. 2020 haben sich innerhalb des nördlichen Polarkreises fünfundachtzig Schiffsunfälle ereignet, die höchste Zahl der zurückliegenden drei Jahre.[12]

Im CHS versucht Rondeau derweil, seine Vorgesetzten von den Vorteilen des Crowdsourcing zu überzeugen, und nennt unter anderem die steigenden Unfallzahlen, die gigantische Fläche, die noch vermessen werden muss, sowie die ausufernden Kosten, die ein Schiff verschlingt, das eigens in den Norden geschickt werden muss. Das klassische Gegenargument lautet, dass das Crowdsourcing ein Schiffsunglück heraufbeschwören könnte. Eine nautische Karte ist ein Dokument, auf dem staatlicher Segen liegt. Sie wird fortwährend aktualisiert, um die internationale Schifffahrt zu unterstützen und im Falle von Schäden Ersatzansprüche geltend machen zu können. Unfälle auf See verursachen aberwitzig hohe Kosten und bedeuten für beteiligte Reedereien oder auch die lokale Wirtschaft vor Ort oft das Aus. Als das Containerschiff *Ever Given* im Jahr 2021 für sechs Tage den Sueskanal blockierte, belief sich der wirtschaftliche Schaden, der dadurch entstand, auf zehn Milliarden Dollar. Aufwendungen der Versicherungen und Rechtsanwaltskosten summierten sich auf mehrere Hundert Millionen Dollar. Am Unfall der *Ever Given* war keine durch Crowdsourcing entstandene Karte schuld, aber solche Ereignisse führen Hydrografen ins Feld, wenn sie sich dagegen sperren, dass Laien Daten zusammentragen, die in Karten einfließen. Wer trägt die Verantwortung, wenn etwas gründlich schiefgeht?

Das möglicherweise zwingendste Argument für das Crowdsourcing ist weder das Geld noch die größere Effizienz, sondern die Gefahr, Fehler der kolonialen Vergangenheit in der Arktis zu wiederholen. In der Vergangenheit haben die Regierungen der südlich gelegenen Länder den Norden nach Gutdünken unter sich aufgeteilt und Grenzen quer durch angestammte Siedlungsgebiete gelegt: Das Volk der Samen verteilt sich auf Schweden, Norwegen, Finnland und Russland, die Gwich'in siedeln zu beiden Seiten der Grenze zwischen dem US-Bundesstaat Alaska und Yukon in Kanada, Inuit finden sich in den USA, in Kanada, auf Grönland und in Russland. Die Karten der Arktis sind voll mit Namen europäischer Entdecker: Foxe-Kanal, Frobisher-Bucht, Hudson Bay.[13] Viele Stellen sind auch nach den Geldgebern benannt, die nie selbst einen Fuß in die Arktis gesetzt haben. So erklären sich Namen wie Boothia-Halbinsel und Felix Harbour, die beide nach dem Ginfabrikanten Felix Booth benannt sind, der die Expedition des Engländers John Ross ermöglichte, die im Jahr 1829 aufbrach, um die Nordwestpassage zu finden. Indigene Bezeichnungen von Wegen, Routen und geografischen Besonderheiten gelangten nicht in die Karten, und mit den Namen drohte auch das Wissen um die Region in Vergessenheit zu geraten, das sich für die Arktis als Lebensraum interessierte und sie nicht bloß als Abkürzung in Form der Nordwestpassage verstand.

In einer Zeit, in der die Polkappen schmelzen und der Arktische Ozean länger und bequemer schiffbar ist, nehmen die Länder des Nordens ein neues Ziel ins Visier: den Nordpol. Im Jahr 2007 stellte ein russischer Forscher und Mitglied der Duma auf dem Meeresgrund unter dem Nordpol eine Flagge seines Heimatlandes auf[14], was ein kanadischer Außenminister mit dem Landraub europäischer Kolonisatoren im 15. Jahrhundert verglich.[15] Dabei mischt Kanada bei dem Machtspiel selbst gehörig mit. So hat die kanadische Regierung dem Weihnachtsmann und seiner Frau, die der Legende nach am Nordpol leben, kanadische Pässe ausgestellt.[16] Unter dem konservativen Premier Stephen Harper hat Kanada viele Millionen Dollar ausgegeben, um in der Arktis nach den Schiffen des britischen Entdeckers Sir John Franklin zu suchen. Als Franklins Flaggschiff *Erebus* 2014 gefunden wurde, ließ Harper es sich nicht nehmen, der Welt die Neuigkeit mitzuteilen. In seiner Rede verstieg er sich zu der Ansicht, dass Franklin vor zweihundert Jahren den Grundstein für die Souveränität der kanadischen Arktis gelegt habe. Das Wrack des Schiffes, mit dem Roald Amundsen als erstem Europäer die Fahrt durch die Nordwestpassage gelang, wurde gegen den erklärten Willen sowohl der Menschen von Nunavut, wo das Schiff untergegangen war, als auch einiger Meeresarchäologen nach Norwegen überstellt.[17]

Verglichen mit den hitzigen Debatten über das Südchinesische Meer ist das geopolitische Klima in der Arktis einigermaßen gemäßigt – zumindest noch. Aber die Anrainerstaaten bereiten sich bereits auf eine Zeit vor, in der der Norden ganzjährig eisfrei sein wird. Russland, Kanada und Dänemark (das durch Grönland dazugehört) befolgen internationales Recht, indem sie ihre territorialen Ansprüche in der Arktis vor die Kommission für die Begrenzung des Festlandsockels (CLCS) bringen. Gemäß dem Seerechtsübereinkommen der Vereinten Nationen (UNCLOS) reicht die ausschließliche Wirtschaftszone eines Küstenstaates bis zu 200 Seemeilen vor der Küste. Vermag ein Land nachzuweisen, dass der Kontinentalschelf weiter ins Meer hinausragt, kann es zusätzliche Rechte beantragen. Zum Beweis für die Behauptung muss es den betreffenden Meeresboden vermessen sowie Fotos und Bodenproben beibringen. Das ist ein teures Unterfangen – Kanada hat für insgesamt siebzehn Vermessungsfahrten in der Arktis bis heute

117 Millionen kanadische Dollar ausgegeben –, das sich in der Regel aber lohnt, weil die Rohstoffe, die am Meeresgrund lagern, ein Vielfaches wert sind. Australien und Neuseeland haben bereits Gebietsansprüche vor der CLCS durchgesetzt. Dadurch ist die ausschließliche Wirtschaftszone Australiens um 2,5 Millionen Quadratkilometer gewachsen, und Neuseeland hat die Kontrolle über 1,7 Millionen Quadratkilometer Meeresboden gewonnen – sechsmal mehr Fläche, als das neuseeländische Festland hat.

Die Vermessung der Gewässer vor Arviat soll keine derartigen Ansprüche begründen. Die neue Karte der Bucht ist aber ein gutes Beispiel dafür, wie eine Karte aussehen könnte, würde sie von Einheimischen für Einheimische gemacht. Balum, Aupaa und die anderen Ausbilder der Aqqiumavvik Society haben sich dazu entschlossen, die Bucht zu vermessen, weil sie wissen, wie wichtig es für die Gemeinde ist, sich sicher auf dem Wasser bewegen zu können. »Dass die Bewohner von Arviat die Initiative ergriffen, sich die Ausrüstung beschafft und mit der Vermessung begonnen haben, ist ein wichtiges Zeichen«, erklärte Mathieu Rondeau bestimmt.

Nachdem Julien Desrochers einige Vermessungslinien über die Bucht gezogen hatte, kehrten er und die Ausbilder in Shirleys warmes Wohnzimmer zurück. Beim Kaffeetrinken beugten sie sich über die Karten, die soeben entstanden waren. Die Ausbilder unterhielten sich untereinander auf Inuktitut, jener Sprache, derer sie sich sonst nur bedienen, wenn keine fremden Menschen wie Desrochers und ich dabei sind. Desrochers ließ die Messergebnisse über Shirleys Fernseher flimmern – ein buntes Gewirr, das mir von Cassies Bildschirm und meinem Besuch auf der *Nautilus* vertraut war. Dann machte sich Desrochers daran, sich durch die Punkte zu arbeiten, die Flyer auszusortieren und zu erklären, wie die Daten bereinigt werden mussten, ehe sie ihm zur Prüfung zugestellt wurden. Als er sich in technischen Details zu verlieren drohte, widmeten sich die Männer um Balum ihren Telefonen. Die Vermessung des

Meeresbodens war nun einmal nicht das Problem, das sich im Alltag stellte.

In Arviat gilt die Jagd als »cool«. Männer wie Frauen tragen Tarnkleidung. Die Hüllen ihrer Telefone, Rucksäcke und Taschen sind auch tarnfarben. Erfolgreiche Jäger werden regelrecht verehrt, sie gelten als gute Ehemänner und gute Inuit. Gelingt jemandem ein besonderer Fang, teilt er das über Funk mit, und die Menschen laufen am Steg zusammen, um ein Stück frischen Weißwal zu ergattern. Das Jagen und das Teilen der Beute bilden eine Einheit, die tief im sozialen Gewebe der Gemeinde verankert ist. Einmal beklagten sich die Ausbilder darüber, wie langweilig es doch sei, quer über die Bucht Vermessungslinien zu spannen. Was hat das mit der Jagd zu tun? Oder mit der Beobachtung der Eisbildung? »Ich habe geantwortet, dass wir es tun müssen, weil wir das Produkt brauchen, das dabei entsteht«, so Kukik. Als die Ausbilder im darauffolgenden Frühling die Karten sahen, die sie erstellt hatten und nun den etwa sechshundert Haushalten von Arviat präsentierten, konnte Kukik unschwer erkennen, wie stolz sie waren.

4.

Als Seabed 2030 im Jahr 2017 aus der Taufe gehoben wurde, drangen ausschließlich optimistische Aussagen über das Vorhaben nach außen, den Meeresboden bis zum Ende des nachfolgenden Jahrzehnts zu vermessen. Der Termin war ambitioniert gewählt, aber machbar. Die Fachleute, mit denen ich sprach, verwiesen vor allem auf die großen Fortschritte, die Seabed 2030 in den ersten Jahren gemacht hatte. Partnerschaften mit Crowdsourcern versprachen große Zuwächse, und die Firma Fugro, die auf Untergrunderkennung und Exploration von Rohstoffen spezialisiert ist, sagte zu, alle Daten zu übermitteln, die auf den Fahrten zwischen den Einsatzorten erhoben wurden. Ein Hydrograf aus Israel, der an der Universität von New Hampshire arbeitet, nahm sich vor, die Superreichen anzuschreiben, um an die Daten ihrer Superjachten heranzukommen, die rund um die Welt fahren.

Als das Jahr 2020 anbrach – mit ihm die COVID-19-Pandemie, der Zusammenbruch der weltweiten Lieferketten sowie dann 2022 der erste große Krieg in Europa seit dem Zweiten Weltkrieg –, verdüsterten sich die Aussichten, Seabed 2030 termingerecht zu beenden. Als ich 2021 mit Jennifer Jencks über die Crowdsourcing-Projekte in Palau und Südafrika sprach, warteten beide Länder noch auf die Ausrüstung, deren Auslieferung sich durch die Unterbrechung der weltweiten Handelsströme verspätet hatte. Seabed 2030 war nicht das einzige ambitionierte Projekt, das auf diese Weise ausgebremst wurde. Der Kampf gegen den Klimawandel und andere langfristig angelegte Vorhaben litten massiv unter kurzfristig auftretenden Problemen.[18]

Auch der Optimismus, der unter Hydrografen geherrscht hatte, erhielt einen empfindlichen Dämpfer. Tim Kearns, der kanadische Hydrograf von Map the Gaps, berichtete, dass ihm kein realistischer Plan bekannt sei, nach dem Seabed 2030 fristgerecht zu Ende gebracht werden kann. »Wenn wir es mit dem Wunsch, die Weltmeere bis 2030 zu vermessen, ernst meinen, brauchen wir einen Plan«, sagte er. Vorhaben wie die Erhebung von Daten der Superjachten oder die Suche nach Karten, die in Tresoren schlummern, seien Stückwerk, das helfen könne, »aber Hunderttausende Quadratkilometer bleiben übrig, an die wir mit derlei Mitteln nicht herankommen«. Robin Beaman, der Meeresgeologe, der das Crowdsourcing-Projekt am australischen Great Barrier Reef leitet, hat mir etwas ganz Ähnliches erzählt. In flachen Gewässern entlang der Kontinentalschelfe funktioniert Crowdsourcing ausgezeichnet, aber Seabed 2030 benötigt dringend Fächerecholote, um internationale Gewässer vermessen zu können.

Einige Hydrografen haben darauf hingewiesen, dass die Ziele von Seabed 2030 nicht nur hochgesteckt waren, sondern illusorisch. »Um zu wissen, dass das nichts wird, muss ich gar nicht lange nachdenken«, meinte Julien Desrochers an einem der letzten Tage, an denen wir in der Bucht von Arviat unterwegs waren. Man müsse sich doch nur die Karte der Arktis anschauen oder, besser noch, die der Hudson Bay, an deren Westküste Arviat liegt. Die Hudson Bay ist größer als Texas und größer als Kalifornien. Ein Drittel aller kanadischen Flüsse mündet in die Hudson Bay, hinzu kommen weitere aus den USA. Schaut man sich die Karte dieses Gewässers an, stellt man fest, dass nur kleine Teile vermessen sind. An der Küste gibt es ein paar Gebiete, in denen es anders aussieht, auch für einige große Schifffahrtsrouten quer über die Bucht liegen Daten vor, aber der Großteil der gut 800 Millionen Quadratkilometer Meeresboden ist nicht vermessen. Arviat ist ein Dorf in einer weitgehend unvermessenen Bucht in einem weitgehend unvermessenen Ozean in einer weitgehend unvermessenen Welt. Mehrfach und bei verschiedenen Gelegenheiten habe ich Hydrografen gefragt, wie viel Ozean denn noch vermessen werden muss. Die Hudson Bay ist ein anschauliches Beispiel dafür, wie gigantisch groß die Fläche ist. Und sie führt schmerzlich vor Augen, dass der Termin, bis zu dem Seabed 2030 abgeschlossen sein soll, kaum zu halten sein wird.

Es sieht also nicht danach aus, als könne Crowdsourcing das Projekt Seabed 2030 entscheidend voranbringen, aber vielleicht hat das auch nie jemand geglaubt. »Durch die Beteiligung von Laien und Außenstehenden wird möglicherweise ein Gemeinschaftsgedanke befördert, der einen Wert an sich darstellt«, so die Hoffnung von Brian Colder von der Universität von New Hampshire. Wenn ich an die Jäger zurückdenke, die die Bucht von Arviat vermessen, bin ich geneigt, ihm zuzustimmen. Die heimischen Gewässer sicherer zu machen, hat ihnen viel Kraft und Zusammenhalt gegeben. Vielleicht wird Seabed 2030 nicht fristgerecht fertig, aber eine genauere

Karte der Bucht von Arviat bedeutet für die Menschen dort einen immensen Fortschritt – einen Fortschritt, den Seabed 2030 ihnen nicht bieten könnte.

Als ich nach schier endlosen Verzögerungen wegen dichten Nebels und abgesagter Flüge Arviat hinter mir gelassen hatte, kehrte ich in den Süden zurück, in dem die Uhren schneller gehen und die Menschen hektischer sind. Dafür hatte mein Telefon wieder Empfang und meldete mir eine Flut von neuen Nachrichten und verpassten Anrufen. Die Karten auf Google Maps waren nicht länger leer, sondern zeigten ein Gewirr aus akkurat vermessenen Straßen an. Auch der kleine Punkt meldete sich zurück und zeigte mir an, wo in dieser großen, weiten Welt ich mich befand. Das war in den letzten Tagen anders gewesen, und so drängte sich mir eine Frage auf: Wenn Crowdsourcing nicht das Mittel war, das Seabed 2030 retten konnte, was war es dann?

Bei der Vorstellung von Seabed 2030 wurde über das Crowdsourcing meist im Zusammenhang mit autonomem Vermessen gesprochen. Gemeint ist damit, dass Drohnen oder andere ferngesteuerte Geräte eingesetzt werden, die den Meeresboden vermessen. Je weiter die 20er-Jahre des neuen Jahrtausends voranschreiten, desto weniger hört man von Verfahren, für die Menschen benötigt werden. Mehr und mehr stehen technische Lösungen im Fokus. Wenn ein ambitioniertes Ziel wie etwa die Begrenzung der Erderwärmung auf 1,5 Grad Celsius aus den Augen zu geraten droht, suchen die Menschen ihr Heil häufig in der Technik, um die Entwicklung umzudrehen.

Denis Hains hat sich selbst als geborenen Optimisten bezeichnet, und mit dieser Einstellung sieht er auch auf die Frist, die sich Seabed 2030 gesetzt hat. Als Hydrograf und ehemaliger Generaldirektor des Canadian Hydrographic Service weiß er genau um die Leistungsfähigkeit seines Landes auf dem Gebiet der Bathymetrie. Dass Kanada seine Schiffe losschicken würde, um Seabed 2030 unter die

Arme zu greifen, hat er sich nie vorstellen können. »Im Grunde gibt es nur ein Schiff, das dafür infrage käme, und das ist die *Louis S. St-Laurent*. Ich halte es für ausgeschlossen, dass es für anderes als die Verfolgung nationaler Interessen eingesetzt wird. Dafür wäre der politische Wille erforderlich, das Schiff auch für internationale Einsätze zur Verfügung zu stellen«, so Hains. Trotzdem gibt er die Hoffnung nicht auf, dass Seabed 2030 ein Erfolg wird. Um das zu erreichen, hat er die Drohnen ins Spiel gebracht.

»Was wir brauchen, sind unbemannte Wasserfahrzeuge wie die von Saildrone«, sagte er und spielt damit auf die kalifornische Firma an, deren unbemanntes Fahrzeug selbstständig den halben Pazifik überquert hat. Aus Israel stimmte John Hall ihm zu. »Der einzige Weg, wie wir es schaffen können, ist mit Saildrone.« Die Fahrzeuge, die so wie die Firma heißen, stechen durch ihr leuchtend oranges Segel ins Auge, das von der Zukunft der Vermessung der Ozeane kündet, einer Zukunft, die ohne Menschen auskommt.

Kapitel 8

ROBOTER AUF SEE

1.

Wie sieht die Zukunft der Vermessung des Meeresbodens aus? Geht es nach Richard Jenkins, dem Gründer und Vorstand von Saildrone, sieht sie so aus, dass man in einem sonnendurchfluteten Konferenzraum sitzt, den Ausblick auf die Bucht von San Francisco genießt, einen Kaffee trinkt und ab und an auf einem Computerbildschirm einen Punkt verfolgt, der sich Hunderte Kilometer vor der Küste über unkartierten Meeresgrund bewegt.

Genau das tat ich eines Morgens bei meinem Besuch im Hauptquartier des Start-ups im kalifornischen Alameda. Tags zuvor hatte Saildrone seine 22 Meter lange Drohne, die erste einer neuen Baureihe namens Surveyor, zu einer Testfahrt auf das offene Meer geschickt. Während ich mich mit Jenkins unterhielt, fuhr der Surveyor auf einem etwa 150 Kilometer vor der Küste Kaliforniens liegenden Seegebiet mit größter Präzision eine Reihe von Vermessungslinien ab.

Irgendwann beugte sich Jenkins vor, tippte auf das Symbol, das die Position der Drohne auf dem Pazifik anzeigte, und bahnte sich einen Weg in den »Maschinenraum«, wo auf einem Armaturenbrett die verbleibende Ladung der vom Sonnensegel gespeisten Batterien, der Dieselvorrat sowie Windstärke und Steuerkurs angezeigt wurden. Auf der nächsten Seite war der Datenstrom zu sehen, der von den Sensoren des Surveyor eingespeist wurde und auch Windgeschwindigkeit, Kurs und Wellenhöhe übermittelte. Der Explorer, gewissermaßen der kleine Bruder des Surveyor, ist nur sieben Meter lang und im Grunde nichts anderes als eine Maschine zur Vermessung der Weltmeere, bei der mehr als zwanzig Sensoren die Wassertemperatur, den Salzgehalt, die relative Feuchtigkeit, den Luftdruck, die Sauerstoffsättigung, den Chlorophyllanteil und anderes mehr messen. (Das Motto der Firma lautet: »Wir messen immer und überall.«)

Auf einem anderen Bildschirm scrollte sich Jenkins derweil durch Bilder, die der Surveyor aus allen möglichen und unmöglichen Perspektiven aufgenommen hatte. Im Minutentakt trafen neue ein. Im Laufe der Jahre, die Saildrone schon Drohnen aufs Meer schickt, sind auf diese Weise Dutzende Millionen Bilder entstanden. Vermutlich nicht zu Unrecht spricht die Firma auch von der weltweit größten Sammlung von Aufnahmen des Ozeans. Diese Bilder wurden und werden von Menschen beschriftet und in einen patentierten Algorithmus gefüttert, der die Drohnen darauf trainiert, sie auszuwerten und zu interpretieren. Ist es ratsam, einem Frachtschiff, das sich nähert, auszuweichen? Soll die Drohne das verdächtige Schiff den Behörden des Landes melden, auf das es zuhält? Die Antworten auf Fragen wie diese werden an Menschen aus Fleisch und Blut weitergeleitet, die entsprechende Schritte einleiten. Mit dieser Technik, so Jenkins, will Saildrone erreichen, dass immer weniger Menschen aufs Meer hinausfahren müssen, um den Meeresboden zu vermessen, und das Verfahren dadurch schneller, billiger und umweltfreundlicher wird.

Dann schaltete Jenkins auf ein Livebild um, das von der Kamera stammt, die in fünfzehn Meter Höhe auf dem Sonnensegel des Surveyor stand. »Damit wollen wir dem Betrachter denselben Eindruck vermitteln, der sich ihm auch beim Blick von der Brücke eines Schiffes bieten würde, nur dass er an Land auf einem Stuhl sitzt und Kaffee trinkt.« Sein Akzent ist so weich, dass ich mich vorbeugen musste, um ihn zu verstehen. Als die Vorführung beendet war, lehnte er sich entspannt in seinem Stuhl zurück. Mit dem Surveyor sei er sehr zufrieden, sagte er, ehe wir uns wieder unserer Ausgangsfrage widmeten. Eigenartig, aber die Zukunft der Vermessung des Meeresbodens fühlte sich an, wie per Handy die sozialen Medien zu durchstöbern oder all die anderen Dinge, die man auf seinem Smartphone so tut.

Wenn Hydrografen Drohnen oder unbemannte Wasserfahrzeuge (USV) als die einzige Chance beschreiben, Seabed 2030 fristgerecht abzuschließen, dann meinen sie solch große, für die Hochsee geeignete Modelle wie den Surveyor. Es gibt kleinere Modelle für die Küstengewässer, aber der Surveyor war die erste Drohne, die mit einem Fächerecholot von Kongsberg ausgerüstet wurde, das bis in etwas mehr als elf Kilometer Tiefe messen kann – genug, um die tiefsten Tiefen des Marianengrabens zu erreichen. Kein Wunder, dass Fachleute hoffen, die Arbeit an einer weltumspannenden Seekarte mit diesem technischen Wunderwerk beenden zu können.

In den letzten Jahren hat Saildrone einige sehr beeindruckende Einsätze durchgeführt – und jeden davon erfolgreich abgeschlossen. Die Überquerung des Atlantiks: geschafft. Die Umrundung der Antarktis: geschafft. Mit einem unbemannten Wasserfahrzeug von Kalifornien nach Hawaii und wieder zurück fahren: geschafft. Die zuletzt genannte Mission wurde unter anderem von Seabed 2030 finanziert. Larry Mayer, der Direktor des Center for Coastal and Ocean Mapping an der Universität von New Hampshire, hat das Projekt geleitet und eine Route geplant, auf der so viel unkartierter Meeresboden wie möglich unter den Kiel des Surveyor kam. So kamen Daten von mehr als 20 000 Quadratkilometern »Neuland« zwischen San Francisco und Hawaii zusammen, das Doppelte der Fläche von Big Island, der größten Insel des Hawaiianischen Archipels.[1] Die Zahlen verdeutlichen, dass Saildrone für Hydrografen ein wahrer Segen ist.

»Hätte man vor fünf Jahren den Gedanken geäußert, dass wir ein unbemanntes Fahrzeug von Alameda nach Hawaii und wieder zurück schicken, also genau das, was der Surveyor im Pazifik geschafft hat, wäre man für verrückt erklärt worden«, meinte Brian Calder, der stellvertretende Direktor des CCOM. »Für die Erstellung neuer Karten ist das wie Schwarze Magie.«

Im Sommer 2021 ist eine kleinere Drohne von Saildrone durch das Auge des Hurrikans Sam gefahren, der vor Puerto Rico wütete und sich als der stärkste Sturm des ganzen Jahres erwies. Die Bilder, die dabei entstanden, gingen um die Welt. Plötzlich konnte jeder sehen, wie es im Inneren eines Wirbelsturms aussieht. Und wie sieht es aus? Chaotisch. Sehr chaotisch sogar. Auf den Bildern ist zumindest kaum zu erkennen, wo oben und wo unten ist, wo vorne und wo hinten. Die Drohne wird von einer Welle erfasst, die so hoch ist, dass die Kamera fünfzehn Meter über der Wasseroberfläche zu schweben scheint, ehe sie unvermittelt in rasender Geschwindigkeit ins Wellental stürzt. Blitze zucken, der Wind peitscht die See auf, der Himmel ist von einer weißen, tief hängenden Wolkenwand verdeckt. Die Sicht beträgt maximal fünf, sechs Meter. Was diese Bilder vermittelten, hatte zuvor noch kein Mensch gesehen, weil bis zu diesem Tage jeder Mensch, der in dieses Chaos geriet, mitsamt seinem Schiff dem Untergang geweiht war.

»Die Fahrt durch den Hurrikan hat gewirkt«, sagte Brian Connon, bei Saildrone als Vizepräsident für die Vermessung der Meere zuständig. »Seither fragt niemand mehr, ob unsere Drohnen stabil genug sind.« Connon war früher Offizier bei der Navy und hat lange im Naval Oceanographic Office gearbeitet, wo die Navy Tiefenmessungen vornehmen lässt. Wie zuvor bei John Hall versuchte ich auch Connon die eher geheimen Seiten seiner Arbeit zu entlocken. Wie viele Daten vom Meeresgrund schlummern noch in den Tresoren der Navy? Verfügen die USA bereits über eine vollständige Karte des Meeresbodens? »Die Navy hat viele Daten, rückt sie aber nicht raus, und das aus gutem Grund«, lautete Connons diplomatische Antwort.

Saildrone ist auf vielfältige Weise mit der Navy verbunden. 2022 wurde eine Explorer-Drohne, die im Auftrag der Navy im Persischen Golf unterwegs war, von einem iranischen Kriegsschiff »entführt«, was die ohnehin angespannten Beziehungen zwischen den beiden Ländern zusätzlich belastete. Als sich ein US-Kriegsschiff und ein Helikopter dem iranischen Schiff näherten, ließen die Entführer die Drohne wieder frei und machten sich aus dem Staub. Das Hauptquartier von Saildrone befindet sich auf einem Stützpunkt der Marineflieger der Navy in Alameda. In der Hafenstadt gegenüber von San Francisco gibt es heute viele verlassene, mit Graffiti übersäte Schuppen, die einst von der Navy benutzt wurden. Inzwischen findet hier die stetig wachsende Zahl an Obdachlosen Zuflucht, die in der Bay Area leben. Der Schuppen, in dem Saildrone residiert, ist eine der Ausnahmen von der Regel. Eine Seite des Gebäudes ist in leuchtendem Orange gestrichen, und im Inneren herrscht reges Treiben. Als ich hineinging, wurde ich von einem iPad begrüßt, das auf einem Podest stand und mich aufforderte, eine Vereinbarung zu unterschreiben, die mich zu Stillschweigen über die patentierte Technologie verpflichtete, die ich bei meinem Besuch zu sehen bekäme.

Hat man diese Formalität erledigt und ist bis in den eigentlichen Hangar vorgedrungen, steht man vor dem Montagetrakt von Saildrone. Mein Blick fiel auf große Rollen, die in Kohlefaser und Fiberglas eingeschlagen waren. Weiter hinten erkannte ich große Öfen mit speziellen Gussformen, in denen die Segel aus Karbon gebacken werden. Über die gesamte Halle verteilt standen Picknicktische herum, an denen sich Monteure und Geschäftsführung trafen. Die Kleidung war einheitlich, aber nicht uniform, und bestand aus Jeans, Strickmütze und Fleecejacke. Ich schoss ein Foto, bevor mich eine Mitarbeiterin der Marketingabteilung daran hindern konnte. »Fotografieren verboten«, sagte sie. Die patentierte Bauweise der Segel, die Saildrone so erfolgreich macht, soll geheim bleiben. Die Firma stand kurz vor ihrem zehnten Geburtstag, strahlte aber noch immer die flirrende Energie eines Start-ups aus.

»Als es 2012 losging, war ich allein. In einem fünf Quadratmeter großen Raum auf der anderen Seite der Bucht habe ich die erste Drohne gebaut«, erzählte Richard Jenkins. Die Technologie für die Drohne hat er entwickelt, nachdem er zehn Jahre lang versucht hatte, den Rekord für windgetriebene Landfahrzeuge zu verbessern, was ihm 2009 gelang. Wer von windgetriebenen Landfahrzeugen noch nichts gehört hat, ist in guter Gesellschaft – mir ging es bis zu meinem Besuch bei Jenkins nicht anders. Diese Gefährte muss man sich vorstellen wie Segelboote mit Rädern. Ein solches Gefährt hatte Jenkins gebaut, grün lackiert und ständig verbessert, bis es schließlich auf einem Salzsee in Nevada eine Geschwindigkeit von 202,94 Stundenkilometern erreichte.[2] Der Weltrekord verlieh seinen Plänen eine gewisse Glaubwürdigkeit und eignete sich zudem als Gründungsmythos für ein junges Unternehmen im Silicon Valley. Beides nutzte er, um die Entwicklung eines unbemannten Wasserfahrzeugs zu stemmen, das er schon nach wenigen Jahren vorstellen konnte.

In den Anfangsjahren von Saildrone arbeitete Jenkins eng mit Eric Schmidt, dem Gründer von Google, und dessen Frau Wendy zusammen, die zu dieser Zeit ihr Forschungsschiff *Falkor* ausrüsteten. Damals war es unter den philanthropisch veranlagten Milliardären geradezu Mode, sich für die Erhaltung der Ozeane zu engagieren. Doch an den herkömmlichen Methoden der wissenschaftlichen Beschäftigung mit dem Meer war Jenkins nicht interessiert. »Die erste Drohne war eigentlich für Eric und Wendy Schmidt gedacht, die damals etwas für ihr Forschungsschiff suchten. Mir wurde aber schnell klar, dass es ihnen ausschließlich um Messungen ging«, erzählte Jenkins. »Und dass auf einem großen Schiff dreißig Menschen damit beschäftigt sind, einen kleinen Sensor dazu zu bewegen, den Meeresboden zu vermessen, ergibt keinen Sinn.« Also wandte er sich an die beteiligten Wissenschaftler. »›Könnt ihr dafür nicht einen kleinen Roboter nehmen statt ein 100 Millionen Dollar teures Schiff, das jede Menge Treibstoff verbrennt?‹ Die Wissenschaftler meinten: ›Das geht nicht. Ein kleines, unbemanntes Fahrzeug kann unmöglich einen Ozean überqueren.‹ Dieser Satz war für mich das, was für einen Kampfstier ein rotes Tuch ist.«

Als es Jenkins gelang, den Beweis zu erbringen, dass eine unbemannte Drohne den Ozean erfolgreich überqueren konnte, meinten jene Wissenschaftler, die das für unmöglich erklärt hatten, dass das zwar ein schöner Erfolg sei, eine Drohne aber nicht so präzise Messungen vornehmen könne, wie es einem Wissenschaftler möglich wäre. Also machte sich Jenkins daran, die Messungen der Drohne mit denen eines Forschungsschiffes zu vergleichen. So gelang ihm der Nachweis, dass eine unbemannte Drohne sehr wohl so exakt arbeiten kann wie ein Wissenschaftler auf einem Schiff.[3] Auch wenn seine Geschichte wie die vieler anderer Gründer klingen mag, ist Jenkins fest davon überzeugt, dass Saildrone sich dauerhaft durchsetzen wird. Andere Start-ups arbeiten mit Tabellen, um die Funktionsfähigkeit ihres Produkts zu belegen; Jenkins hat in der Praxis nachgewiesen, dass eine Drohne den Ozean überqueren, Hurrikans trotzen und auf hoher See komplizierte Messungen vornehmen kann. Kann es ein schwierigeres Umfeld für eine Bewährungsprobe geben?

Wenn sich diese Erfindung durchsetzt, kommt die Vermessung des Meeresbodens künftig ohne Menschen aus. Was immer ich bis dahin an Kartierverfahren gesehen und kennengelernt hatte, von Cassie Bongiovanni, die nach den tiefsten Punkten der Weltmeere suchte, über die *Nautilus*, die den Meeresgrund vor der Küste Kaliforniens abtastete, bis hin zu Balum, der die Bucht von Arviat vermaß, hatten alle Verfahren eine Konstante: Hier wie dort war es immer ein Mensch, der an der Spitze der Pyramide stand. Diese Pyramide wurde von Jenkins gewissermaßen umgedreht. Menschen benötigen ein Schiff, ein Schiff benötigt Treibstoff und obendrein all die Dinge, die die Mannschaft am Leben und bei Laune hält. Der Faktor Mensch treibt die Kosten einer Vermessung auf mehrere 10 000 Dollar pro Tag, zugleich begrenzt er die Zeit, die auf See zur Verfügung steht, weil der Mensch irgendwann wieder nach Hause will und muss. Saildrone schätzt die Kosten für eine ihrer Drohnen auf den Bruchteil jener Summe, die ein traditionelles Forschungsschiff verschlingt. Und die Drohnen sind nicht nur ökonomischer, sondern auch umweltfreundlicher, weil sie die Lärmemission, den Treibstoffverbrauch und damit auch den CO_2-Ausstoß verringern.

Der Zweck, den Saildrone verfolgt, geht über die genannten Aspekte aber noch hinaus, so Jenkins. »Die Firma wurde mit dem Ziel gegründet, die Erde zu retten«, erklärt er, ehe er eine entscheidende Einschränkung macht. »Das kann nur eine Firma, die dem Problem gewachsen ist. Und dafür braucht man eine kommerziell ausgerichtete Firma. Unser Motiv ist also das Wohlergehen des Planenten und des Klimas, aber um dieses Ziel zu verfolgen, müssen wir Geld verdienen. Die staatlichen Zuschüsse sind dafür viel zu gering.«

Als ich die Namen einiger Wettbewerber von Saildrone nannte, lächelte Jenkins mitleidig. »Ich kenne niemanden, der mit dem, was hier gerade über den Bildschirm flimmert, mithalten könnte«, sagte er milde und zeigte auf das Firmenzeichen von Saildrone, das weit draußen auf dem Pazifik unterwegs war. Dennoch ist der Wettbewerb knallhart. Wenige Monate nach unserem Gespräch spürte der autonome Tauchroboter Sabertooth der ehemaligen schwedischen Firma Saab vor der Küste der Antarktis Ernest Shackletons untergegangenes Schiff *Endurance* auf. Ocean Infinity, eine Firma, die sich der Kartierung des Meeresbodens mit autonomen Unterwasserfahrzeugen verschrieben hat, konkurriert um Aufträge von Regierungen und großen Firmen. Kurz nachdem der Surveyor von Hawaii zurückgekehrt war, konnte Saildrone 190 Millionen Dollar Risikokapital einsammeln und neue Mitarbeiter einstellen. Zum Zeitpunkt meines Besuches arbeiteten etwa hundert Menschen für Saildrone, ein Jahr später hatte sich die Zahl verdoppelt. Als ich durch den Hangar lief, war die Aufbruchstimmung bereits zu spüren. Aber was hat diese Stimmung zu bedeuten? Wird Saildrone durchstarten und auf eigenen Füßen stehen können? Oder wird es das Schicksal vieler Start-ups teilen und in sich zusammenbrechen?

2.

»Hat es funktioniert?«

Erin Heffron, die Hydrografin an Bord der *Nautilus*, trat einen Schritt von der Wand mit elektronischen Geräten zurück, die das EM-302-Fächerecholot steuerten. Eben hatte sie den großen »Start«-Knopf gedrückt, aber nichts war passiert. Nach einem stürmischen Tag auf See, der alle Versuche, die Region vor der kalifornischen Küste zu vermessen, zunichtegemacht hatte, hatte Heffron beschlossen, dass es an der Zeit war, es wieder zu versuchen. Und so standen wir beide da und schauten auf die Wand aus Elektronik, als plötzlich ein rotes Licht aufflammte. Im Datenraum gleich nebenan flimmerten Programmbefehle über die Bildschirme, von denen jeder für das Erwachen eines anderen elektronischen Geräts stand. Schließlich nahm Heffron die Kartiersoftware in Betrieb, woraufhin auf den Bildschirmen große rote Warnhinweise auftauchten. Heffron flitzte von Computer zu Computer, veränderte Einstellungen und schaltete Warnsignale ab.

Die Zukunft der Vermessung des Meeresbodens, die Richard

Jenkins vor mir aufgerollt hatte, klang verheißungsvoll, insbesondere dann, wenn man sich die Gegenwart vor Augen führte. Nur wer selbst im Bauch eines Forschungsschiffes herumgekrochen ist und gesehen hat, wie viel Zeit und Energie eingesetzt werden müssen, um ein paar kümmerliche Daten zusammenzukratzen, versteht, warum es so lange dauert, den Meeresboden der ganzen Welt zu vermessen – und als was für ein Quantensprung sich Saildrone noch erweisen könnte. Nachdem das EM 302 endlich eingeschaltet war, bahnten Heffron und ich uns einen Weg tief ins Innere des Schiffes, um uns zu versichern, dass alle Leiterplatten, die das Fächerecholot steuerten, korrekt surrten und summten.

Dafür mussten wir eine Leiter hinabsteigen und einen niedrigen Gang entlanggehen, an den die Kabinen der Besatzungsmitglieder grenzten, die fast alle aus der Ukraine stammten. Heffron erklärte mir, dass die Ukrainer in ihrer Freizeit gern Makrelen fingen und sie anschließend pökelten. Dann kletterten wir eine weitere Leiter hinunter und gelangten in den Bereich, der unter der Wasserlinie lag – und offenbar einer anderen Zeit angehörte. Während in den oberen Bereichen alles adrett und frisch renoviert war, herrschte dort unten der Geist der Vergangenheit. Ein altes Telefon mit Wählscheibe, das an der Wand hing, war von einer dicken Staubschicht überzogen. Deutschsprachige Schilder kündeten vom Vorleben der *Nautilus* als Forschungsschiff der Deutschen Demokratischen Republik. Schließlich erreichten wir den Raum mit dem Echolot. Er befand sich in unmittelbarer Nachbarschaft zum Kühlraum, an dessen Tür noch die Aufschrift »Proviantkühlanlage« zu erkennen war.

Heffron stellte ihre schwere Taschenlampe ab, weil sie beide Hände benötigte, um die Stahltür zu öffnen. Dahinter lag ein kleiner, unbeheizter Raum, in dem sie immer wieder mal auf Kisten mit Zwiebeln oder Milchtüten stieß, die die Küchenhilfen vergessen hatten, wenn sie etwas aus dem Kühlraum holten. Heute stand hier nur der mannshohe Metallschrank, der die Leiterplatten enthielt, Dutzende Platinen, die für das Senden und Empfangen der Signale des Fächerecholots zuständig sind.

»Das Ding ist so zappelig, dass sich die Kabel lösen könnten«, erklärte Heffron, nahm die Taschenlampe und leuchtete die vielen Netzwerkkabel ab, die mit den Platinen verbunden waren. »Dabei kostet das alles gut und gern eine Million Dollar.« Wenn oben auf den Bildschirmen eine Fehlermeldung auftauchte, ging Heffron im Zweifel hier herunter. »Die Fehlerbehebung besteht meist nur darin, sich zu vergewissern, dass die Stecker richtig sitzen, und die Daumen zu drücken«, erklärte sie, ehe sie ihre Aufmerksamkeit den Netzwerkkabeln widmete. Bei einer Vermessungsfahrt im Vorjahr war eine der Platten ausgefallen, und Heffron hatte mehrere Stunden damit verbracht, sich hinter den Metallschrank zu klemmen, um den Fehler zu beheben. Sie zeigte mit dem Finger auf die Stelle, an der sie, auf einem Rohr stehend und den Kopf an die Wand gelehnt, ausgeharrt hatte. Die ganze Zeit über hatte sie Funkkontakt mit den Kollegen im Datenraum gehalten.

Wie um das Gefühl, tief in die Vergangenheit getaucht zu sein, zu unterstreichen, bückte sich Heffron unvermittelt, hob ein Metallgitter an, das in den Boden eingelassen war, und stieg durch die Luke. Ich reichte ihr die Taschenlampe an, und sie ließ den Lichtkegel in dem knapp einen Meter hohen Raum kreisen. Auf der einen Seite war der Seekasten des Schiffes montiert, eine wasserdichte Box aus Stahl, in etwa so groß wie eine Mikrowelle. Hier wird Kühlwasser für den Primärkreislauf angesaugt. Ein Sensor ermittelt die Geschwindigkeit, mit der sich Schall in dem angesaugten Wasser ausbreitet. Nach jeder Reise klettert Heffron hier herunter, öffnet den Seekasten und befreit den Sensor von der dünnen Schicht Bewuchs, die sich unterwegs gebildet hat. »Ich staune jedes Mal, wie schnell die Sensoren zuwachsen«, sagte sie und hielt den Sensor hoch, der die Form eines Thermometers hatte.

In meiner ersten Nacht auf der *Nautilus* hinderte mich ein merkwürdiges Geräusch am Einschlafen. Es klang in etwa so, als trete jemand auf eine Gummiente. Wie ich an Bord der *Nautilus* lernen durfte, sind Geräusche auf Forschungsschiffen unerwünscht. Jedes Geräusch, gleich ob das Rattern der Klimaanlage oder das Tuckern der Dieselmotoren, konkurriert mit dem Schall, den das Echolot Richtung Meeresboden schickt. Als ich mit Heffron ins Innere des Schiffes stieg, war das Quaken wieder da, und je tiefer wir kamen, desto lauter wurde es. Wie sich herausstellte, stammte es von einem Sedimentecholot, das direkt am Rumpf der *Nautilus* angebracht war. Anders als ein Fächerecholot, das auf einer Frequenz sendet, die für den Menschen nicht hörbar ist, arbeitet das Sedimentsonar mit einer Tonsequenz, die deutlich vernehmbar ist. Das Fächerecholot vermisst den Boden unter dem Schiff, wohingegen das Sedimentsonar in den Boden eindringt und Auskunft darüber gibt, ob im Sediment Ölvorräte schlummern, vergrabene Kabel oder Artefakte einer längst ausgestorbenen Kultur.

In Sachen Lärm haben Drohnen gegenüber Forschungsschiffen unbestreitbar einen großen Vorteil. Von einem kleinen Dieselmotor abgesehen, macht eine Drohne keinen Lärm, und weil der Flügel starr ist und aus Karbonfasern besteht, kann er auch nicht wie ein herkömmliches Segel im Wind schlagen. Immerhin war die alte, störrische Maschine der *Nautilus*, die beim Start ein ziemliches Gebrüll veranstaltete und deshalb Thor genannt wurde, vor Kurzem durch eine neue ersetzt worden, die wesentlich leiser sein sollte. Kaum eingebaut, zeigte sich aber, dass sie ein unangenehmes Geräusch machte, das im ganzen Schiff zu hören war. Nach langem Suchen in der Dunkelheit des Maschinenraums war der Übeltäter ausgemacht – eine lose Kraftstoffleitung, deren Scheppern sich bis in den letzten Winkel des Schiffes übertrug.

Enge, geringe Deckenhöhe, das Surren der Rechner und der Klimaanlage: Herausforderungen, denen sich Menschen, die sich der

Vermessung des Meeresbodens verschrieben haben, gegenübersehen. Hydrografen, die zur See fahren, müssen sich anpassen, Probleme lösen, gegebenenfalls mit »Bordmitteln«. Sie müssen vielseitig sein. Und sie müssen eine alte Regel lernen, die auf allen Schiffen gilt: »Trage nie Kleidung, die dir lieb und teuer ist, weil sie mit Sicherheit einen Öl- und Farbklecks abbekommt.« (Auch ich musste diese Lektion lernen, als ich mich an eine Wand lehnte, die gerade erst frisch gestrichen worden war.)

Als ich meinte, dass die Vermessung des Meeresbodens erstaunlich altmodisch vonstattenging, konnte sich Erin Heffron ein Lachen nicht verkneifen. Anlass für meine Bemerkung war, dass sie mir von einem antiquierten Vorgang erzählte, den sie einst an Bord eines staatlichen Forschungsschiffes beobachtet hatte: die Kalibrierung eines Vertikalecholots, das beim Fischfang eingesetzt wird. »Als ich zum ersten Mal Zeugin davon wurde, habe ich gedacht: Das kann doch nicht wahr sein. So kann man das doch nicht ernsthaft machen.« Aber vielleicht wurde sie ja auch nur gerade Opfer eines Initiationsritus, wie sie auf See nicht unüblich sind. Das berühmteste Beispiel dafür ist die Äquatortaufe, bei der Passagiere oder Crewmitglieder, die zum ersten Mal den Äquator passieren, eine Reihe von unappetitlichen Prozeduren über sich ergehen lassen müssen. Auf Kriegs- und Handelsschiffen kam es dabei früher durchaus zu brutalen Szenen. Inzwischen geht es deutlich harmloser zu, und die Taufe gleicht eher einem Faschingsumzug, zu dem man sich als Neptun verkleidet. Ein weiteres dieser Rituale sieht so aus, dass erfahrene Seeleute Neulinge auffordern, die komplette Sicherheitsausrüstung anzulegen – einschließlich Taucherbrille, Helm und Knieschützer –, um sie anschließend damit zu beauftragen, eine Wasserprobe zu nehmen und die Temperatur zu bestimmen. (Heffron war so freundlich, mir derlei »Späße« zu ersparen.)

Doch bald zeigte sich, dass die Kalibrierung, der Heffron beiwohnte, kein Initiationsritus war. Für den Vorgang, der sich über den ganzen Tag hinzog, wurde ein Team von Wissenschaftlern benötigt, das aus regenbogenfarbiger Angelleine eine Art Nest herstellte und eine golfballgroße Kugel aus Wolframkarbid hineinlegte. Anschließend wurde die Kugel an einem Ausleger – einer stabilen, auf dem Schandeck montierten Winde – herabgelassen, bis sie einige Meter unter dem Echolot des Schiffes schwebte. Dann brauchte es mehrere Versuche, bis das Signal des Echolots von der Kugel zurückprallte und das Gerät exakt eingemessen werden konnte.

Im Jahr 2020 musste die NOAA die jährliche Überprüfung der Seelachsbestände in den Gewässern Alaskas wegen der Coronapandemie ausfallen lassen. Stattdessen mietete sie bei der Firma Saildrone drei Drohnen vom Typ Explorer, um eine allein auf Schall gestützte Prüfung vorzunehmen. Eine reguläre Prüfung per Schiff erfordert eine dreißig- bis vierzigköpfige Besatzung, die mitunter wochenlang auf See bleibt; nun genügten ein oder zwei Fachleute, die die Drohnen von Land aus steuerten. Brian Connon erzählte, dass das Echolot zum Aufspüren von Fischschwärmen, das die Drohnen an Bord haben, so mühsam kalibriert werden muss, wie Heffron beschrieben hatte, und auch auf der eigentlichen Messfahrt menschliche Arbeit benötigt wird, beispielsweise um Stichproben zu nehmen. Ist die Drohne aber erst einmal unterwegs, benötigt sie nichts zu essen, keine Pausen und auch keine Zwischenstopps in irgendwelchen Häfen, um Treibstoff oder Proviant zu bunkern. Die Pilotinnen und Piloten an Land können in Schichten arbeiten und so einen Betrieb rund um die Uhr gewährleisten. Dass so wenige Menschen benötigt werden, brachte mich auf die Frage, ob Hydrografen die Automatisierung der Vermessung deshalb skeptisch sehen, weil sie, wie die Angehörigen vieler anderer Berufe auch, um ihren Job fürchten.

Diese Frage war Connon vertraut, weil er sich mit ihr intensiv beschäftigt hatte. Seine Antwort aber lautete Nein. »Ich möchte erreichen, dass sich die Vermesser auf die Dinge konzentrieren können, die ohne sie nicht funktionieren, weil dafür das Eingreifen von Menschen notwendig ist. Den ganzen anderen Kram, der unendlich viel Zeit frisst, würde ich ihnen gern abnehmen«, so Connon. »Der Job ändert sich permanent. Ich habe das Standardtraining der IHO durchlaufen. Automaten, die dazulernen, und künstliche Intelligenz spielten darin keine Rolle.« Und so könnte auch die Art von Fehlerbehebung, die Heffron an Bord der *Nautilus* praktizierte, bald der Vergangenheit angehören.

Die Aussicht, dass Hydrografen aus Fleisch und Blut durch Drohnen und Algorithmen ersetzt werden, hat etwas Betrübliches an sich. So empfinde ich es jedenfalls, wie ich gern zugebe.[4] All die Handgriffe, die an Bord eines Schiffes anstehen, um eine Vermessungsfahrt durchführen zu können – gleich ob das Ruckeln an einem Stecker oder die Arbeit auf engstem Raum –, und der bloße Umstand, auf See zu sein, erschienen mir ungleich interessanter, als eine Drohne mithilfe einer App auf dem Smartphone zu steuern. Es waren die Hydrografen und Kartografen von Seabed 2030, die als Erstes meine Aufmerksamkeit erregt hatten. Die Karte des Meeresbodens, an der sie arbeiteten, hatte ich mir als eine Art Wandteppich vorgestellt, an dem Menschen aus aller Welt gemeinsam weben. Vielleicht bin ich eine Romantikerin, aber so werden Karten seit jeher erstellt. Eine Karte ist kein abgeschlossenes, eigenständiges Werk, sondern eine Zusammenstellung von dem, »was andere gesehen, herausgefunden oder entdeckt haben. Viele von ihnen leben noch, andere sind schon tot, aber das, was sie uns hinterlassen haben, liegt Schicht auf Schicht übereinander. Der Blick selbst auf die simpelste Karte führt daher weit in die Vergangenheit und deren kulturelle Errungenschaften zurück«, schreibt Denis Wood in seinem Buch *The Power of Maps*.[5] Mit dem Einzug der Technik würden nicht mehr Menschen hinausfahren und ihre Unwissenheit Schritt für Schritt durch Wissen ersetzen, sondern Roboter die

Arbeit erledigen. Und wer würde eine derart großartige Arbeit freiwillig aufgeben wollen?

Ein Argument für die Automatisierung ist, dass durch sie mehr Menschen Zugang zum Vermessen der Ozeane hätten. Historisch ist diese Arbeit weißen Männern aus den Staaten der sogenannten Ersten Welt vorbehalten. Dank der Bemühungen von Marie Tharp und ihren Kolleginnen fahren heute immer mehr Frauen zur See, aber in der Mehrheit sind auch sie weiß und stammen aus dem globalen Norden. Eine Drohne hingegen lässt sich von jedem und jeder und von überall auf der Welt steuern. Einzige Voraussetzung ist ein Internetanschluss. So könnte auch – um ein Beispiel zu geben – ein Gehörloser, der im Rollstuhl sitzt, einen Beitrag leisten. Und weil ein unbemanntes Wasserfahrzeug vergleichsweise billig ist, könnten Entwicklungsländer ihre Küstengewässer vermessen. Die Vermessung der Festlandsockel der Erde können sich nur reiche Länder leisten, weshalb sie es sind, die durch entsprechende Vorstöße bei der zuständigen UN-Kommission Grenzen zu ihren Gunsten verschieben.

Larry Mayer vom Zentrum für Küsten- und Tiefseekartierung (CCOM) der University of New Hampshire gab keinerlei Vorbehalte gegen die Vermessung des Meeresbodens durch Drohnen zu erkennen. »Hat jemand wie Sie, der Leute ausbildet, damit Vermessungen durchgeführt werden können, nicht die Befürchtung, dass die Technik die Menschen überflüssig macht?«

»Das Liebste wäre mir, die ganze Vermesserei wäre überflüssig«, antwortete er entschieden. In den vierzig Jahren, die sich Mayer mit der Vermessung der Meere befasst, hat er mehr als neunzig Forschungsreisen absolviert. Jeden Sommer fährt er mit dem US-amerikanischen Eisbrecher *Healy* durch die Nordwestpassage. Da wäre es verständlich, wenn er auf das Abenteuer nicht verzichten wollte, aber offenbar hat er für dieses Leben genug solcher Forschungsreisen gemacht. Monatelang auf See zu sein und stückchenweise Karten zusammenzutragen, hat ihn lange ausgefüllt, aber nun überwiegt der Wunsch, dass die Arbeit endlich abgeschlossen wäre und er sich wichtigeren Dingen zuwenden könnte. »Dass die Menschen überflüssig werden könnten, macht mir keine Angst«, meinte er. »Der Lohn ist, dass wir mehr und bessere Karten bekommen. Das ist der Ausgangspunkt, von dem aus es so viel zu tun gibt. Wir werden die Erde ein bisschen besser verstehen, und wir werden Geheimnissen auf die Spur kommen und Mittel und Wege finden, sie zu lösen.«

3.

Sofern Seabed 2030 einen Vorgänger hatte, dann war es die Internationale Weltkarte, nach dem Maßstab auch Millionth Map, Millionstelkarte, genannt. Ersonnen von Albrecht Penck, einem jungen Geografieprofessor an der Universität Wien, ist diese Karte der Versuch, die Landmassen der Erde in einem Kartenwerk darzustellen.[6] Und so verwunderlich es ist, dass wir über die Topografie des Mars mehr wissen als über den Meeresgrund auf Erden, so erstaunlich ist es, dass es im Jahr 1891 eine Karte, wie sie Penck vorschwebte, noch nicht gab. Gegen Ende des 19. Jahrhunderts standen die Mittel, die zur Vermessung erforderlich waren, schon seit mehr als hundert Jahren zur Verfügung. 1789 wurde in Frankreich die erste topografische Vermessung eines Landes abgeschlossen.[7] Mehrere Jahrzehnte waren darüber vergangen, und mehrere Generationen der Familie Cassini hatten ihr Können als Kartografen einbringen müssen.[8] Im Jahr 1815 publizierte William Smith die erste geologische Karte von Großbritannien. Die unterschiedlichen Gesteinsschichten hatte er noch per Hand eingezeichnet – auch das eine Neuerung und obendrein eine überaus schön anzuschauende. Fünfzehn Jahre später wurde in London die Geografische Gesellschaft – die heute unter dem Namen Königliche Geografische Gesellschaft firmiert – mit der erklärten Absicht gegründet, die Welt nach wissenschaftlichen Kriterien zu kartieren.

Diese Entwicklungen stehen zugleich für den Höhepunkt des Imperialismus. Die Kolonialmächte waren bestrebt, ihre Besitztümer auf offizielle Karten zu bannen. Gebiete, die nicht dazugehörten, interessierten sie nicht. Davon betroffen waren vor allem abgelegene und schwer zugängliche Regionen, deren Kartierung als zu teuer oder zu aufwendig galt. Die Folge war, dass zentrale geografische Fragen unbeantwortet blieben: Wo war die Quelle des Nils? Wie hoch war der Mount Everest? War die Antarktis der siebte Kontinent oder nur ein großer Klumpen Eis? »Noch im Jahr 1885 war Schätzungen zufolge weniger als ein Neuntel der Erdoberfläche vermessen«, schrieb der Historiker Lloyd Brown. »Aus Desinteresse und Scheu vor den horrenden Kosten hatten viele Länder nicht einmal von ihrem eigenen Staatsgebiet verlässliche Karten.«[9]

1891 reiste Albrecht Penck in die Schweizer Alpen, um auf dem Fünften Internationalen Geografischen Kongress in Bern sein Projekt vorzustellen. Er pries es als »eine gemeinsame Karte für eine gemeinsame Menschheit« – eine Formulierung, die an den Anspruch erinnert, mit dem Seabed 2030 mehr als ein Jahrhundert später sein eigenes Vorhaben der Öffentlichkeit vorstellte.[10] Penck erhielt von seinen Kollegen begeisterten Applaus, und manch einer fragte sich insgeheim, warum er nicht selbst auf die Idee gekommen war, die Welt auf Karten im Maßstab von eins zu einer Million zu bannen.

Die riesigen Lücken in der Vermessung waren nicht das einzige Problem, dem sich das Projekt Internationale Weltkarte gegenübersah. Eine weitere Hürde war die erforderliche Einigung auf Symbole, Farben, Sprache, Maßeinheiten und Lage der Längenkreise, die den Globus umspannen. Die beiden zuletzt genannten Punkte – die Maßeinheiten und die Längenkreise – waren nicht nur technische Fragen, sondern zugleich Fragen des Prestiges. Die Briten hatten den Nullmeridian so gelegt, dass er durch Greenwich verlief, zudem nutzten sie ihre eigenes, Imperial Standard genanntes Maßsystem. Die Franzosen verwendeten das metrische System und legten den Nullmeridian durch Paris. Andere Länder wollten dahinter nicht zurückstehen und führten eigene Systeme ein. »Die Motive waren in den meisten Fällen in politischen Eifersüchteleien, übertriebenem Patriotismus oder großer Naivität zu suchen«, so Brown. Der einzige neutrale Bereich auf dem Globus war das Meer, aber natürlich war es nicht möglich, auf hoher See ein Observatorium zu bauen und zu betreiben.[11] Das Festhalten an nationalen Regeln und Standards in einer Zeit, in der nationalistische Tendenzen offen zutage traten, legte eine Spur, die bis zur Katastrophe des Ersten Weltkrieges führt, der schon bald über Europa hereinbrechen sollte.

1904, dreizehn Jahre nach dem ersten Auftritt in Bern, setzte Penck das Thema Internationale Weltkarte erneut auf die Tagesordnung.[12] Auf dem Achten Internationalen Geografischen Kongress, der in Washington abgehalten wurde, präsentierte er dem Auditorium drei Karten, die er gemäß dem von ihm bevorzugten Standard gezeichnet hatte. Diese Probeblätter überzeugten die Anwesenden restlos, was dem Projekt Millionstelkarte enormen Auftrieb, aber nur wenig Tempo verlieh. Immerhin einigte man sich darauf, für die Beschriftung das lateinische Alphabet zu verwenden, und Greenwich wurde als Bezugsgröße für die Längenkreise bestätigt – für die Franzosen eine niederschmetternde Entscheidung, weil sie gezwungen waren, dreitausend Karten, die bis ins Jahr 1720 – das Gründungsjahr des ersten hydrografischen Instituts – zurückreichten, neu zu gravieren und zu drucken.[13] Die Briten verloren dafür die Schlacht um die Maßeinheiten, und auch der Maßstab wurde nach dem metrischen System festgesetzt.

Ein Jahrzehnt später, im Jahr 1913, versammelten sich die Delegierten aus fünfunddreißig Ländern in Paris und beschlossen einen ganzen Kanon an Regeln für die Internationale Weltkarte.[14] Zwanzig Jahre hatte Penck warten müssen, bis der Zeitpunkt gekommen war, an dem die eigentliche Arbeit beginnen konnte. Auf dem Gelände des Ordnance Survey im englischen Southampton wurde eine Geschäftsstelle eröffnet. (Der Zufall will es, dass das National Oceanography Centre, in dem Helen Snaith und ihr Team die Daten für Seabed 2030 entgegennehmen, nur wenige Kilometer entfernt ist.) Einen Moment lang sah es so aus, als könnte Pencks Traum in Erfüllung gehen.

Sechs Monate später löste sich in Sarajewo ein junger Serbe aus einer Menschenmenge, hob eine Pistole und erschoss Erzherzog Franz Ferdinand, einen Neffen des Kaisers von Österreich-Ungarn, und dessen Frau Sophie. Das Attentat entfachte den Ersten Weltkrieg, der in den kommenden Jahren viele Millionen Menschen das Leben kostete. Die Weltkarte und die dafür erforderliche Einigung der beteiligten Staaten rückten dadurch weit in den Hintergrund. Karten dienten der Kriegsführung, nicht der Völkerverständigung. Das Büro in Southampton schloss seine Tore. Als es nach Kriegsende wieder in Betrieb genommen wurde, kam die Internationale Weltkarte nur sehr schwer auf die Beine.

Im Laufe des 20. Jahrhunderts gab es immer wieder mal Versuche, das Projekt wiederzubeleben, gefolgt von langen Phasen des Stockens oder gar des Stillstands. Albrecht Penck starb kurz vor dem Ende des Zweiten Weltkrieges in Prag, doch sein Traum von einer Weltkarte lebte weiter. Die Vollendung scheiterte aber letztlich daran, dass eine andere Karte eher fertig war. Nach dem Zweiten Weltkrieg wurden große Anstrengungen unternommen, die Erde aus der Luft zu vermessen. Waren es in den 1940er-Jahren noch Luftaufnahmen von Afrika und Südamerika, die in kurzer Zeit entstanden[15], wurden sie bald von Radarbildern abgelöst, mit denen in den 1970er-Jahren zum ersten Mal das gesamte Amazonasbecken vermessen werden konnte.[16] Der Aufschwung der Flugreisen erzwang schon aus ökonomischen Gründen die Erstellung von Karten der Landmassen in kürzester Zeit. Die Luftfahrtindustrie musste sicherstellen, dass Piloten und Passagiere nicht gegen einen Berg flogen. 1989 wurde das Projekt Millionstelkarte still und heimlich beerdigt, nachdem ein Bericht der UNESCO die Empfehlung ausgesprochen hatte, die finanzielle Unterstützung einzustellen, weil sich die meisten der ursprünglich beteiligten Länder aus dem Projekt zurückgezogen hatten. Abgelöst wurde es durch die World Aeronautical Chart oder Weltflugkarte, die erste vollständige und kontinuierlich aktualisierte Karte aller Landmassen der Erde.

Wenig verwunderlich, erwies sich die Industrie wieder mal als schneller denn Wissenschaftler oder Regierungen. Dennoch bleibt die Frage, warum aus der Internationalen Weltkarte nie etwas geworden ist. Das Vorhaben war fraglos ehrgeiziger und beeindruckender als die Weltflugkarte – gescheitert ist es gleichwohl. »In der Geschichte der Internationalen Weltkarte wiederholt sich die Geschichte der Kartografie mit all ihren Konsequenzen. Sie ist ein Zeugnis für die angeborene Scheu des Menschen vor Veränderungen und seinen Unwillen, sich mit Dingen zu befassen, die jenseits seines Gartenzauns liegen«, schrieb der Historiker Lloyd Brown 1949 verbittert, als das Projekt Internationale Weltkarte wieder einmal zum Stillstand gekommen war.[17]

Seabed 2030 und die Millionstelkarte haben manche Gemeinsamkeit. Beide sind in politisch aufgeladenen Zeiten entstanden: die Internationale Weltkarte in der Blütezeit des Nationalismus zu Beginn des 20. Jahrhunderts, Seabed 2030 während des Aufstiegs von Populismus und anderen Bedrohungen der Demokratie, wie wir sie zu Beginn des 21. Jahrhunderts erleben. Beide Projekte verfolgen das Ziel, Brücken zwischen Nationen zu schlagen und zum Verständnis der Erde beizutragen. Die Millionstelkarte ist nicht gescheitert, weil das Ziel zu hochgesteckt war, sondern weil sich nicht genügend Menschen dafür interessiert haben.

4.

Wenn autonome Vermessungstechnik die einzige Möglichkeit ist, Seabed 2030 fristgerecht zu einem Abschluss zu bringen, dann sollte Richard Jenkins von Saildrone die entscheidende Frage beantworten können: Kann eine Drohne jene Karte vollenden, die sich Prinz Albert I. von Monaco vor mehr als hundert Jahren erträumte? Jenkins hat ein paar überschlagsmäßige Berechnungen angestellt. »Mit zwanzig Drohnen vom Typ Surveyor lässt sich die Erde in 9,6 Jahren vermessen«, erklärte er mir. Das war im Jahr 2021, als die Frist schon bedrohlich weit abgelaufen war – zumal angesichts der Tatsache, dass es so viele Surveyors gar nicht gab. Es gab einen. Auf dem Papier also war Seabed 2030 noch zu retten. In der Praxis schien das eher zweifelhaft zu sein.

Auch zu der Frage, ob Seabed 2030 ohne Einsatz von Drohnen zu retten wäre, hatte sich Jenkins Gedanken gemacht. »Das ist definitiv ausgeschlossen. Unmöglich. Es wäre viel zu teuer und würde viel zu lange dauern. Auf der ganzen Welt gibt es nicht genügend Schiffe, die man dafür nutzen könnte. Also vergessen wir es«, sagte er unmissverständlich, um einen kleinen Rückzieher zu machen: »Ich habe großen Respekt für die Energie und die Motivation, mit der Seabed 2030 betrieben wird. ... Wir haben viele Millionen investiert, um Mittel und Wege zu finden, Seabed 2030 zu retten. Und es ist auch nicht so, dass ich nicht an das Projekt glaubte. Aber ein Erfolg kann es nur werden, wenn wir autonome Technik einsetzen. Vielleicht sollten wir realistisch sein und das Ganze Seabed 2090 nennen.«

Dass das Jahr 2030 als Ziel ausgewählt wurde, ist eher dem Zufall als sachlicher Erwägung geschuldet. Sollte das Ziel verfehlt werden, wird weder eine Strafe verhängt noch eine Gebühr fällig. Der einzige Preis, den wir zahlen müssten, wäre, dass uns viele Entdeckungen vorenthalten blieben. Die Landmassen der Erde zu vermessen, hat fast ein Jahrhundert gedauert, und die spektakulären Entdeckungen, die wir dabei gemacht haben, waren die Mühe mehr als wert. Zudem wurden wichtige Fragen beantwortet: Die Antarktis ist keine Insel und auch kein Klumpen Eis, sondern tatsächlich ein Kontinent. Die Quelle des Nils ist vermutlich der Viktoriasee, auch wenn einige Nebenflüsse sich immer mal wieder ins Gespräch bringen.

Und dann wären da noch jene Entdeckungen, die wir noch vor nicht allzu langer Zeit für unmöglich gehalten hätten. 1976 hat ein Satellit in der kanadischen Arktis eine 200 Kilometer lange Insel entdeckt, die heute den Namen des Satelliten trägt: Landsat.[18] Ein Jahr darauf wurde bei einer Vermessung aus der Luft im Regenwald von Guatemala ein Kanalsystem entdeckt, das als ältestes Zeugnis dafür gilt, dass die Maya lange vor der Ankunft der ersten Europäer ein ausgeklügeltes Bewässerungssystem für die Landwirtschaft besaßen.[19] Legt man allein die Größe der Fläche zugrunde, ist Seabed 2030 ungleich ambitionierter als die Internationale Weltkarte. Es ist unmöglich zu sagen, welche Entdeckungen uns erwarten, wenn wir die versunkene Hälfte des Erdballs vermessen. Was entgeht uns also, wenn es uns nicht gelingt, Seabed 2030 abzuschließen? Um das herauszufinden, reiste ich nach Florida.

Kapitel 9

BEGRABENE GESCHICHTE

1.

In all den Jahren, die ich an diesem Buch geschrieben habe, habe ich eine Liste mit Entdeckungen und Phänomenen auf dem Meeresgrund erstellt. Schnell wurde sie so umfangreich, dass ich mich auf ein paar besonders beeindruckende Punkte beschränken musste:

2017 konnte ein internationales Forscherteam erstmals den in den größten Tiefen lebenden Fisch beschreiben. Der *Pseudoliparis swirei* lebt in bis zu 8000 Meter Tiefe im Marianengraben.[1]

Im Jahr 2018 entdeckte die *Nautilus* etwa drei Kilometer vor der Küste Kaliforniens eine heiße Unterwasserquelle, in der tausend weibliche Tintenfische lebten, die dort längliche weiße Eier ausbrüteten.

2020 stießen der australische Meeresgeologe Robin Beaman und sein Team an Bord der *Falkor*, eines Forschungsschiffs des Schmidt Ocean Institute, im Great Barrier Reef auf ein Korallenriff, das höher ist als das Empire State Building.

Im Jahr 2021 landete eine Gruppe von Wissenschaftlern auf einer bis dahin unbekannten Insel im Arktischen Ozean, bei der es sich um die am nördlichsten gelegene Landmasse der Erde handelt.[2]

2021 entdeckten Wissenschaftler des Alfred Wegener Instituts an Bord des Eisbrechers *Polarstern* in 300 Meter Tiefe auf dem Grund des antarktischen Weddellmeeres eine gigantisch große Ansammlung von Eisfischen mit etwa 60 Millionen aktiven Nestern, die sich über 240 Quadratkilometer erstreckten.

Im Jahr 2022 entdeckte ein internationales Forscherteam in der Antarktis den letzten Ruheplatz der *Endurance*, des Schiffes des legendären Entdeckers Ernest Shackleton.[3]

Ebenfalls 2022 fand eine Gruppe von Hydrografen, die mit der UNESCO zusammenarbeitete, vor Tahiti ein gänzlich intaktes Tiefsee-Korallenriff.[4]

Das nach meinem Dafürhalten Faszinierendste an dieser Liste ist, dass sich die meisten dieser Funde dem Zufall verdanken. Ein Beispiel: Was ihnen gelungen war, begriffen die Wissenschaftler und Wissenschaftlerinnen, die die nördlichste Insel entdeckten, erst Monate später beim Blick auf die Karte. Warum die Insel dort noch nicht eingezeichnet war, wusste niemand zu sagen. Vielleicht hatte sie unter Packeis gelegen oder war erst durch Stürme oder als sogenannter Presseisrücken, bei dem Meereseis den Meeresboden abträgt, an die Oberfläche gehoben worden.

Derlei Dinge, die regellos und nicht vorhersehbar sind, passieren in der Meereskunde allenthalben. Sie gehört zu den wenigen Disziplinen, in denen bahnbrechende Entdeckungen nicht nur möglich, sondern sogar wahrscheinlich sind. »Die nächste Generation, also jene angehenden Wissenschaftlerinnen und Wissenschaftler, die jetzt noch zur Schule gehen, wird mehr über die Erde herausfinden als alle vorhergehenden Generationen zusammen«, sagte Bob Ballard. »Sie wird die Geheimnisse aus zwei oder drei Millionen Jahren Menschheitsgeschichte lüften, die in der Tiefsee verborgen sind.«

Einer vorsichtigen Schätzung der Vereinten Nationen zufolge liegen drei Millionen unentdeckte Schiffswracks auf dem Meeresgrund. Jedes Jahr kommen neue hinzu, aber nur etwa ein Prozent dieser Wracks ist bekannt oder gar erforscht. Im Zuge der Suche nach dem vermissten Flug Malaysia Airlines 370, für die fast 300 000 Quadratkilometer des Indischen Ozeans abgesucht wurden, wurden zwei Wracks aus dem 19. Jahrhundert entdeckt – wieder einmal rein zufällig.[5]

Schiffswracks sind nur ein Kapitel der Geschichte der Menschheit, in das wir Einblick erhalten, sollte Seabed 2030 tatsächlich eine vollständige Karte des Meeresbodens zustande bringen. Im weitaus größten Teil dieser Geschichte hat es auf der Erde mehr Festland gegeben als heute. Die Gletscher der letzten Eiszeit haben vor etwa 20 000 Jahren ihre größte Ausbreitung erreicht (weshalb dieser klimageschichtliche Abschnitt Letzteiszeitliches Maximum genannt wird), danach setzte das Schmelzen ein. So gelangte Frischwasser in die Ozeane, die Meeresspiegel stiegen, die Kontinentalschelfe, die Grenzen der Kontinente verschoben sich. Geschätzt fünfzehn Millionen Quadratkilometer Küstengebiet – eine Fläche so groß wie Südamerika – lagen fortan unter Wasser.[6] Je nach Topografie büßten manche Regionen mehr Land ein als andere. Europa verlor etwa vierzig Prozent seiner Fläche, was eine Erklärung dafür sein mag, dass Dänemark in Sachen Unterwasserarchäologie weltweit zu den führenden Nationen gehört.[7] Was wir heute Florida nennen, ist nur noch ein kleiner Rest dessen, was es einst war. Seit der letzten Eiszeit hat Florida die Hälfte seiner Fläche eingebüßt.

In den weitläufigen Moor- und Sumpfgebieten Floridas werden

immer wieder urzeitliche Bestattungsplätze entdeckt. So 1982, als Bauarbeiter in einem Teich unweit von Cape Canaveral Moorleichen fanden, die die Archäologen zu einem mehrere Tausend Jahre alten Friedhof führten. Weil sie im Moor unter Luftabschluss lagen, waren mehr als die Hälfte der insgesamt 168 Leichen so gut erhalten, dass in den Schädeln Reste der Hirnmasse gefunden wurden. 2016 fand ein Taucher unweit von Venice in Florida auf dem Meeresgrund einen menschlichen Kieferknochen. Untersuchungen führten zu einem 7200 Jahre alten Friedhof, der 300 Meter vom Ufer entfernt war.[8] Manasota Key Offshore, wie die Fundstelle heißt, ist die erste vollständig unter Wasser liegende Grabanlage aus der Zeit vor der Ankunft der Europäer, die je in Amerika gefunden wurde, und sie gehört zu den wenigen, die bis heute weltweit bekannt sind. Die Entdeckung verhalf Floridas Unterwasserarchäologie zu großem Ansehen.

Archäologen befassen sich seit jeher bevorzugt mit Fundstätten an Land, nicht zuletzt, weil sie besser zu erreichen und leichter zu erkunden sind. »Einer der großen Irrtümer der traditionellen Archäologie liegt in der Überzeugung, dass mit dem Ansteigen der Meeresspiegel alles ausgelöscht wurde, was sich dort befand«, meinte Shawn Joy, ein Archäologe aus Florida, der sich auf die Meeresarchäologie spezialisiert hat und im Golf von Mexiko Fundstellen aus der Zeit vor der Einwanderung der Europäer untersucht. Joy gehört einer Generation von Archäologen an, die mit technischen Hilfsmitteln, wie sie auch Hydrografen verwenden, den Meeresgrund absuchen und selbst hinuntertauchen.

Als ich Joy und seinen Mitstreiter Morgan Smith, der an der Universität von Tennessee in Chattanooga lehrt, im Sommer 2021 traf, hatten sie gerade Teile der Apalachee Bay im Golf von Mexiko kartiert. Allein dort hatten sie zwei Dutzend mögliche Fundstellen aus der späten Archaischen Periode ausgemacht, die immerhin zwischen 5000 und 2500 Jahre zurückliegt.

Ein Schiffswrack aufzuspüren, ist relativ unkompliziert, meinen sie. Aber auf dem versunkenen Kontinentalschelf vor der Küste Floridas Zeugnisse aus grauer Vorzeit finden? Das ist in etwa so schwierig, wie es klingt. Der Fund von Manasota Key Offshore verlieh dieser Herausforderung neue Aufmerksamkeit, aber Smith und Joy haben noch immer Mühe, den Menschen zu erklären, wie viele Zeugnisse unserer Geschichte auf dem Kontinentalschelf vergraben liegen. Heute leben etwa vierzig Prozent der Weltbevölkerung nicht weiter als hundert Kilometer von der Küste entfernt. In Florida sind es gar doppelt so viele, nämlich 76 Prozent beziehungsweise circa fünfzehn Millionen Menschen. Schon immer hat es die Menschen zum Wasser gezogen, gleich, ob es Flüsse, Karstlöcher oder die Küste waren. »Verpflanzt man die Menschen an die Küste, blüht das Leben auf. So haben sich die Jagd, Gesellschaften, Kunst und Kultur entwickelt«, sagte Joy achselzuckend. »Verpflanzt man sie ins Binnenland, dann wissen sie nicht, wie sie ihr Leben fristen sollen.« Wenn auch nur ein Bruchteil der Menschen, die damals Florida bevölkerten, so gern am Wasser lebte, wie es die Menschen heute tun, dann wartet auf dem Meeresgrund vor der Küste eine ganze Welt darauf, von uns entdeckt zu werden. Und je weiter man hinaus aufs Meer geht, desto tiefer dringt man in die Geschichte ein.

Über die frühe Bevölkerung Floridas wissen wir nur wenig, aber wir wissen, dass, als die letzten Gletscher schmolzen, Wasser in den Golf von Mexiko gelaufen und der Meeresspiegel so stark angestiegen ist, dass die Menschen sich weiter ins Landesinnere zurückziehen mussten. Heute, Tausende von Jahren später, steigt der Meeresspiegel aufgrund des menschengemachten Klimawandels erneut, weltweit müssen mehr als 400 Millionen Menschen um ihre Lebensgrundlage fürchten. Umso dringender ist es, dass wir uns mit der versunkenen Geschichte Floridas und anderer Regionen auf der Erde befassen. Was ist aus den Menschen geworden, die einst dort lebten, wo heute Meeresgrund ist? Was können wir von ihnen über das Leben in einer Welt lernen, die versinkt? »Sogar Menschen, die den Klimawandel ernst nehmen und als Grund für steigende Meeresspiegel anerkennen, fällt es schwer umzudenken«, erklärte Morgan Smith während meines Besuchs in Florida. »Das alles war mal Festland«, sagte er und zeigte auf die Apalachee Bay. »Man stelle sich vor, das wäre es noch heute.«

2.

Ein X markierte unser Ziel, das wir fast erreicht hatten.

Am frühen Morgen ging eine Gruppe von Meeresarchäologen in St. Marks, Florida, an Bord eines Pontonbootes, um auf den Golf von Mexiko hinauszufahren. Während die Sonne aufging und sich der Frühnebel lichtete, folgte das Boot dem gewundenen Verlauf des Flusses durch die Mangroven. Alligatorenaugen zogen sich ins trübe Wasser zurück, wenn das Tuckern des Bootes zu nahe kam, Reiher ergriffen geräuschvoll die Flucht. Zur Rechten passierten wir das Fort San Marcos de Apalache, das die Spanier im 17. Jahrhundert am Zusammenfluss von St. Marks River und Wakulla errichtet hatten. Das Fort brannte nieder, wurde wieder aufgebaut, von Piraten geplündert, von Briten besetzt, von den Spaniern zurückerobert und schließlich unter Andrew Jackson, dem siebten Präsidenten der USA, verstaatlicht. Einst eine eindrucksvolle Festung, war das Fort durch Hurrikans und den Lauf der Geschichte zu einer überwucherten Ansammlung von Mauerresten im Morast verkommen. Heute ragen hier und da hochgewachsene Kiefern und Sumpfzypressen auf. Das hier ist das wahre Florida, finden zumindest die Einheimischen. Den Glanz und Glitzer von Miami sucht man hier vergeblich, dafür stößt man an jeder Ecke auf eine lange und ereignisreiche Geschichte.

Hoch über uns vermeldete ein strahlend weißer Leuchtturm unsere Ankunft auf der Apalachee Bay. Kein Lüftchen wehte, kein Kräuseln zeigte sich auf der Wasseroberfläche. Vor zwei Wochen waren Joy und Smith mit Joys Segelboot schon einmal hier draußen gewesen, um die Bucht mit einem Sedimentecholot abzutasten, einem Gerät, dessen Quaken mir von der *Nautilus* vertraut war. »Rasen mähen« nennen sie diese Arbeit, bei der sie ein definiertes Seegebiet systematisch abfahren, um auf dem Meeresboden nach archäologischen Fundstellen zu suchen. Achtzehn Mal war die Arbeit von Erfolg gekrönt, und für jede dieser Stellen blinkte auf dem Bildschirm von Joys GPS-Gerät ein Punkt. In den kommenden Tagen wollten wir zu jedem dieser Punkte hinabtauchen.

»Noch 25 Meter«, rief Joy, der am Ruder stand. Wir waren etwa drei Kilometer weit hinausgefahren und näherten uns der ersten Fundstelle, als Joy den Motor abstellte. In der einsetzenden Stille glitt das Boot noch einen Moment lang lautlos durchs Wasser. Ich schaute über das Schandeck in das seichte grüne Wasser. Die Sonnenstrahlen drangen bis zu den wogenden Seegraswiesen vor, den großen Korallenstümpfen und geriffelten Sanddünen, auf denen weiße Jakobsmuscheln prangten.

»Noch zehn Meter«, meldete sich Joy mit dem Blick auf das neongrüne Display des GPS-Geräts.

»Auf welcher Seite?«, fragte Smith aufgeregt. Er stand am Bug und bereitete sich darauf vor, den Anker fallen zu lassen, sobald Joy ihm das Kommando dazu gab.

»An Backbord«, erwiderte der. Smith ging auf die besagte Seite des Bootes. Alle an Bord – Smith, Joy, eine Hobbytaucherin namens Ximena und ich – schauten angestrengt ins Wasser und suchten nach Anzeichen, die von der Fundstelle kündeten. Sand, Seegras, Korallen: Es sah genauso aus wie an allen anderen Stellen, die wir bislang passiert hatten.

Auf die Stelle aufmerksam gemacht hatte uns ein eigentümlich geformter Schatten auf dem Bild eines Sedimentecholots. Wie der Name andeutet, dringen diese Geräte in die oberen Schichten des Meeresbodens ein. Die Bilder, die dabei entstehen, erinnern ein wenig an eine Schichttorte, wobei jede Ebene für eine bestimmte Sedimentschicht steht. Hydrografen verwenden derlei Geräte, um Unterseekabel aufzuspüren oder auf dem Meeresboden Stellen ausfindig zu machen, auf denen Brücken errichtet werden können. Warum sollte man ein solches Gerät nicht dafür verwenden, im Meer nach antiken Hinterlassenschaften zu suchen? Auf diesen Gedanken sind Archäologen schon früher gekommen, wenn auch mit wenig Erfolg. 1982 ging der dänische Bassist Hugo Rasmussen mit steinzeitlichen Keilen und Klingen in ein Studio von Bang & Olufsen und unterzog sie einer ganzen Serie von Experimenten. Dabei stellte sich heraus, dass jedes dieser Artefakte einen eigenen Ton hervorbrachte, sobald es bestimmten Schallfrequenzen ausgesetzt wurde. Fachleute zogen daraus den Schluss, dass es möglich sein müsse, unter Wasser gelegene archäologische Fundstellen mithilfe von Schall aufzuspüren. Nur wie sie es anstellen sollten, war ihnen nicht klar.[9]

Im Jahr 2014 taten sich Archäologen und Geophysiker aus Israel und Skandinavien zusammen, um herauszufinden, ob ein Sedimentecholot das Mittel der Wahl wäre. Sie setzten es an zwei Stellen ein, die als Fundstellen verbrieft waren, und entdeckten auf den Aufnahmen eigentümlich geformte Umrisse. Sie schienen im Wasser zu schweben, waren oben dick und liefen unten konisch zu. Ein bisschen erinnerten sie an Heuhaufen, und so nannten die Forscher sie auch. Und weil sich diese Heuhaufen nicht von der Stelle bewegten, war eine Verwechslung mit einem Fischschwarm ausgeschlossen. Zudem lagen sie unmittelbar über steinernen Relikten, die im Meeresboden vergraben waren. Damit war erwiesen, dass Sedimentecholote unterseeische Fundstellen aufspüren konnten, aber noch hofften die Fachleute, Hinweise auf solche Stellen nicht nur im Wasser, sondern direkt auf dem Meeresgrund ausmachen zu können.

In Filmen aus Hollywood begegnen uns die Menschen der Steinzeit als grunzende, wilde Höhlenbewohner. Die Werkzeuge, die sie geschaffen haben, erzählen etwas ganz anderes. Ihr Wissen über Gestein war umfassend, und das Material für Pfeilspitzen und Messer wählten sie anhand des Klanges aus, das es machte, wenn man darauf klopfte. An dem Klang konnten sie erkennen, ob der Stein Risse oder andere Schwachstellen hatte oder nicht. War der Stein fehlerfrei, versprach er eine lange Einsatzzeit. Für die akustische Qualität eines Steins interessieren sich Tausende Jahre später auch die Meeresarchäologen. Hier in Florida nutzen Smith und Joy die nach der englischen Bezeichnung Human-Altered Lithic Detection HALD genannte Technologie, um im nordöstlichen Teil des Golfs von Mexiko antike Stätten aufzuspüren.

»Lass den Anker fallen!«, rief Joy. Smith tat, wie ihm geheißen. Klatschend fiel der Anker ins Wasser und versank. Kurz darauf kam das Boot zum Stillstand. Smith, der noch immer sein Khakihemd und kurze Hosen trug, sprang umgehend ins Wasser. Das Geräusch riss mich aus meiner morgendlichen Benommenheit. Na klar, wir waren nicht zum Vergnügen hier. Wir wollten tauchen.

Smith schwamm derweil rund um das Boot und suchte durch die Taucherbrille den Boden ab. »Wer sagt's denn!«, rief er und steckte den Kopf aus dem Wasser, die Stirn hinter triefenden Haaren verborgen. »Da unten liegt jede Menge.« Augenblicklich ging er wieder auf Tauchstation, wobei die Flossen an seinen Füßen kurz zum Himmel zeigten, bis auch sie Richtung Meeresgrund verschwanden. Kurz darauf tauchte Smith wieder auf, in seinen Händen hielt er einen kleinen Gegenstand. Nachdem er die Taucherbrille abgenommen hatte, machte er sich daran, seinen Fund näher zu untersuchen.

»Was ist das?«, erkundigte ich mich und beugte mich weit über die Bordwand.

Es war ein sogenannter Hornstein, etwas, was in den prähistorischen Gesellschaften überall auf der Welt von großem Wert war. Dieser Hornstein wurde je nach Bedarf behauen und so zu einer Vielzahl von Dingen des täglichen Bedarfs geformt, von Klingen über Spachtel bis hin zu Messern. Der Hornstein, den Smith in Händen hielt, war gewissermaßen der Rest eines solchen Werkzeuges. Smith kam auf mich zugeschwommen und übergab mir seinen Fund – den ersten des Tages. Der pechschwarze Stein glich in Größe und Form einem Tortilla Chip. Auf der einen Seite war er knapp drei Zentimeter dick und verjüngte sich dann zu einer flachen, dreieckigen Spitze, die so dünn war, dass man im Licht der grellen Sonne Floridas fast hindurchsehen konnte.

Bevor Smith des Weges kam, hatte den Stein seit mehr als dreitausend Jahren niemand mehr angefasst. Dieser Gedanke ließ mich erschaudern. In etwas »die oder der Erste« zu sein, hat etwas Magisches: etwas zu sehen, zu berühren, zu tun, was zuvor noch nie jemand gesehen, berührt, gemacht hat. So musste sich Victor Vescovo gefühlt haben, als er als erster Mensch in den Puerto-Rico-Graben hinabtauchte. Nicht die öde Landschaft am tiefsten Punkt des Atlantiks begeisterte ihn, sondern die Gewissheit, dass er als Erster dort war. Dieser Antrieb steht hinter so vielen Entdeckungen und so vielen Einträgen in unseren Karten. Natürlich schwingt hinter dem Anspruch, der Erste gewesen zu sein, etwas Besitzergreifendes mit. Dass unberührte Gebiete und Landschaften mitunter »jungfräulich« genannt werden, ist ein schmerzliches Zeugnis dafür.

Natürlich fühlte ich mich nicht wie Howard Carter, der in das Grab Tutanchamuns geblickt hatte. Ich hielt einen Stein in Händen, der für den Laien so aussah, wie ein Stein nun einmal aussieht. Woher sollte ich wissen, dass dieser Stein von einem Jäger stammte, der ihn vor dreitausend Jahren aus einem Felsen herausgelöst hatte? »Hertz'sches Kraftgesetz«, sagte Smith lapidar. Er hielt sich an der Leiter am Heck des Bootes fest. Wird ein Stein getroffen, verhält er sich auf eine bestimmte Weise, »wie eine Kugel, die eine Glasscheibe durchschlägt«. Er nahm mir den Stein ab und ließ einen Finger über die gerade und scharfe Seite gleiten. »Mit der flachen Seite wurde auf das Objekt geschlagen. Und hier«, ergänzte er und zeigte auf die dickere Seite des Steins, »kannst du fühlen, dass der Stein sich weitet, bauchiger wird. Das passiert nur, wenn er von etwas sehr Hartem getroffen wird.«

Sowohl Smith als auch Joy sind in Geoarchäologie bewandert und verwenden geologische Methoden, um zu ermitteln, wie eine Fundstelle aufgebaut ist, wann sie verlassen und warum ein Artefakt hinterlassen wurde. Dieser erweiterte Zugang zur Ozeanografie und zur Meeresgeologie ist wichtig, um Zweifler von der Wichtigkeit der Unterwasserarchäologie zu überzeugen. Manche Küstenlinie setzt genügend Energie frei, um sogenannte Geofakte hervorzubringen, Steinkeile, die wie vom Menschen gemacht aussehen, aber auf natürlichem Wege entstanden sind.[10] In Kalifornien lassen unvermittelte Platzregen ausgetrocknete Flüsse anschwellen und mit einer solchen Energie überlaufen, dass derartige Geofakte entstehen. Archäologen, die auf der Calico Early Man Site beschäftigt waren, einer Ausgrabungsstätte in der Mojave-Wüste, haben behauptet, steinerne Artefakte gefunden zu haben, die mindestens 50 000 Jahre alt waren. Die These wurde später jedoch angezweifelt, weil die fraglichen Steine in den Ablagerungen eines einst schnell fließenden Flusses gefunden wurden.[11] Hier im Golf von Mexiko stellt sich die Lage anders dar, erklärte mir Smith. Hier fließt das Wasser viel zu träge, als dass sich Geofakte bilden könnten.

Was ist mit Hurrikans?, wollte ich wissen. Entwickelt ein Wirbelsturm der Kategorie fünf nicht genügend Kraft, um einen Stein aus einem Felsen zu sprengen? »Wenn ein Hurrikan durchzieht, ist hier draußen die Hölle los«, mischte sich Joy vom Ruder aus ein. Als im Jahr 2018 mit dem Hurrikan Michael zum bislang letzten Mal ein Wirbelsturm über die Region rund um die Apalachee Bay hinwegfegte, riss er Bäume und Strommasten heraus, zerstörte Straßen und flutete Häuser. Interessanterweise blieb der Grund der Apalachee Bay nahezu unberührt. Joy erzählte mir von einem archäologischen Fundort, wo er bei einem Tauchgang zwei Steinkeile gefunden hatte, die perfekt ineinanderpassten, was im Umkehrschluss bedeutete, dass sie einst voneinander getrennt worden waren. Joy hatte die beiden Steine nebeneinander auf den Meeresgrund gestellt, exakt dort, wo er sie gefunden hatte. Als er ungefähr ein Jahr später zurückkam, hatten sie ihre Position nicht verändert. »Wir versuchen Skeptikern die Zweifel an dem zu nehmen, was wir tun, indem wir ihnen klarmachen, dass das, was wir vorfinden, ein intaktes Bild der Vergangenheit ist«, sagte Joy. »Die Dinge, die dort unten liegen, haben sich quasi nicht von der Stelle gerührt, seit der Meeresspiegel angestiegen ist.«

Fassen wir zusammen: Den Stein, den ich in Händen hielt, hatten Menschen geformt. In der Apalachee Bay befand sich einst ein Steinbruch, in dem Menschen gelebt und gearbeitet haben. »Findet man den Steinbruch, hat man einen Fixpunkt. Stein ist schwer, man will ihn nicht weit tragen. Also sollte in der Nähe des Steinbruchs ein Lager oder eine Siedlung liegen«, erklärte Smith. Findet man das Lager oder die Siedlung, stößt man sicherlich auf Steinwerkzeuge, die ein besseres Verständnis dafür vermitteln können, wie die Menschen damals gelebt haben. Der Anfang aber ist der Stein, den ich in meinen Händen hielt.

3.

Wie haben die Menschen den amerikanischen Doppelkontinent besiedelt? Diese Frage wird in Archäologenkreisen bis heute diskutiert. Viele Unterwasserarchäologen sind allerdings davon überzeugt, dass die Antwort auf jenen Flächen liegt, die sich das Meer einverleibt hat. Jahrzehntelang haben die Menschen im Schulunterricht gelernt, dass vor ungefähr 13 000 Jahren die ersten Besiedler, von Asien kommend, über die sogenannte Beringbrücke nach Amerika gelangt sind. Die Gelegenheit dazu ergab sich, weil sich das Meer während der letzten Eiszeit zurückzog und zwischen Sibirien und Alaska eine Landbrücke entstand. Die Menschen, die sie passierten, gingen weiter nach Süden, wozu sie einen eisfreien Korridor nutzten, der sich im Inneren Nordamerikas gebildet hatte. Diese Theorie hört auf den Namen jenes Ortes in New Mexico, an dem die ersten Relikte dieser Kultur gefunden wurden: Clovis.[12]

Die Clovis-Theorie besaß über weite Teile des 20. Jahrhunderts Gültigkeit. So wie die Theorie der Kontinentaldrift vehement abgelehnt wurde, bis Marie Tharps Karten sie beweisen konnten, so vehement wurde die Clovis-Theorie gegen Kritik verteidigt. Archäologen, die andere Auffassungen vertraten, schadeten sich und ihrer Karriere. Fundstellen, die sich der Theorie nicht fügen wollten, wurden ignoriert, Fundstellen, die die Theorie stützten, propagiert. Eine halbe Autostunde von der Apalachee Bay entfernt, in einem Karstloch am Aucilla River, liegt eine der ignorierten Fundstellen.

Schon in den 1960er-Jahren machten sich Hobbytaucher daran, den Aucilla zu erkunden. Das Wasser war trübe wie Kakao, darin lebten Alligatoren und Seekühe. Der Lohn, den die Taucher mitbrachten, waren Stoßzähne eines Mammuts, die so groß waren wie Autoreifen, sowie Knochen von uralten Bisons und Kamelen. Einheimische waren sich im Klaren darüber, dass der Fluss voller Geschichte steckte, aber wie weit die zurückreichte, erfuhren sie erst, als in einem zehn Meter tiefen Karstloch namens Page-Ladson eine 14 500 Jahre alte archäologische Stätte gefunden wurde.

Florida liegt auf einem flachen Sockel aus Kalkstein, der von Löchern wie dem Page-Ladson durchzogen ist. Im Laufe der Zeit wurden diese Löcher immer größer, das Gestein wurde wegen der großen Menge an Säure, die in Regenwasser enthalten ist, immer schwächer, bis es sich schließlich dem andrängenden Meer ergab, das bekanntlich alles verschluckt, was sich ihm in den Weg stellt. Im heutigen Florida interessieren sich vor allem Versicherungen für die Karstlöcher, weil immer wieder Häuser darin versinken. Manchmal kommen dabei sogar Menschen zu Schaden. Früher waren dieselben Karstlöcher Lebensadern. In der trockenen und staubigen Savanne waren sie wie Oasen, an denen sich Megafauna und Menschen ansiedelten. Das Sediment in den Löchern gibt zudem Auskunft über die Geschichte des Ortes. 1983 kam zum ersten Mal ein Forscherteam zum Page-Ladson. Anschließend lösten sich Freiwillige, Hobbytaucher, Studenten und Professoren fünfzehn Jahre lang ab, gruben die Löcher aus und wurden für ihre Mühen reich belohnt, als sie den Stoßzahn eines Mammuts freilegten, der seitlich lange Rillen aufwies, die aussahen, als seien sie menschengemacht.[13] Doch weil der Fund im Südosten der USA gemacht wurde, wo laut Clovis-Theorie zu so früher Zeit noch keine Menschen gelebt hatten, wurde er jahrelang in Zweifel gezogen.

Erst 1997 brachte die Entdeckung einer archäologischen Stätte in Chile die Clovis-Theorie zum Einsturz. In einem Torfmoor im Süden des Landes stießen Archäologen auf eine erstaunliche Ansammlung von Artefakten, zu denen Konstruktionen aus Holz und Tierfellen gehörten, aber auch Überreste von wilden Tomaten und Beerenfrüchten. Mit der Radiokarbonmethode konnte das Alter der Fundstelle von Monte Verde mit 14 800 Jahre bestimmt werden – mehr als tausend Jahre mehr, als laut Clovis-Theorie möglich wäre. Diese Entdeckung brachte auch andere, ältere Fundstellen wie die von Page-Ladson wieder ins Spiel, die inzwischen als die älteste im Südwesten der USA anerkannt ist.[14] Der Fund von Monte Verde stieß einen Paradigmenwechsel an, der die Clovis-Theorie aus dem Zentrum der Fachdiskussionen verbannte. Die Theorie der Einwanderung über die Beringbrücke muss unterdessen mit drei anderen Theorien konkurrieren. Einig sind sie sich lediglich darin, dass entlang der Küsten oder quer über den Kontinent Wanderungen stattgefunden haben, zu deren Ergründung die Unterwasserarchäologie wichtige Beiträge liefern kann.

Eine der fraglichen Theorien, die sogenannte Kelp-Coastal-Highway-Theorie, geht von einer Wanderung über die Beringstraße zwischen dem Nordosten Asiens und dem Nordwesten Amerikas aus. Zu Fuß oder mit Booten begannen die Menschen in grauer Vorzeit, auch jenseits der vertrauten Algenwälder der Uferzonen nach Nahrung zu suchen. Als der Meeresspiegel nach der letzten Eiszeit anstieg, überspülte das Meer die Spuren, die sie an den Küsten hinterlassen hatten. Die Transpazifik-Theorie vertritt die Auffassung, dass die Wanderung mit Booten stattgefunden hat, die vermutlich zwischen Asien und Südamerika verkehrten. Auch hier steht zu vermuten, dass der steigende Meeresspiegel mögliche Beweise überschwemmt hat. Die dritte Theorie trägt den Namen Solutrean-Hypothese und geht von einer Einwanderung aus dem Osten aus. Laut dieser Hypothese gelangten Jäger und Sammler vor 18 500 bis 20 000 Jahren aus Europa über das Packeis nach Nordamerika.[15] Viele Fachleute halten diese Hypothese für wenig plausibel, weil archäologische und genetische Belege fehlen, und zudem für gefährlich, weil sie besonders unter Rechtsextremen und Anhängern der Theorie der Überlegenheit der weißen »Rasse« beliebt ist.

»Wenn wir Argumente finden wollen, die für oder gegen jene Theorie sprechen, müssen wir auf dem Meeresgrund suchen«, sagte Morgan Smith, während wir über die Apalachee Bay tuckerten und Fundstellen abklapperten. »Was immer uns helfen mag, es liegt in jedem Fall im Wasser. Erst wenn wir dort fündig geworden sind, werden wir erfahren, was sich wirklich zugetragen hat.« Das Gebiet, das wir an diesem Tage abfuhren, war allerdings nicht dazu angetan, eine der drängendsten Fragen zu beantworten, vor die sich die amerikanische Archäologie gestellt sieht. Smith und Joy tauchten, um eine ganz andere Frage beantworten zu können, eine Frage, die tiefer zielte und in der Debatte über die Frage, wer die ersten Amerikaner waren, oft unterzugehen droht. Die Frage lautete: Wie lebten die Menschen in Florida, bevor der Meeresspiegel stieg und die Europäer ins Land kamen?

In den offiziellen Darstellungen der Geschichte Floridas finden sich meist nur ein, allenfalls zwei Absätze über die Epoche, die vor der Ankunft der Europäer lag – immerhin mehrere Tausend Jahre. Die Apalachee, nach denen auch die Bucht benannt ist, waren einst einer der größten Stämme in diesem Teil Amerikas, und ihre Geschichte reicht mindestens tausend Jahre zurück. Sie galten als mutige Jäger und geschickte Bauern, und sie pflegten ein Ballspiel, das sowohl sportliche als auch religiöse Facetten besaß. Sie aßen in großen Mengen Schalentiere, und wer heute in Tallahassee seinen Garten umgräbt, stößt schon mal auf Schalen von Austern und Schnecken aus grauer Vorzeit.

Als die Spanier 1528 in die Region kamen, trafen sie auf 50 000 bis 60 000 Apalachee, die in weit verstreuten Siedlungen lebten. Mit deren Art zu leben konnten die Europäer ebenso wenig anfangen wie mit den Steinwerkzeugen, einer Technik, die sie bereits in der Eisen- und der Bronzezeit hinter sich gelassen hatten. »Die Europäer waren außerstande, die Bedeutung dieser ›esoterischen‹ Bräuche und Sitten zu ermessen oder mit ihrer Lebenswirklichkeit in Einklang zu bringen. Deshalb sind ihre schriftlichen Berichte über die Praktiken der Einheimischen von Herablassung und Gleichgültigkeit durchzogen«, schreibt die Archäologin Barbara A. Purdy.[16]

Heute leben in Florida nur noch sehr wenige Apalachee. Die

überaus große Mehrheit ist Opfer von Vertreibung, Versklavung, gewalttätigen Auseinandersetzungen und der Einschleppung von für sie tödlichen Krankheiten geworden. Eine Karte der Region aus den 1720er-Jahren zeigt, dass die Apalachee zwischen den Franzosen im Westen, den Spaniern im Süden und den Briten im Norden regelrecht eingeklemmt waren.[17] Im Jahr 1704 wurden bei einem britischen Überfall auf eine spanische Mission Tausende Apalachee sowie einige Angehörige der Tocobaga getötet oder entführt. Letztere wurden nach South Carolina verschleppt und dort versklavt.[18] Einigen wenigen Apalachee gelang die Flucht nach Mobile in Alabama, das auf französischem Gebiet lag. Andere verschanzten sich in einer Mission der Spanier unweit von Pensacola. Doch in den 1760er-Jahren wurden auch sie verjagt und in die Nähe des mexikanischen Veracruz abgeschoben. Der sogenannte Indian Removal Act, den Präsident Andrew Jackson 1830 unterschrieb, raubte den Ureinwohnern die letzten Rechte, weil er die Regierung der USA ermächtigte, ihr Land zu beschlagnahmen und sie aus dem fruchtbaren Südosten des Landes Richtung Westen zu vertreiben. Der Weg, den sie dafür antreten mussten, ist als »Pfad der Tränen« in die Geschichte eingegangen. Heute leben in Louisiana noch einige Apalachee und kämpfen von dort aus für die Anerkennung ihres Leidens.

Mit den Apalachee verschwanden auch ihre handwerklichen Fähigkeiten aus Florida, Fähigkeiten, die dem Hornstein, der in der Region zu finden ist, ihr Dasein verdanken. Ein herzzerreißender Bericht (einer von wahrlich vielen) schildert, wie ein gefangenes Mitglied des Stamms der Timucua versucht, sich mithilfe eines steinernen Werkzeugs von den Ketten zu befreien, mit denen es gefesselt ist.[19] Die Steinbrüche, die sich auf dem Grund der Apalachee Bay befinden, legen Zeugnis ab von der Tradition, die mit der Vertreibung der Apalachee jäh unterbrochen wurde. Zugleich dokumentieren sie das handwerkliche Geschick, die Fähigkeit, sich an die Gegebenheiten der Umwelt anzupassen, die Kriterien, nach denen das Material ausgewählt, und die Finesse, mit der die Arbeit organisiert und je nach Bedarf auf verschiedene Stätten verteilt wurde. Keile mit winzigen Kratzspuren auf der »Klinge« belegen, dass jemand das Werkzeug ein- oder zweimal benutzt und dann entsorgt hat.

Morgan Smith weiß aus schmerzlicher Erfahrung, wie scharf diese Keile sein können. Vor ein paar Jahren, während einer archäologischen Exkursion unweit der Apalachee Bay, bearbeitete er einen Felsen mit einem Vorschlaghammer, als unvermittelt ein Steinkeil abplatzte und seine Hand aufschnitt. Der Ausgrabungsleiter brachte ihn in die Ambulanz. Bis heute steckt in Smiths Hand ein kleiner Rest des Steins, und die Narben sind noch erkennbar.

So aufschlussreich die Steinbrüche auch sein mögen, müssen sich Smith und Joy doch davor hüten, aus einem Fund allzu viele Schlussfolgerungen zu ziehen. Archäologen sehen sich mitunter dem Vorwurf ausgesetzt, Funden von steinernen Artefakten zu viel Bedeutung beizumessen. Richtig daran ist, dass derlei Funde dazu förmlich einladen: Stein ist haltbarer als weiches Material und konserviert die Geschichte daher besser, erst recht unter Wasser.[20] Als ich Smith bat, mir zu schildern, wie sich das Leben vor dreitausend Jahren abgespielt haben könnte, reagierte er entsprechend reserviert und zurückhaltend. »Wir wissen nicht, was die Menschen gegessen und wie sie sich organisiert haben, ob sie auch Knochen und Holz verwendet haben. Wir haben nur Steine.« Und doch: Eine größere Auswahl an Fundstellen und Artefakten, die vom Meeresboden geborgen werden, erhöht auch die Wahrscheinlichkeit, etwas über das Leben in Florida vor dem Anstieg des Meeresspiegels und der Ankunft der Europäer zu erfahren.

4.

Mit einer Sauerstoffflasche auf dem Rücken und einem Lungenautomaten zwischen den Zähnen, gefühlt schwer wie ein Stein, ließ ich mich ins Wasser fallen. Der Ozean empfing mich, das badewannenwarme Wasser im Golf von Mexiko war zwar nicht erfrischend, aber angenehm. Ich ließ Luft aus der Tarierweste und begann zu sinken, das Salzwasser schlug über meinem Kopf zusammen. Das grelle Sonnenlicht drang durch die Wasseroberfläche und hinterließ auf meinen Gliedmaßen bunte Punkte. Das schwerelose Treiben, das gedämpfte Licht – es fühlte sich himmlisch an. Warum nur gilt der Meeresboden als dunkler, höllischer Ort?

In fünf Meter Tiefe nahm Joy seine Arbeit in Angriff, indem er einen Referenzpunkt festlegte, von dem die Vermessung des Fundortes ausgehen würde. In diesem Fall handelte es sich um einen Dorn, den er in unmittelbarer Nähe zu einer Ansammlung von gelben und leuchtend roten Korallen in den Boden rammte, die aus einem Felsvorsprung herauszuwachsen schienen. Dann glitt er näher an die Korallen heran und wedelte mit einer offenen Hand rund um die Senke, woraufhin eine Wolke aus losem Sediment aufstieg. Dieses Fächeln mit der Hand entspricht dem Einsatz eines weichen Pinsels, den Archäologen an Land benutzen, um zerbrechliche Artefakte von Staub zu befreien. Als der Staub zu Boden gesunken war, wurde am Fuße der Korallen auf wundersame Weise eine Ansammlung von schwarzen Keilen aus Hornstein erkennbar. Joy schaute auf seinen Tauchcomputer und hielt die Koordinaten auf dem elektronischen Notizbuch fest, das er sich um die Hüfte geschnallt hatte.

Die Dokumentation an einer Fundstelle vergleichen Archäologen gern mit den Ermittlungen an einem Tatort. Ehe die Spurensicherung ihre Arbeit nicht abgeschlossen hat, würde kein Kommissar eine Patronenhülse aufheben oder Blutspuren verwischen.

Und je weniger an einer archäologischen Stätte verändert wird, desto besser. Ein Archäologe will eine heilige Dreifaltigkeit an Daten erheben, um belegen zu können, dass an einem Fundort menschliche Aktivitäten stattgefunden haben: Artefakte, Datierung, Umfeld. Mit der wachsenden Sammlung an Artefakten, die Joy in seinem Netz verstaute, war ein Punkt auf der Liste schon mal abgearbeitet. Der nächste Punkt lautete Datierung.

Das ist nicht ganz trivial. Hornstein enthält kein Karbon, weshalb die Altersbestimmung mit der Radiokarbonmethode ausfällt. In seiner Masterarbeit an der Florida State University hat Shawn Joy ein Prozedere vorgestellt, mit dem durch die Altersbestimmung von Korallen unter Zuhilfenahme der Radiokarbonmethode sowie neuer statistischer Verfahren der Anstieg des Meeresspiegels im Golf von Mexiko modelliert werden kann. Seiner Schätzung nach haben hier zuletzt vor dreitausend Jahren Menschen gelebt.

Joy löste ein gelbes Maßband von seinem Gürtel und drückte ein Ende Ximena in die Hand, der Hobbytaucherin, die uns begleitete und nun das Maßband an die Senke mit den Korallen hielt. Joy entfernte sich derweil mit dem anderen Ende des Maßbands in die entgegengesetzte Richtung. Ich folgte ihm, weil ich nichts verpassen wollte. Außerdem fürchtete ich mich ein bisschen davor, allein zurückzubleiben. Die Archäologen hatten erwähnt, dass mitunter Delfine zu Besuch kommen, wenn sie unter Wasser arbeiteten. Das klang reizvoll, und dagegen hätte ich auch nichts einzuwenden. Ich wusste aber auch, dass sich in der Apalachee Bay drei der gefährlichsten Haiarten – der Tigerhai, der Bullenhai und der Weiße Hai – herumtreiben und in Florida mehr Angriffe von Haien stattfinden als überall sonst in den USA. Das himmlische Gefühl, das ich zu Beginn des Tauchgangs verspürt hatte, hatte sich längst verflüchtigt. Nun schaute ich mich ängstlich in der trüben, schwer zu durchdringenden Düsternis um. Die Sichtweite betrug kaum sechs Meter, was dann kam, lag im Wortsinn im Dunkeln.

Ich versuchte, den Gedanken zu verdrängen, dass von dort ein Hai auf mich zukommen könnte – natürlich grinste der Hai auch in diesem Angsttraum wie ein böser Clown –, und beeilte mich, zu Joy aufzuschließen.

Als das Ende des Maßbandes erreicht war, trat Joy den Rückweg an und rollte es wieder auf. Alle Artefakte, die er unterwegs sah, ließ er in sein Netz gleiten, nicht ohne vorher die genauen Koordinaten zu notieren. An bestimmten Punkten rammte er einen Messstift in den Boden, um die Dicke der Sedimentschicht zu ermitteln. Das konnte ihm beim dritten und letzten Punkt helfen: der Bestimmung des Umfeldes. An Land tragen Archäologen die Sedimentschicht nach und nach ab, um die Umweltbedingungen an einem Fundort zu bestimmen. Unter Wasser läuft das Verfahren ganz ähnlich ab, aber wenn Artefakte so exponiert auf dem Meeresgrund liegen wie hier, fehlen die Bezugsgrößen, um ihr Alter zu bestimmen. Dann ist es unerlässlich, in tiefere Schichten des Bodens vorzudringen, um dort an Daten zu kommen.

Bis zur letzten Jahrhundertwende wurden unter Wasser liegende archäologische Stätten von der Fachwissenschaft oft ignoriert, weil die Erkundung als zu teuer und zu aufwendig galt. Vor allem aber ging man davon aus, dass der steigende Meeresspiegel die fraglichen Stellen so weit zerstört hatte, dass sie nicht sonderlich relevant waren. »Wenn man damals von Unterwasserarchäologie sprach, dachten alle an Schiffswracks. Ein bisschen ist das noch heute so«, sagte Michael Faught, ein Archäologe, der lange an der Florida State University geforscht und Joy und Smith ausgebildet hat. 1986, Faught war noch Student, hat er seinen ersten Tauchgang in der Apalachee Bay gemacht. Damals ließen sich die Studenten an ein Boot binden und durchs Wasser ziehen, um Ausschau nach möglichen Fundstellen auf dem Grund zu halten. »Wir hatten keine Ahnung, wonach wir suchten«, sagte er. »Ich sah immer nur Seegras, Seegras und wieder Seegras, dann Sand und wieder Seegras, mal mehr, mal weniger hoch. Aha, dachte ich, das muss ein Paläokanal sein.«

Ein Paläokanal ist ein altes Flussbett, das überspült wurde, als die Gletscher schmolzen und der Meeresspiegel stieg. Für die Archäologie sind diese Paläokanäle wichtig, weil sich die Menschen am Ufer solcher Flüsse angesiedelt haben. Bevor die akustische Vermessung erfunden wurde, haben sich Archäologen vor allem an solche Paläokanäle gehalten, um frühere Siedlungen aufzuspüren. Diese nach der Herkunft des Erfinders benannte »Dänische Methode« war zwar besser, als Studenten an einem Motorboot über eine Bucht zu ziehen, aber alles andere als vollkommen. »Am Ende bleibt es Fischen im Trüben«, so Smith. »Nur weil da mal ein Fluss war, müssen dort nicht auch Menschen gelebt haben.«

In den 1980ern, als Faught zum ersten Mal auf die Apalachee Bay hinausfuhr, war es noch mühsam, die genaue Lage der Fundorte festzuhalten. GPS war noch bei Weitem nicht so weit verbreitet wie heute, weshalb es schwer war, die fraglichen Stellen, die man entdeckt hatte, zu erfassen. »In den ersten Jahren habe ich manche Stellen schlicht nicht wiedergefunden«, bekannte er. Er versuchte, sich mit Kreuzpeilungen zu behelfen, für die er Landmarken benutzte. »Aber das haute nicht richtig hin«, so Faught. Um bestimmte Stellen zu markieren, stellten die Wissenschaftler Pflöcke auf, die aber mitunter, kaum dass sie standen, schon wieder umfielen. Einen Fundort markierten sie mit einem beleuchteten Ponton. Als sie am nächsten Morgen zurückkamen, war der Ponton davongetrieben.

An den übrigen Fundorten, die wir an diesem Tag abtauchten, wiederholte sich der eingespielte Vorgang: Joy sagte die Entfernung von dem Kreuz auf der Karte an, dann fiel der Anker in unmittelbarer Nähe zu einer Senke, die Menschen lange vor der Ankunft der Europäer ausgehoben hatten. Bei einem Tauchgang glitt Joy an der Ankerkette hinunter bis auf den Grund, wo er feststellte, dass sich der Anker direkt in eine Ansammlung von Keilen aus Hornstein gegraben hatte. »Das war einfach«, tippte er in sein Notizbuch.

Auch die akustische Vermessung lässt alles einfach aussehen. Doch die Geschichten, die Faught zu erzählen weiß, belegen, dass es Jahrzehnte harter Arbeit bedurfte, bis das heutige Niveau erreicht war. In den späten 1990er- und frühen 2000er-Jahren setzte auch Faught ein Sedimentecholot ein, um Paläokanäle und archäologische Stätten aufzuspüren, aber die Geräte von damals waren bei Weitem nicht so präzise, wie sie es heute sind. So schlecht, dass sich Archäologen hinter Boote hängen müssen, waren sie allerdings auch nicht. (»Das war nicht ungefährlich und dürfte heute gar nicht mehr gemacht werden«, so Faught achselzuckend.) Immerhin hatten Joy und Smith einen Tauchscooter an Bord, den sie bei der Suche einsetzen konnten. »Das ist der größte Spaß, den man unter Wasser haben kann«, so Smith. Der Scooter ist wie ein Torpedo geformt und mit einem Propeller und seitlichen Handgriffen ausgestattet – ein bisschen sieht er aus, wie einem Film von Jacques Cousteau entsprungen. Ich wollte das Ding unbedingt ausprobieren. Also stürzte ich mich mit dem Scooter in den Golf von Mexiko, drehte am Gasgriff und stellte mich innerlich auf den Abschuss ein. Stattdessen sank ich wie ein Stein zu Boden. Der Akku war nicht geladen.

Schiffswracks stehen seit jeher im Zentrum der Archäologie Floridas. Die Nase vorn hat dabei die Treasure Coast am Atlantik, wo 1715 in einem Hurrikan eine Flotte reich beladener spanischer Galeonen vor Vero Beach sank. Kaum hatte sich der Sturm gelegt, wurden Gold- und Silbermünzen ans Ufer gespült. Bis heute durchkämmen Schatzsucher den Strand nach Dublonen. Die Fundstätte von Manasota Key vor der Küste von Venice hat jedoch dazu beigetragen, bestehende Vorurteile gegen die Unterwasserarchäologie abzubauen. »Für die Erforschung der versunkenen Vergangenheit war das sehr, sehr wichtig, weil die Leute so mit der Nase draufgestoßen wurden – auch ich selbst«, meinte Michael Faught. Auf Smith und Joy ist er durchaus neidisch, weil sie auf Geräte und Technik zurückgreifen können, die für die Erkundung des Meeresbodens besser geeignet sind als das, was ihm zur Verfügung stand. »Die beiden können auf dem Bekannten aufbauen, um sich dem Unbekannten zu nähern. Ich denke, sie werden manche spannende Entdeckung machen.« Und er hofft, dass seine Nachfolger weiter in die Vergangenheit vordringen können, vielleicht sogar bis zu den Paläoindianern, jenen Menschen, die die Region vor mehr als zehntausend Jahren besiedelt haben.

Auf Konferenzen sehen sich Smith und Joy bis heute mit skeptischen Fragen konfrontiert. Wie sollten archäologische Fundstätten relevant sein, die seit Tausenden von Jahren unter dem Meeresspiegel liegen? Parallel stellen sie aber auch fest, dass bei ihren Vorträgen immer mehr und immer interessiertere Menschen anwesend sind. Barbara Clark, die den regionalen Ableger des Florida Public Archaeology Network (FPAN) leitet, bestätigt den Eindruck, dass die Begeisterung für das Thema zunimmt. »Wenn ich über Manasota Key Offshore spreche, kann ich sehen, wie sich die Augen der Menschen weiten«, sagte sie. Aber auch Aufmerksamkeit und Interesse können ein zweischneidiges Schwert sein. Auf dem Weg hinaus auf die Apalachee Bay und wieder zurück begegneten uns in einem fort Fischerboote, und auch deren Echolote können die Senken aufspüren, zu denen wir getaucht sind. An einer Fundstelle waren im Sand deutlich die Spuren einer Schwimmflosse zu erkennen. Bei Ebbe veranstalten Einheimische mitunter Partys auf den Sandbänken und machen sich einen Spaß daraus, mit einem Drink in der Hand durch das seichte Wasser zu waten. Nicht dass sie gezielt nach Hinterlassenschaften aus grauer Vorzeit suchten, aber wer sollte sie daran hindern, sie mitzunehmen, wenn sie per Zufall darauf stoßen?

5.

»Uns ist nicht entgangen, dass sich an keiner der Fundstellen ein ausgearbeitetes Werkzeug befand«, sagte Shawn Joy ein wenig kryptisch, als unser letzter Tauchgang hinter uns lag. Zum Sonnenuntergang hatte sich das gesamte Tauchteam zu einem Abschiedsessen im Riverside Cafe in St. Marks versammelt. Wir frönten unserem Sonnenbrand, tranken Light-Bier und stießen auf drei erfolgreiche Tage an. Niemand konnte bestreiten, dass die Arbeit vor Ort in diesem Sommer ein Erfolg war. Auch das Vorgehen hatte sich bewährt; nahezu jede Stelle in der Apalachee Bay, zu der wir getaucht waren, hatte sich als Volltreffer erwiesen. Joy und Smith hatten mehrere Netze voller Artefakte geborgen, mit Anmerkungen versehen und für die weitere Untersuchung vorbereitet. Niemand aus dem Team hatte auch nur gehofft, ein Artefakt zu finden, das nachweislich im Gebrauch von Menschen gewesen war. Steinbrüche waren nun einmal keine Werkstätten, sodass nicht damit zu rechnen war, dort auf elaborierte Gerätschaften zu stoßen. Doch auch das Fehlen solcher Werkzeuge konnte etwas bedeuten, wie Joy erklärte. Möglicherweise war uns jemand zuvorgekommen und hatte die interessantesten Stücke an sich genommen.

In Florida hat das Plündern von archäologischen Fundstellen eine lange und komplizierte Geschichte. Kurz nach dem Untergang der spanischen Galeonen vor Vero Beach im Jahr 1715 machten sich Plünderer, Piraten und gedungene Taucher daran, auf dem Meeresgrund nach Münzen, Kanonen und Gewehren zu suchen und möglichst viel davon in ihren Besitz zu bringen. Doch hier im Big Bend, dem Hinterland der Apalachee Bay, ist eine andere Art von Schatzsuche im Gang. Aufmerksame Anwohnerinnen und Anwohner berichten von Lastwagen, die zu merkwürdigen Tages- und Nachtzeiten vor den State Parks – Gebieten im Besitz der Bundesstaaten, die unter Naturschutz stehen – halten, und von Menschen, die im

Morgengrauen mit Schaufeln und Taschen aus dem Gestrüpp auftauchen. In einer nach dem gleichnamigen Indianerstamm »Timucua« benannten Operation haben Beamte der Florida Fish and Wildlife Conservation Commission 2013 im Norden Floridas und in Georgia sechs Häuser durchsucht und dabei dreizehn Menschen festgenommen, die im Internet und auf Messen Projektilspitzen aus der Archaischen Periode und dem Paläolithikum anboten. Die Preise reichten von gerade einmal fünfzehn Dollar bis sage und schreibe 100 000 Dollar. Die Operation war durch lange Observation und Scheingeschäfte vorbereitet worden. Dafür hatten sich Beamte als Kunden ausgegeben, Ware gekauft und heimlich Bild- und Tonaufnahmen der Verkäufer gemacht, bis schließlich der Zugriff erfolgte.[21]

Noch am selben Tag hielten Vertreter des Staates Florida im Museum für die Geschichte Floridas eine Pressekonferenz zur Operation Timucua ab. Die Reaktionen waren gleichgültig bis feindlich. »Ein Angeklagter soll einem verdeckten Ermittler eine bunte Mischung von insgesamt neunzig Artefakten verkauft haben. Der Preis: hundert Dollar. Kein Fisch von der Größe eines Pablo Escobar«, hieß es in einem Kommentar der *Tampa Daily Times*. »Vielleicht wäre ›überzogen‹ der passendere Name für die Operation gewesen.«[22]

Öffentlichkeit und Medien schienen sich mehr für den Verbleib der Steuergelder zu interessieren als für ein paar Männer, die alte Steine sammelten und verkauften. Das rabiate Vorgehen im Rahmen der Operation Timucua mag für die amerikanischen Strafverfolgungsbehörden nicht untypisch sein, aber es richtete sich normalerweise nicht gegen weiße Männer ohne Vorstrafen, die einem vermeintlich harmlosen Hobby nachgingen. Auch unter Sammlern war die Operation Timucua umstritten. In Florida galt eine Regelung, laut der Laien Artefakte, die sie auf öffentlichem Grund fanden, behalten konnten, sofern sie den Fund meldeten und von einem staatlichen Archäologen bestätigen ließen. Diese Regelung galt jedoch nur bis 2005, weil sich herausgestellt hatte, dass die wenigsten ihre Funde meldeten.

Barbara Clark hat mit den Beschuldigten nicht das geringste Mitleid. »Die Männer, die im Zuge der Operation Timucua verhaftet wurden, haben viel Geld verdient«, sagte sie mir. »Sie hatten große Boote, moderne Ausrüstung und vieles mehr. Sie waren nicht arm und mussten auch nicht sehen, wie sie über die Runden kamen. Ihre Geschäfte liefen prächtig, wenn auch auf Kosten der Bürger und Bürgerinnen Floridas und unseres gemeinsamen kulturellen Erbes.« Diese Meinung vertreten nicht allzu viele. »Ich staune immer wieder darüber, dass die Regierung anordnen kann, was ich darf und was nicht«, lautete ein typischer Kommentar zur Operation Timucua. Und auch als die Regierung von Florida Anstalten machte, kulturelle Ressourcen unter Schutz zu stellen, interpretierten das viele als erneuten Versuch, sich in das Leben unbescholtener Bürger einzumischen und sie in ihrer Freiheit einzuschränken. Wie viele Artefakte durch diese Haltung allein in Florida verloren gegangen sind, vermag niemand zu sagen.

Im Riverside Cafe nahm derweil ein Kellner, der mit seinem Kopftuch wie ein Pirat daherkam, unsere Bestellungen auf. Am Vorabend hatte ich beobachten können, wie derselbe Kellner über die Theke gesprungen war und mit einem Eimer eine eineinhalb Meter lange Schlange gefangen hatte, obwohl die sich mit aller Kraft gewehrt hatte. Nun pries er uns eine verwirrende Auswahl an Beilagen an: Klößchen aus Maismehl, Kartoffelsalat, Krautsalat, Pommes frites, gemischter Salat mit sechs verschiedenen Dressings. Am Nachbartisch erhob sich lautes Gejohle. Am Flussufer direkt vor dem Café waren zwei Alligatoren aufgetaucht. Die Gäste warfen ihnen frittierte Austern und Jakobsmuscheln zu, die in den aufgesperrten Mäulern landeten.

Morgan Smith legte Wert auf die Feststellung, dass sich in der

Apalachee Bay nach seinem Dafürhalten nichts Ungesetzliches abspielt. Während der sommerlichen Muschelsaison sind zahllose Taucher in der Bucht unterwegs und sammeln Schalentiere vom Meeresgrund. Um ihren Häschern zu entkommen, begibt sich manch eine Jakobsmuschel in die Strömung und sucht das Weite. Dabei klappern die beiden Hälften wie eine Kastagnette. Für die Muschelernte müssen Taucher knapp über dem Meeresboden entlanggleiten und ihn absuchen wie Joy und Smith. Falls jemand eine ihrer Fundstellen geplündert hatte, dann, so die einhellige Meinung im Team, nicht vorsätzlich, sondern zufällig. Vielleicht hatte ein Muscheltaucher eine besonders hübsche Projektilspitze eingesteckt, ohne zu wissen, was er damit anrichtete. Mir war es doch nicht anders gegangen, als Smith mir nach unserem ersten Tauchgang den Steinkeil gegeben, ich ihn gegen das Sonnenlicht gehalten und erstaunt festgestellt hatte, wie glatt und dünn er ist. »Kann ich ihn behalten?«, hatte ich Smith gefragt. »Nein«, hatte er entschieden erwidert, den Keil an sich genommen und in eine Plastiktüte gesteckt. »Das wäre illegal.«

Smith und andere Archäologen wollen die gutwilligen Amateure nicht unnötig verstimmen, zumindest nicht mehr, als das die Operation Timucua getan hat. Smith ist in Tallahassee aufgewachsen, etwa eine Autostunde entfernt. Seine Eltern leben noch heute dort. Wer mit ihm auch nur fünf Minuten verbringt, bekommt ein Gespür dafür, wie tief er in der Region verwurzelt ist. Bei dem Typen, der ihn gerade begrüßt hat, hat Smith ein Boot gekauft. Und in dem Café, in dem wir sitzen, ist er seit Kindertagen Gast.

Dass er aus der Gegend stammt, kommt ihm sehr zugute. Einheimische Fischer berichten ihm von möglichen Fundorten, was sie Fremden gegenüber vielleicht nicht tun würden. Die meisten Fundstellen werden von Amateuren entdeckt. Der Grund liegt auf der Hand: Gegenüber den Profis sind sie schlicht in der Mehrheit. Die Archäologen sind auf Tipps angewiesen, ohne sie würde manche

Fundstelle unentdeckt bleiben. »Uns ist sehr daran gelegen, dass sich die Öffentlichkeit für Archäologie interessiert und uns unterstützt«, so Smith. »Was wir nicht wollen, ist, dass sie rausgehen und sich selbst auf die Suche machen, schon gar nicht, wenn sie das als Einnahmequelle ansehen. Wenn Artefakte gestohlen und verkauft werden, bleibt für immer ungeklärt, woher sie stammen.«

Unsere Bestellungen wurden in Plastikkörben gebracht, die mit Zwerggarnelen, frittierten Austern und Kammmuscheln, gegrilltem Zackenbarsch und mit Zitronen gespickten Meeräschen gefüllt waren. Pünktlich zum Sonnenuntergang begannen wir zu essen. Wieder und wieder wischten wir uns die fettigen Finger ab, bis die Papierservietten schließlich durchsichtig waren, und allenthalben öffnete sich zischend die nächste Dose Bier.

Bis auf Weiteres dürfte Verschwiegenheit der beste Schutz sein, den ein Archäologe einer Fundstelle bieten kann. Deshalb behalten Smith und Joy die Koordinaten, die sie von ihren Tauchgängen mitbringen, für sich. Archäologische Stätten, die sich an Land befinden, sind durch Artikel 304 des National Historic Preservation Act von 1966 besonders geschützt. Die genaue Lage einer solchen Stätte ist von dem Recht auf Informationsfreiheit ausdrücklich ausgenommen. Smith hatte die Hoffnung, dass die Funde in der Apalachee Bay wegen der schlechten Zugänglichkeit relativ sicher waren. »Es sollte mich wundern, wenn die Plünderer es bis hierher schafften«, sagte er über eine Fundstelle fünf Meilen vor der Küste in vergleichsweise großer Tiefe. Barbara Clark vom FPAN war weniger zuversichtlich. »Wenn Menschen, die nicht im Traum daran denken würden, ein an Land gefundenes Artefakt an sich zu nehmen, tauchen und dabei zufällig etwas Interessantes entdecken, sind alle guten Vorsätze vergessen und ein Fund aus einem Wrack oder vom Meeresgrund schnell eingesteckt«, meinte sie. »Es muss an der vollkommen anderen Umgebung liegen, in der niemand sieht, was man tut.«

Eine Möglichkeit, Fundstätten zu schützen, bestünde darin, sie so rasch wie möglich mit der akustischen Vermessung zu identifizieren. Die Glasfaserkabelindustrie verfügt über Daten aus jahrzehntelanger Vermessung des Kontinentalschelfs. Darin tauchen Unmengen an Heuhaufen auf, die auf große Gebiete mit noch unentdeckten Fundstätten hinweisen könnten. »Es ist nur schwer zu begreifen, dass wir über Jahrzehnte Daten zusammentragen, aber nicht zwei und zwei zusammenzählen«, so Joy. »Seit vielen Jahren schauen wir auf die charakteristischen HALD-Muster, ohne dass sich je jemand gefragt hätte, was sie bedeuten.« Er hielt es für das Effektivste, wenn künstliche Intelligenz alte Vermessungsdaten durchforstet und Archäologen zu Erfolg versprechenden Stellen tauchen. Ein unbemanntes Wasserfahrzeug wie der Surveyor wäre eine große Hilfe, und tatsächlich hat Saildrone unlängst in St. Petersburg an der Tampa Bay ein hydrografisches Zentrum aufgebaut. Damit reagiert die Firma auf die vielen Funde, die zuletzt in Florida gemacht wurden, allen voran die siebentausend Jahre alte Grabanlage vor Venice Beach.

6.

Ein oder zwei Muscheltaucher, die am Meeresboden Artefakte aufsammeln, sind sicherlich nicht die größte Bedrohung für unterseeische Fundstellen. Der Abbau von Sand schon eher. »Hier unten wird viel gebaggert und Sand gewonnen«, erklärte Joy. Zur Auffüllung der Uferzone, etwa nach Stürmen, werden Sandbänke abgetragen; alles, was dort lebt oder liegt, wird dabei vernichtet.

Joy arbeitet für SEARCH, eine Organisation, die sich um den Erhalt kultureller Ressourcen bemüht. Er zeigt Offshore-Firmen auf, wie sie den sensiblen Meeresboden schonen und schützen können. Der Kontinentalschelf steht unter Verwaltung der Bundesregierung in Washington, die wiederum für einzelne Abschnitte Schürflizenzen an Firmen vergibt. Gemäß dem National Historic Preservation Act sind sie verpflichtet, Berater wie Joy hinzuzuziehen, um die entsprechenden Stellen vor der Ausbeutung zu untersuchen und gegebenenfalls zu beräumen. Das gilt für alle Arten von archäologischen Stätten, aber weil Schiffswracks nun einmal die häufigsten und markantesten Funde sind, werden Hinterlassenschaften aus der Zeit vor der Kolonialisierung eher stiefmütterlich behandelt. »Ich möchte nicht wissen, wie viele Stellen wir bereits zerstört haben«, sagte Joy. Als Beispiel nannte er einen Küstenstreifen in New Jersey, der in den 1990er-Jahren von Archäologen für die Ausbeutung freigegeben wurde. »Die Bagger beförderten einen kompletten Fund aus der Archaischen Periode ans Ufer.« Niemand hatte begriffen, was da gerade zerstört wurde, bis eine Frau, die zufällig vorbeigekommen war, von circa zweihundert Pfeilspitzen berichtete, die zerstreut am Ufer herumlagen.[23] Eine später durchgeführte Untersuchung ergab, dass bei der Begutachtung des Gebietes einen guten Kilometer vor der Küste eine Fundstelle übersehen worden war. Die ersten derartigen Zerstörungen, auf die ich bei meinen Recherchen stieß, ereigneten sich in den 1950er-Jahren, als eine Firma in der Tampa Bay Austernbänke ausbaggern wollte und dabei für die jeweilige Zeit charakteristische Artefakte aus der paläoindianischen und der frühen Archaischen Periode unter einem Berg aus Muscheln verschwanden. Auch an anderen Stellen der flachen, vielerorts überschwemmten Küste der Tampa Bay haben sich solche Vorfälle abgespielt: am Apollo Beach, am Turtlecrawl Point und in der Terra Ceia Bay. In Texas sind Fundstellen vor Galveston Beach davon betroffen, weiter nördlich der Long Island Sound zwischen Connecticut und New York. Hier wie dort wurden im Laufe der Jahre viele Fundstellen unwiederbringlich zerstört.

Joy und seine Kollegen hoffen, dass die akustische Vermessung die Situation entscheidend verbessern und zum Erhalt solcher Fundstellen beitragen wird. Die zuvor angewandte, aus Dänemark stammende Methode ließ nicht nur für Archäologen viele Wünsche offen, sondern auch für die Industrie, die sich vor das Problem gestellt sah, dass ein Gebiet, für das sie eine Lizenz erworben hatte, nicht ausgebeutet werden durfte, weil dort unvermittelt ein altes Flussbett entdeckt wurde. Je wichtiger die Ausbeutung des nordamerikanischen Kontinentalschelfs wird, desto wichtiger wird es, den Meeresgrund frühzeitig zu vermessen und unterseeische Fundstellen zu identifizieren. Andernfalls laufen wir Gefahr, die Hinterlassenschaften einer untergegangenen Welt zu zerstören und uns der Möglichkeit zu berauben, eine Antwort auf die Frage zu finden, wie die Besiedlung des amerikanischen Doppelkontinents stattgefunden hat.

Im Riverside Cafe widmeten wir uns den letzten Schlucken unseres Biers, das längst warm geworden war, und den letzten, schon ziemlich kalten Pommes frites. Dann hieß es, Abschied zu nehmen. In wenigen Tagen würde mit dem Memorial Day die Hurrikan-Saison beginnen. Was die ausrichten kann, war an den Hochwassermarken abzulesen, die an den Holzbalken des Cafés angebracht waren und die Namen der Stürme trugen, die hier gewütet hatten: Dennis 2005, Hermine 2016, Michael 2018.

Ist der Abbau von Sand nicht widersinnig? Das fragte ich die Archäologen zum Abschied. Warum schafft man ihn unter großen Anstrengungen an die Ufer, wenn der nächste Sturm ihn doch wieder fortspült? Die Frage stelle sich durchaus, bestätigten mir die Fachleute. Aber wir seien nun einmal in Florida, das seine Küstengebiete samt den dort lebenden Menschen schützen wolle. Dieser Kampf, so ihre Prognose, werde in den kommenden Jahren noch viel teurer werden. Florida ist von Wasser umzingelt, zusätzlich regnen Jahr für Jahr anderthalb Meter pro Quadratmeter vom Himmel herab. Dieses Wasser wird von der Flut aus dem schwammigen

Erdreich herausgedrückt, ein Phänomen, das auf den heiter klingenden Namen »Schön-Wetter-Überschwemmung« hört. Stürme bringen vom Meer her Wasser heran. Die frühen Bewohner und Bewohnerinnen Floridas wussten, dass ihre niedrig gelegenen Siedlungsgebiete nur wenig Schutz vor den Wassermassen boten, und zogen sich deshalb zurück. Werden wir vergleichbar klug und umsichtig handeln? Oder werden wir den an Sisyphos gemahnenden Kampf gegen die Elemente fortsetzen und unverdrossen weiter Sand ausbaggern?

Einige Monate später saß ich in einem Flugzeug, das mich nach Kingston auf Jamaika bringen sollte. Als wir über Florida waren, konnte ich beobachten, dass sich an der Küste eine kleine Armada von Lastwagen versammelte, um an den ausgemergelten Stränden Sand abzuladen. Und das ist nur einer der Gründe, warum auf dem Meeresgrund so viel gebaggert und abgetragen wird. Ich war auf dem Weg zu einer internationalen Konferenz, auf der über einen der wichtigsten dieser anderen Gründe diskutiert werden sollte: den Abbau von Rohstoffen in internationalen Gewässern. Alle paar Monate schicken Regierungen aus aller Welt Delegierte zu den Treffen der Internationalen Meeresbodenbehörde ISA mit Sitz in Kingston, um Fragen zu diskutieren, die sich daraus ergeben, dass in diesem Niemandsland wahre Schätze liegen. Befürworter des Abbaus vertreten die Position, dass die Welt die wertvollen Metalle für die Umstellung auf erneuerbare Energien braucht. Noch aber wissen wir nicht, welche Zerstörungen wir damit in der Tiefsee, der am wenigsten bekannten und kartierten Region der Erde, anrichten würden. Beim Blick aus dem Flugzeugfenster schien der in helles Licht getauchte Küstenstreifen, an dem die Lastwagen werkelten, plötzlich winzig im Vergleich zu der riesigen dunklen Fläche des Ozeans.

Kapitel 10

BERGBAU IN DER TIEFE

Gebt mir eine Karte, ich will schauen,
was mir in der Welt noch zu erobern bleibt.

Christopher Marlowe: *Tamerlan der Große*, 1590

1.

In einem der ersten Artikel, die ich zum Thema Seabed 2030 gelesen habe, äußerten Ökologen die Sorge, dass eine vollständige Karte des Meeresbodens der Ausbeutung von Rohstoffen in der Tiefsee Vorschub leisten könnte.[1] Dass zwischen beidem ein Zusammenhang besteht, ist nicht von der Hand zu weisen. Im Laufe der Geschichte sind kühne Entdecker in unbekannte Regionen vorgestoßen, im Gepäck Astrolabien und Theodolite, mit denen sie Messungen vorgenommen und Daten zusammengetragen haben. Ob wissentlich oder nicht, haben sie damit die Grundlage für die weiteren Schritte gelegt, die sich auf die Begriffe Kolonialisierung, Ausbeutung und industrielle Entwicklung bringen lassen. »Es ist nicht so, dass Lewis und Clark schlechte Menschen mit bösen Absichten gewesen wären«, schreibt Stephen Hall in seinem Buch *Mapping the Next Millennium*. »Aber die Gegenden, die von Entdeckern kartiert werden, und die Karten, die dabei entstehen, öffnen Tür und Tor für Interessen anderer Art, Interessen, die auf den Abbau, die Ausbeutung und die Zerstörung von Ressourcen aus sind, seien es Goldvorkommen, Baumbestände oder alte, entbehrliche menschliche Kulturen.«[2]

Die komplette Landmasse der Erde ist kartiert, sie wird von Satelliten überwacht, aber was ist aus dieser uns in ihren Details bekannten Welt geworden? Wissenschaftler nutzen Satelliten und Karten, um die Schneisen der Zerstörung nachzuvollziehen, die wir geschlagen haben. Dafür stehen schwindende Artenvielfalt und die Vernichtung natürlicher Lebensräume. Eine aktuelle Studie hat sich mit dem Zustand der Weltmeere befasst und herausgefunden, dass nur noch 13,2 Prozent der Ozeane keine oder allenfalls geringste Spuren von Einflüssen des Menschen aufweisen. Der größte Teil davon liegt auf der Südhalbkugel und dort vor allem im Südlichen Ozean und dessen Tiefsee-Ebenen mit ihrem morastigen Boden.[3] Sollte Seabed 2030 unvollendet bleiben, so die Überlegung, ließen sich diese letzten Refugien vor der Gier des Kapitalismus nach Ressourcen vielleicht schützen.

Die Tiefsee ist vermutlich dasjenige Ökosystem auf Erden, das wir am wenigsten verstanden haben, und doch sind führende Wissenschaftler einhellig der Meinung, dass sich dieser Lebensraum vom Abbau von Metallen und Mineralien im großen Stil wenn überhaupt, dann nur sehr langsam erholen würde. »Führt man sich vor Augen, wie langsam sich das Ökosystem der Tiefsee von Eingriffen erholt, muss man zu dem Schluss kommen, dass der Verlust an Biodiversität durch den Abbau von Rohstoffen so umfassend ist, dass er nach menschlichen Maßstäben irreversibel genannt werden muss«, so die niederschmetternde Schlussfolgerung der Studie.[4] In den 1970er- und 80er-Jahren wurden im Pazifik Probeschürfungen durchgeführt; die Narben, die schweres Gerät auf dem Meeresboden hinterlassen hat, sind bis heute nicht verheilt, und nur wenige Tierarten haben sich von dem Eingriff in ihren Lebensraum vollständig erholt.

Firmen, die in der Tiefsee schürfen wollen, erkunden seit Jahrzehnten den Atlantischen, den Pazifischen und den Indischen Ozean; das größte Interesse aber hat ein bestimmter Abschnitt des Meeresbodens im Pazifik auf sich gezogen. Die Clarion-Clipperton-Zone (CCZ) ist eine Tiefsee-Ebene, die auf halber Strecke zwischen Hawaii und Mexiko liegt und in etwa so groß ist wie Europa. Ihr blüht die Ausbeutung durch unbemannte Tauchroboter, die von einem Schiff aus gesteuert werden und Manganknollen vom Meeresgrund bergen. Die Maschinen, die dabei zum Einsatz kommen, sind große und schwere Kettenfahrzeuge, die an Panzer erinnern und auf ihren Beutezügen alles Leben, das ihnen in die Quere kommt, vernichten.[5] Die CCZ ist quasi vollgestopft mit Manganknollen, die mancherorts so dicht beieinanderliegen, dass es an das Kopfsteinpflaster der Straßen von London denken lässt. Neben Mangan enthalten die Knollen auch beträchtliche Mengen an Nickel, Kobalt, Kupfer und seltenen Erden.[6]

Dieser Schatz zeugt von der Langsamkeit, mit der sich die Unterwasserwelt entwickelt hat. Die Größe der Knollen reicht von Erbsen bis zu Kartoffeln. Schneidet man eine Knolle auf, fällt der Blick auf Schichten, die an die Jahresringe alter Bäume erinnern. Bei diesen schartigen schwarzen Gesteinsstücken handelt es sich um verdichtete Ansammlungen verschiedener Minerale und Metalle, die über Millionen von Jahren aus dem Meer gefiltert wurden. Im Zentrum dieser Knollen finden sich bisweilen Reste einer urzeitlichen Muschel oder des Zahns eines Hais – womöglich sogar eines Megalodon, der größten Haiart, die je auf der Erde gelebt hat und vor circa 23 Millionen Jahren in allen Weltmeeren heimisch war. Um ein solches Zentrum herum sammeln sich Mineralien an, die zu einer Knolle heranwachsen – wenn auch sehr langsam, denn in einer Million Jahren legt der Durchmesser einer solchen Knolle nur um 2,5 Zentimeter zu.

Noch steckt der Tiefseebergbau in den Kinderschuhen, aber

das kann sich schon sehr bald ändern. Im Juni 2021 löste der Präsident des pazifischen Inselstaates Nauru einen Mechanismus aus, der die Mitgliedstaaten des UN-Seerechtsübereinkommens dazu zwang, binnen zwei Jahren Regularien für den Tiefseebergbau vorzulegen. Nach jahrzehntelangen Debatten der Internationalen Meeresbodenbehörde in Kingston sollten die Verhandlungen bis zum Juni 2023 zu einem Abschluss kommen, ein Zeitplan, den viele Beobachter in Anbetracht der komplexen Voraussetzungen für allzu ambitioniert hielten.[7] Beim letzten Treffen der ISA vor Ausbruch der COVID-19-Pandemie war die Atmosphäre derart vergiftet, dass die Vertreter Afrikas, die für immerhin siebenundvierzig Länder standen, mit dem Abbruch der Verhandlungen drohten, wenn nicht eines ihrer Hauptanliegen – die paritätische Vertretung aller Länder und Kontinente – Berücksichtigung fände. Auf das alltägliche Leben übertragen, gleicht eine solche Drohung einer vorgehaltenen Schusswaffe.

Droht Seabed 2030 tatsächlich, zu einer Schatzkarte der letzten noch unerkundeten Regionen der Welt zu verkommen? Ökologen, die dem Projekt skeptisch gegenüberstehen, verweisen gern auf eine nach ihrem Verständnis fatale wissenschaftliche Tradition, die nach immer mehr Daten, mehr Wissen und schließlich mehr betriebswirtschaftlichem Denken verlangt. Studien belegen, dass der wirksamste Schutz der Natur darin besteht, sie in Ruhe zu lassen. So bleiben natürliche Lebensräume erhalten, mit ihnen Ökosysteme, Tiere, die nirgendwo anders auf der Welt vorkommen, und Spezies mit hoher genetischer Diversität. In der Summe sind solche Regionen weitaus widerständiger gegen den Klimawandel als renaturierte oder bewirtschaftete Ökosysteme. Primärwälder speichern Kohlenstoff deutlich besser als künstlich angelegte Pflanzungen, während Sekundärwälder Kohlenstoff schneller binden, wenn sie naturbelassen aufgeforstet werden.[8] Als größter intakter natürlicher Lebensraum der Erde hat die unkartierte und weitgehend unbekannte

Tiefsee das Zeug, zum Bollwerk gegen den fortschreitenden Klimawandel zu werden, der unseren Planeten im Kern bedroht.

Die Vorstellung ist verlockend, doch schon als ich die Bibliothek der ISA betrat, wurde mir klar, wie weltfremd sie ist. Der Raum war voller Karten des Meeresbodens. Mit staatlicher Unterstützung haben Bergbaufirmen die lukrativsten Stellen auf dem Meeresgrund ausfindig gemacht und unter sich aufgeteilt. Die Auflösung der Karten von Seabed 2030 genügt nicht, um die genaue Position der Lagerstätten in der Tiefsee zu bestimmen. Also haben die Firmen selbst Karten hergestellt, die besser und genauer sind als die der Wissenschaftler. Ich nahm einen großformatigen Atlas aus dem Regal und schlug eine Seite auf, auf der unterseeische Berge im Südpazifik dargestellt waren. Auf jeder Folgeseite war ein weiterer Berg zu sehen, jeder in den Regenbogenfarben der dreidimensionalen bathymetrischen Darstellung, die mir inzwischen so vertraut war. Neben jeder Karte war eine Legende abgedruckt, die den dazugehörigen Berg in seine mineralische Zusammensetzung zerlegte und Prozentangaben für Mangan, Eisen, Kobalt, Nickel und Kupfer enthielt. Die Daten für die Karten wurden in den 1980er-Jahren von einem japanischen Forschungsschiff erhoben. Damals gab es auf den Weltmärkten ein Überangebot an Metallen. Heute, vierzig Jahre später, hat sich die Situation grundlegend gewandelt. Die Nachfrage nach Nickel, Kobalt, Eisen und Kupfer ist enorm, was ironischerweise dem wachsenden Bedarf an Elektroautos, Windrädern und Sonnenkollektoren geschuldet ist, mit denen die CO_2-Bilanz aufpoliert werden soll. Die Schatzkarten existieren also bereits, und die Regierungsvertreter, die sich eine Etage tiefer versammelt haben, sind womöglich schon dabei, den Schutz der Tiefsee zu opfern, um einer neuen Industrie den Weg zu bereiten.

Seit fünfundzwanzig Jahren treffen sich Delegierte aus aller Welt in Kingston, um Regeln für die Ausbeutung der Tiefsee aufzustellen, aber nie war die Dringlichkeit so groß wie heute. Und weil die Tiefsee so riesig und unübersichtlich ist, bekommen die meisten Menschen von den Verhandlungen nichts mit. »Die Öffentlichkeit bleibt außen vor, weil die wenigsten wissen, was es mit dem Tiefseebergbau auf sich hat«, erklärte der Ozeanograf Jeffrey Drazen seinem Gastgeber Alan Jamieson in dessen Podcast über die Tiefsee.[9] Laut Drazen muss ein Lizenznehmer pro Jahr auf einer Fläche von 300 bis 600 Quadratkilometern Rohstoffe abbauen, um profitabel zu sein.[10] Allein in der Clarion-Clipperton-Zone sind derzeit zweiundzwanzig Lizenznehmer aktiv, die Schürfrechte für fünf Jahre erworben haben. Wir stehen also am Beginn der größten Veränderung der Oberfläche der Erde, die der Mensch je vorgenommen hat, und vermutlich werden wir den Meeresboden unwiederbringlich zerstört haben, bevor wir ihn auch nur ansatzweise erkundet haben.

2.

Die 26. Session der Internationalen Meeresbodenbehörde dauerte eine Woche, und in dieser Zeit saß ich neben Arlo Hemphill, einem der erfahrensten Ozean-Aktivisten von Greenpeace. Zunächst wirkte er auf mich eigentümlich fahrig und nervös. In einem atemberaubenden Tempo hämmerte er auf sein Laptop ein, ohne die Verhandlungen, die sich direkt vor unseren Augen abspielten, auch nur eines Blickes zu würdigen. Und bis er sein Telefon endlich auf lautlos stellte, ertönte alle naselang statt eines Klingelzeichens eine Polizeisirene. Aber wenn ich an seiner Stelle wäre, wäre ich vermutlich auch nervös. Das ist mit der besonderen Rolle zu erklären, die Greenpeace auf solchen internationalen Konferenzen spielt. »Die Entwicklung, wie sie sich auf der 26. Session der ISA zeigt, betrachten wir mit großer Sorge«, erklärte Hemphill den Delegierten gleich zum Auftakt der Veranstaltung. Seine Forderung bestand in nichts Geringerem als einem Moratorium für den Tiefseebergbau, doch dieser Forderung wollte sich kein Mitgliedsland der ISA anschließen, nicht einmal Costa Rica, das sehr auf Maßnahmen zum Umweltschutz drängte.[11] Am Ende der Woche hatte ich begriffen, dass Hemphill noch weitere Anlässe hatte, nervös zu sein.

Wegen des strengen COVID-19-Regimes auf Jamaika nahmen nicht einmal hundert Personen an dem Treffen der ISA teil. Der holzvertäfelte Konferenzraum im Convention Centre von Kingston erinnerte an den Saal, in dem die Vollversammlung der UNO stattfindet. Im Zentrum stand erhöht ein Rednerpult, die Sitzreihen, die darum aufgefächert waren, spiegelten die Wichtigkeit der Teilnehmenden anhand ihrer Sitzpositionen wider. Ich nahm am hinteren Ende des Saals Platz, wo sich auch die Vertreter von Greenpeace, der Pew Charitable Trusts und der Deep-Ocean Stewardship Initiative einfanden. Viel Einfluss lässt sich von dort, wo wir saßen, nicht nehmen, erläuterte der Beobachter der Pew Charitable Trusts. Das Wichtigste ist daher, seine Einwände rechtzeitig und vernehmlich vorzutragen.

Als der Präsident der Versammlung mit einem Hammerschlag die 26. Session eröffnet hatte, setzten sich die Delegierten Kopfhörer auf und wählten per Knopfdruck die passende Übersetzung aus. Die Reden wurden auf Spanisch und Französisch, vor allem aber auf Englisch gehalten, einem sehr formellen Englisch mit vielen Höflichkeitsfloskeln und Juristenjargon. Wenn es mir zu arg wurde, verließ ich mich lieber auf das Internet und die offiziellen Dokumente, die die ISA dort hinterlegt hatte. Bis ich mich durch die sechs- bis zehnseitigen Veröffentlichungen gearbeitet hatte, war die Debatte oft schon ganz woanders.

Michael Lodge, der Generalsekretär der ISA, hatte vor dem erhöhten Rednerpult Platz genommen. Seit seinem Amtsantritt gehört er zu jenen, die sich für den Tiefseebergbau aussprechen. Er taucht in Werbevideos einer Firma auf, die diesem Gewerbe nachgeht, auf dem Kopf einen Helm mit dem Logo der Firma. In seiner

Rede zur Eröffnung der Versammlung forderte Lodge die Delegierten auf, interessierten Ländern das Recht einzuräumen, den Meeresboden auszubeuten, und erinnerte daran, dass es die Aufgabe der ISA sei, als Aufseher der Tiefseebergbauindustrie zu fungieren. Auf die anderen Aufgaben, die der ISA übertragen wurden, ging er nur am Rande ein. Im Seerechtsabkommen ist bestimmt, dass die ISA die am Meeresgrund lagernden Ressourcen so einsetzen soll, dass es zum Wohl des Menschen *und* der Umwelt ist. Doch je näher der kommerzielle Abbau dieser Rohstoffe rückt, desto »mehr Menschen und mehr Regierungen fragen sich, ob es eine gute Idee ist, dass eine Organisation, die den Tiefseebergbau propagiert, auch die Regeln aufstellt, die dem Erhalt dieses Lebensraumes dienen sollen«.[12] So formulierten es die Autoren und Autorinnen eines Berichts der International Union for Conservation of Nature (IUCN), die früher auch Weltnaturschutzunion genannt wurde, aus dem Jahr 2018. Kritiker werden nicht müde zu betonen, dass die ISA an einem offenkundigen Interessenkonflikt krankt: Sie soll dem Tiefseebergbau Regeln geben, ist dafür aber auf die Einnahmen aus Lizenzen angewiesen.[13]

Als die Delegierten die Arbeit aufnahmen, wurde schnell klar, dass die Session sich allenfalls am Rande mit den Regeln des Tiefseebergbaus oder auch nur mit dem Meeresboden befassen würde. Die Verhandlungen, die in dem klimatisierten Raum von eifrig auf ihren Computern und Telefonen herumtippenden Anwälten und Experten geführt wurden, verliefen vorhersehbar. Wenn ein Delegierter einen Beitrag loswerden wollte, musste er ein Kärtchen mit dem Namen des Herkunftslandes aufrecht in einen Schlitz auf seinem Tisch stellen, damit der Präsident ihm das Wort erteilen konnte. Wenn es so weit war, ging ein rotes Licht am Mikrofon an, und der Delegierte konnte einen vorab formulierten Beitrag loswerden. Anschließend folgte die Aussprache. Die Reden dauerten zwischen zwei und fünf Minuten und folgten sämtlich einem Muster, das auch als »Shit-Sandwich« bekannt ist. Sie begannen mit ein paar allgemeinen Nettigkeiten wie dem Glückwunsch an den Generalsekretär zu seiner Wiederwahl oder dem Dank an Jamaika für die Gastfreundschaft. Daran schloss sich der weniger nette Teil an, meist in Gestalt einer Beobachtung, einer Kritik oder eines Vorschlags, der die Interessen des jeweiligen Landes auf den Punkt brachte. Den Schluss bildete wieder ein Glückwunsch oder eine Schmeichelei. Nach drei chaotischen Jahren Pandemie, in denen Regeln der individuellen wie der öffentlichen Gesundheitsfürsorge missachtet worden waren, konnte ich die Regelhaftigkeit, in der die Tage in Kingston abliefen, durchaus genießen. Doch die Arbeit des Plenums hatte erschütternd wenig mit dem Alltag jener Menschen zu tun, die auf hoher See ihrem Broterwerb nachgehen.

Auf See gibt es nur wenige Menschen, die Zeugen eines Verbrechens werden und davon berichten könnten. Deshalb bleiben die meisten Straftaten, die sich dort ereignen, ungesühnt. »Der Arm des Gesetzes, der sich an Land oft als stark und entschlossen erweist und sich auf Regeln stützt, die über Jahrhunderte ausgebildet wurden, verliert auf See, so er denn überhaupt dorthin reicht, einen Gutteil seiner Kraft«, schrieb der Journalist Ian Urbina.[14] Düngemittel werden ins Meer geschwemmt, weit vor den Küsten treiben riesige Felder aus Plastikmüll. Fischer pflügen den Meeresboden um und zerstören Lebensräume, während sie dem Fischbestand durch Überfischung den Garaus zu machen drohen. Fachleute, die die Einhaltung von Regeln überwachen wollen, verschwinden spurlos oder sterben unter mysteriösen Umständen.[15] Die neue, noch im Versuchsstadium befindliche Industrie, die die Szene betritt, verheißt für den Lebensraum Meer nichts Gutes. Tiefseebergbau wird sich im Dunkeln und so weit vom Land entfernt abspielen, dass kaum jemand etwas davon mitbekommt. Ferngesteuerte Fahrzeuge wie *Hercules* ließen sich für die Schadensfeststellung verwenden, doch dass es dazu kommt, ist nicht zu erwarten, schon gar nicht in jenem Umfang, in dem es erforderlich wäre. Die infrage stehenden Abbaugebiete sind riesig, die Unterwasserfahrzeuge teuer und technisch anspruchsvoll. Am ersten Tag des Treffens in Kingston machte der chilenische Delegierte den Vorschlag, die Piloten solcher Tauchboote zur Einhaltung von Umweltstandards zu verpflichten – eine gute Idee, die folgenlos im Sand verlief.

Schließlich trat Hemphill ans Pult, und nach dem diplomatischen Gesäusel seiner Vorredner glichen seine Worte einem Knüppel, der auf die Versammlung niederging. Gegen Ende des zweiten Tages, der ganz im Zeichen der Frage nach dem Umgang mit der Zwei-Jahres-Frist gestanden hatte, die sich aus dem Antrag Naurus ergab, durften sich auch die Beobachter zu Wort melden und eine Stellungnahme abgeben. »Seit Nauru im letzten Juni die Frist von zwei Jahren gesetzt hat«, so Hemphill in seinem Beitrag für Greenpeace, »besteht ernstlich die Gefahr, dass die ISA sich statt ihrem eigentlichen Auftrag, der in allererster Linie im Schutz des Lebensraums Meer besteht, dem Tiefseebergbau verschreibt, obwohl der Meeresboden zum gemeinsamen Erbe der Menschheit zählt.«

Die hehre Rede vom gemeinsamen Erbe der Menschheit hat Hemphill sich nicht ausgedacht. Die Formulierung stammt aus einer berühmt gewordenen Rede, die zur Grundlage des Seerechtsübereinkommens wurde und in die Verträge eingeflossen ist, die den Umgang mit internationalen Gewässern regeln. 1967 stellte sich Arvid Pardo, der Vertreter Maltas bei den Vereinten Nationen, vor die Generalversammlung von New York und hielt eine dreistündige flammende Rede, in der er den Schutz der Ressourcen der Ozeane einforderte.[16] Er prangerte die zunehmende Militarisierung des Meeresbodens und die Stationierung von Atomwaffen an, propagierte die Ansiedlung von Aquakulturen und die Erforschung der effektiven Haltung von Fischen, um den weltweiten Hunger zu bekämpfen. Dabei verwies er auf eine zeitgenössische Studie, die das Vorkommen von wertvollen Metallen auf dem

Meeresgrund auf eine Billion Tonnen schätzte.[17] All diese Reichtümer, so die Stoßrichtung seiner Rede, könnten nicht länger dem Grundsatz der Freiheit der Meere unterworfen bleiben, den ein holländischer Jurist im 17. Jahrhundert entworfen hatte. Bliebe alles, wie es war, so Pardo, würden die reichen Länder immer reicher, die armen immer ärmer. Ein erneuter Wettstreit um Ressourcen wäre die Folge, so seine Warnung, der dem Kampf der Kolonialmächte um die Vorherrschaft in Afrika ein Jahrhundert zuvor gleichen, sich nun aber auf dem Meeresboden abspielen würde.

Pardo schloss seine Rede mit der Mahnung, die Vereinten Nationen müssten sofort handeln und den Meeresboden zum gemeinsamen Erbe der Menschheit erklären, um Regelungen zu erlassen, bevor dort unten der Raubbau begonnen hätte. »Ich hatte die Hoffnung, der Vorschlag könnte als eine Art Brücke in die Zukunft dienen und die Weltgemeinschaft in ihrem Bestreben einen, unseren Planeten für nachfolgende Generationen zu erhalten«, sagte Pardo viele Jahre später in einem Interview.[18] Reiche Nationen, die genügend Geld, Technik und wissenschaftliche Kapazität besaßen, um Tiefseebergbau zu betreiben, waren von Pardos Vorschlag wenig angetan.[19] Und doch hatte dessen Rede eine Saite zum Schwingen gebracht, die viele Entwicklungsländer in Afrika aufhorchen ließ, von denen viele erst kürzlich die Unabhängigkeit erlangt hatten. Aber auch der Sowjetunion und einigen osteuropäischen Staaten gefiel der gemeinnützige Ansatz Pardos besser als die kapitalistisch orientierte Regellosigkeit, für die der Westen votierte.[20]

Nach Pardos Rede vergingen weitere zehn Jahre mit zähen Verhandlungen, aus denen schließlich das UN-Seerechtsabkommen hervorging. Die Delegierten, die über die Frage verhandelten, wie mit internationalen Gewässern umgegangen werden sollte, brachten neueste wissenschaftliche Erkenntnisse in Anschlag, aber jene Wissenschaft, die sich mit dem Leben auf dem Meeresgrund befasste, steckte noch in den Kinderschuhen.

Über viele Jahrhunderte hinweg war umstritten, ob auf dem Meeresgrund überhaupt Leben existierte. Im Viktorianischen Zeitalter entwickelten Fachleute die populäre azoische Hypothese, laut der ein Leben unterhalb von 300 Faden (circa 550 Meter) unmöglich war.[21] Entsprechend schwer fiel es ihnen, zur Kenntnis zu nehmen, dass Fischer und Walfänger von Fängen aus erheblich größeren Tiefen berichteten.[22] 1960 erreichten zum ersten Mal zwei Menschen den Grund des Marianengrabens, sie benutzten dafür ein plump wirkendes, Bathyskaph genanntes Tauchboot. Als sie eine Tiefe von 10 916 Metern erreichten, erblickte einer der beiden Männer einen Plattfisch, der an der Luke vorbeischwamm. Dank des Medienrummels, von dem der historische Tauchgang begleitet wurde, geriet diese Sichtung zum Beweis, dass auch in den tiefsten Tiefen Leben möglich war. Wenige Jahre später äußerten Fachleute Zweifel an der Sichtung, und heute sind die meisten Biologen davon überzeugt, dass es sich nicht um einen Fisch gehandelt haben kann. Laut einer neuen Hypothese ist es ihnen aufgrund des Körperbaus unmöglich, unterhalb von 8500 Metern Tiefe zu überleben.[23]

1977 fanden Bob Ballard und seine Begleiter rund um eine hydrothermale Quelle vor Galapagos eine große Ansammlung von Tiefseelebewesen vor. Prompt tauften sie das Gebiet auf den Namen Garten Eden. Diese Entdeckung, die heute als eine der wichtigsten des 20. Jahrhunderts gilt, schmiss viel von dem über den Haufen, was wir über das Leben auf der Erde zu wissen glaubten.[24] Eine völlig neue chemosynthetische Welt war zu bestaunen, ein Paralleluniversum unter Wasser, das ohne Sonnenlicht auskam. »Als in den 1970er-Jahren das Seerechtsübereinkommen verhandelt wurde, war nichts von dem absehbar«, meinte Philip Steinberg, Geografieprofessor und Direktor des Centre for Borders Research der Universität von Durham.

Drei Landschaftsformen der Tiefsee stehen im Fokus der Begehrlichkeiten von Bergbaufirmen: die unterseeischen Berge, die

Tiefsee-Ebenen und die hydrothermalen Quellen, die entlang von Rücken und Bruchzonen zu finden sind. Bei Bergen und Quellen müssen die Firmen nur die jeweils oberen Schichten abtragen, um Mineralien zu fördern. Ebenen werden durch die panzerartigen Kettenfahrzeuge ausgebeutet, die entweder tiefe Schnitte in den Meeresboden setzen oder Manganknollen, die auf dem morastigen Meeresgrund liegen, per Unterdruck ernten wie unsereins die Kartoffeln, mit denen die Knollen so gern verglichen werden.

Seit der Entdeckung des unterseeischen Gartens Eden tragen Wissenschaftler immer mehr Belege für die Theorie zusammen, dass in allen drei Landschaftsformen in vielfältiger Weise Leben anzutreffen ist. Hydrothermale Quellen setzen chemikalienhaltiges Wasser frei, von dem sich Kalkröhrenwürmer, Krabben und allerlei noch unbekannte Arten ernähren. Diese Quellen beziehungsweise ihre Vorgänger haben wohl auch das erste Leben auf der Erde hervorgebracht. Seeberge sind ein wahrer Hort der Biodiversität. Weit vom Land entfernt, dienen sie als Laich- und Fressgründe. Manganknollen bieten dem Ökosystem der Tiefsee-Ebenen den erforderlichen Halt.[25]

1982 war das Seerechtsübereinkommen unterschriftsreif. Doch da hatte Arvid Pardo, der als Vater des Abkommens gilt, den Glauben daran schon verloren. »Vermutlich ist nie ein Abkommen unterschrieben worden, das so unzulänglich ist wie dieses«, sagte er schon 1981 voller Abscheu. Die Vereinigten Staaten von Amerika hatten bei den Verhandlungen eine Schlüsselrolle inne, und Pardo musste befürchten, dass das Abkommen reiche Nationen bevorteilen würde, indem ihnen der Großteil der zugänglichen Abbaustellen zugeschlagen wurde. Kurz vor Toresschluss weigerten sich die USA, den Vertrag zu unterschreiben, vor allem wegen der »sozialistisch« anmutenden Formulierung »gemeinsames Erbe der Menschheit«, die zudem verunklare, was aus dem Tiefseebergbau werden solle, wenn es den erst mal gäbe. Die USA konnten viele andere Länder dazu bewegen, sich ihrem Standpunkt anzuschließen.[26] Das Seerechtsübereinkommen drohte an Formulierungsfragen zu scheitern, bis sich nach vielen Versuchen, die Industrienationen umzustimmen, im Jahr 1994 genügend Staaten fanden, die es unterschreiben wollten. Die USA gehörten immer noch nicht dazu, und dabei ist es bis heute geblieben.[27]

Pardos Formulierung hat es überraschenderweise bis in die letzte Fassung des Vertrags geschafft, sodass der Status des Meeresbodens als Allgemeingut, das niemand besitzt und das von der ISA nur verwaltet wird, bis in unsere Tage Gültigkeit hat. »Gemeinsames Erbe der Menschheit« ist ein Siegel, das auch auf anderen Weltgegenden klebt: der Antarktis, dem Mond und sogar dem menschlichen Genom. Was genau die Formulierung für den Tiefseebergbau bedeutet, hängt davon ab, wen man fragt. »Die reichen Länder des Westens und des Nordens verstehen darunter: ›Wer zuerst kommt, mahlt zuerst.‹ Der globale Süden versteht es als: ›Es gehört allen, und wer zuerst kommt, teilt es mit allen anderen‹«, sagte Aletta Mondré, Professorin für Politikwissenschaft an der Universität Kiel. »Was es in der Praxis bedeutet, wissen wir noch nicht.«

3.

In der Geschichte gab es immer wieder wichtige Zeitpunkte, an denen weiße Flecken auf den Karten auftauchten, die auf Entdeckung und Ausbeutung warteten.[28] Fragt man die Mitarbeiter der Metals Company, was es mit der pazifischen Clarion-Clipperton-Zone auf sich hat, werden sie antworten, dass es sich dabei um einen weiteren weißen Fleck auf der Karte handelt. »Die Landschaft dort unten ist ziemlich karg. Im Grunde ist es die größte Wüste der Welt, die zufälligerweise unter Wasser liegt.« So oder ähnlich hat sich mehrfach der Geschäftsführer der Firma, Gerard Barron, ausgedrückt.[29] Die Metals Company steht hinter dreien der zweiundzwanzig Lizenznehmer, die heute den Meeresboden erkunden. Zu Interviews nimmt Barron häufig eine Manganknolle mit, die er »eine Batterie in einem Stein« nennt.[30] Die Botschaft, die er übermittelt, scheint mir folgende zu sein: Wenn wir den Planeten retten wollen, wenn wir uns selbst retten wollen, müssen wir die Wüste auf dem Meeresgrund opfern.

Das vielleicht berühmteste Beispiel für einen solchen weißen Fleck auf einer Karte, der Erkundung und Ausbeutung provozierte, ist vermutlich der hartnäckige Mythos, dass der amerikanische Kontinent vor der Ankunft der Europäer unbewohnt war. Auf alten Karten ist der Doppelkontinent oft als unbewohnte Wildnis dargestellt. Dabei lebten hier zu der Zeit, in der Kolumbus in der Karibik landete, etwa 50 bis 70 Millionen Menschen.[31] Ein weiteres Beispiel stammt aus Joseph Conrads Buch *Herz der Finsternis*, das auf dem Höhepunkt der imperialen Macht Großbritanniens entstanden ist. »Damals gab es noch viele weiße Flecken auf der Erde, und wenn ich auf der Karte einen sah, der besonders einladend aussah (aber das tun sie eigentlich alle), legte ich meinen Finger darauf und sagte: Wenn ich groß bin, geh ich dort hin«, sagt Marlow, als er sein Leben beschreibt, das ihn als Kolonialist auf eine grausige Fahrt über den Kongo führen wird.[32]

Als ich ein Kind war, bin ich oft mit einem Finger über einen rotierenden Globus gefahren und habe mir vorgestellt, wie das Leben an fernen Orten sein mochte – ein Spiel, das ich als unschuldig und lustig in Erinnerung habe. Wenn man klein ist und Tisch- oder Arbeitsplatten noch nicht von oben sehen kann, bietet eine Karte eine geradezu göttliche Perspektive auf die Welt. Ein Erwachsener wie Marlow, so der Historiker J. Brian Harley, hat hingegen weniger redliche Motive. »Für ihn ist die Welt voller weißer Flecken, die nur darauf warten, von Engländern in Besitz genommen zu werden.«[33] Damit ist der Konflikt zwischen Erkundung und Ausbeutung beschrieben, der allen Karten eingeschrieben ist, die im Wortsinn Neuland darstellen. Die weißen Flecken sind in Wahrheit nicht unbeschrieben und leer, sondern die Menschen, die sie in dem Glauben betreten, die Ersten zu sein, füllen sie mit Geschichten, die ihren Zwecken am ehesten dienen.

Auf den ersten Blick sieht die CCZ im Pazifischen Ozean tatsächlich so aus, als sei sie leer und unbeschrieben. Eine solche Landschaft würde man eher auf dem Mars oder dem Mond erwarten. Wissenschaftler haben jedoch herausgefunden, dass hier eine große biologische Vielfalt zu Hause ist. Patricia Esquete, Biologin mit dem Schwerpunkt Tiefsee, die während des ISA-Treffens ganz in meiner Nähe saß, hat schon drei Forschungsreisen in das Seegebiet unternommen, um die Makrofauna der Tiefe zu untersuchen. Das meint vor allem Wirbellose, die mit bloßem Auge zu erkennen sind, zum Beispiel Muscheln, Schnecken, Krabben, Würmer und Krustentiere. Um das Ökosystem zu verstehen, lässt sie einen sogenannten Boxcorer bis auf den Grund des Ozeans sinken, ein Gerät zur Probenahme, das ein rechteckiges Stück Meeresboden abträgt und einsammelt. Dann wird es wieder nach oben gezogen, mit allen Lebewesen an Bord, die auf dem Grund aufgelesen wurden.

Die Wissenschaft geht davon aus, dass mehrere Tausend Arten nur in der CCZ vorkommen. Viele der Tiere, die Esquete eingesammelt hat, waren bis dahin unbekannt oder unbeschrieben. Sie stammen sämtlich aus einem Gebiet, das bestenfalls ein Prozent der Fläche der CCZ umfasst. Die Hälfte der größeren Tiere nutzt die Manganknollen als Standort und Lebensraum, den ihnen der weiche Untergrund ansonsten nicht bietet.[34] Der Oktopus Casper, eine kleine weiße Tintenfischart, die 2016 entdeckt wurde, legt seine Eier auf Schwämme, die auf den Knollen wachsen. In den Spalten und Löchern der Knollen leben kleinere Tiere wie Nematoden und Bärtierchen, wegen ihres Aussehens und ihrer Fortbewegungsweise auch Wasserbären genannt. »Wenn man die Manganknollen entnimmt, zerstört man das Ökosystem«, so Esquete. Und sie betont, dass von dieser Zerstörung nicht nur ein noch unerforschtes Ökosystem betroffen wäre. »Selbst wenn man ethische Fragen aus der Diskussion ausklammert, gibt es genügend gute Gründe, auf den Abbau zu verzichten.«

Mit dem Abbau von Rohstoffen auf dem Meeresgrund sind viele Umweltfragen verbunden, und zu den drängendsten Themen gehören die Sedimentwolken. Diese Wolken werden sowohl von den Maschinen aufgeworfen, die das Mangan abernten, als auch durch das Sediment erzeugt, das von den Schiffen zurück ins Meer gespült wird. Sie haben das Zeug, sich über Hunderte Kilometer vom Entstehungsort zu entfernen.[35] Die Physik des Meeres setzt ihnen jedenfalls keine Grenzen. An Bord der *Nautilus* konnte ich beobachten, wie der Tauchroboter *Hercules* über das feinkörnige Sediment auf dem Grunde des Santa-Barbara-Kanals glitt und eine Schleppe aus Staub hinter sich herzog. So fiel es mir nicht schwer, mir auszumalen, welchen Sandsturm ein fünfzehn Meter langer und 25 Tonnen schwerer Kollektor entfachen würde, wenn er wie ein überdimensionaler Staubsauger Manganknollen vom Meeresgrund erntet.[36] (Ein anderer Typ Kollektor soll den Meeresgrund mit seinen Metallzähnen einschneiden und auf diese Weise die Manganknollen ernten.) Die Mischung aus Sediment, Wasser und Manganknollen, so der Plan, wird zu einem Schiff gepumpt, wo die Knollen aussortiert werden und der unerwünschte Rest zurück ins Meer geleitet wird – jedoch nicht bis zurück in die Tiefe, aus der er stammt, sondern nur bis in eine Tiefe von circa hundert Metern.[37] Bei der Trennung der »Spreu vom Weizen« werden Metalle freigesetzt, darunter möglicherweise auch giftige, die mitsamt dem Sediment im Ozean landen. Wo immer sich die Wolke, die sich daraus bildet, niederlässt, werden die Tiere, die dort leben, geschädigt. Das Sediment würde Tintenfische und Planktonwürmer, die in großer Tiefe im Wasser schweben, zu Boden drücken. Die Nahrungsaufnahme von Schwämmen, Quallen und Muscheln würde empfindlich gestört, weil die Poren, die das bewerkstelligen, verstopften. Licht, das viele Tiere benötigen, um Beute anzulocken oder zu kommunizieren, würde abgeblockt. Auch Walhaie, Lederrückenschildkröten und Seevögel halten sich in dem Abbaugebiet in der Clarion-Clipperton-Zone auf. Welche Auswirkungen es auf eine Schildkröte oder einen Thunfisch hat, wenn sie durch eine mit Schwermetallen verseuchte Wolke schwimmen, ist ungeklärt. Größere Tiere ernähren sich von kleineren, sodass nicht auszuschließen ist, dass über die Nahrungskette am Ende auch der Mensch betroffen ist. Dass dies ein realistisches Szenario ist, belegt der Umstand, dass die Hälfte des weltweiten Thunfischvorkommens in der CCZ beheimatet ist.[38]

Wenn ich versuche, mir ein anschauliches Bild davon zu machen, welche Folgen diese Sedimentwolken für die CCZ haben könnten, dann fallen mir die Dürregebiete im Zentrum der USA ein, die in den 1930er-Jahren von Staubstürmen heimgesucht wurden. Wegen der intensiven landwirtschaftlichen Nutzung war die oberste Bodenschicht durch Erosion abgetragen worden, und mit ihr das Gras, das den Staub hätte auffangen können. Apokalyptische Staubstürme waren die Folge, die die Menschen von Oklahoma bis hinauf ins kanadische Saskatchewan aus der angestammten Heimat vertrieben. Der feine Schluff – versetzt mit Kieselerde, die bei der Herstellung von Glas Verwendung findet – erstickte Mensch und Tier, vernichtete die Ernte und die Lebensgrundlage und löste eine Massenabwanderung nach Kalifornien aus. Derweil tobten sich die Sandstürme, die so groß wie Berge waren, ungehindert über der Prärie aus, verdunkelten die Sonne und hüllten ganze Städte stunden-, mitunter auch tagelang in Dunkelheit. Viele der Überlebenden erinnern sich an diese Zeit als an den bevorstehenden Weltuntergang – was sie aufgrund der Zerstörungen, die die Stürme anrichteten, für viele ja auch war. Sedimentwolken, die sich unter Wasser ausbreiten, könnten noch einschneidendere Folgen haben als diese Sandstürme. Der Ozeanograf Jeffrey Drazen hat herausgefunden, dass Sedimentwolken die Ozeane für viele Jahre eintrüben könnten. »Im Wasser setzen sich die Partikel wesentlich langsamer ab als in der Luft, was die Gefahren deutlich größer macht.«[39] Und doch werden die Knollen, die den Bodensatz am Meeresgrund binden, schon heute abgetragen.

Mit den modernen Kollektoren gelangen auch Licht und Lärm in ein Ökosystem, das seit Milliarden von Jahren in Stille und Dunkelheit gehüllt ist. Die blinkenden Lichter der Maschinen könnten die Fauna der Tiefsee, die an die Dunkelheit gewöhnt ist, empfindlich stören. Der Lärm, der entsteht, wenn die Knollen durch die Schläuche gesogen werden, die die Kollektoren mit dem Schiff an der Meeresoberfläche verbinden, breitet sich unter Wasser ungehindert aus. Tiere, die sich mithilfe von Schall orientieren und Jagd auf Beute machen, könnten ihrer Lebensgrundlage beraubt werden.[40]

Die Metals Company beschreibt sich selbst gern als umwelt- und klimafreundliche Alternative zur Öl- und Gasindustrie: »Ich denke, es ist an der Zeit, uns von der Rohstoffgewinnung, wie wir sie kennen, zu verabschieden«, erklärte Gerard Barron 2021 in einem Interview. »Die Nichtregierungsorganisationen, die den Tiefseebergbau kritisieren, verkennen, was die größte Bedrohung ist, und das sind nun einmal die Erderwärmung und der CO_2-Ausstoß.«[41] Behauptungen wie diese fallen in sich zusammen, wenn man die Folgen für das Klima bedenkt, die die Ausbeutung der Tiefsee hat. Seit mit dem Beginn des Industriezeitalters die Erderwärmung begonnen hat, nimmt der Ozean den Großteil der Wärme auf. (Laut NASA war der Ozean im Durchschnitt noch nie so warm wie im Jahr 2022.) Schon jetzt kommt er mit der Erwärmung kaum noch klar, zumal er noch anderen Einflüssen durch den Menschen ausgesetzt ist, zum Beispiel Versauerung, Sauerstoffentzug, Verschmutzung und Überfischung. Die Tiefsee spielt eine bedeutende Rolle als Kohlenstoffsenke. Tote Tiere sinken seit Jahrtausenden zu Boden und finden im Sediment ihre letzte Ruhestätte. Dort treffen sie auf Mikroorganismen, die für den Kohlenstoffkreislauf im Ökosystem eine große, im Detail noch nicht geklärte Rolle spielen.[42] Wenn nun über längere Zeit auf großen Gebieten des Meeresbodens Bergbau betrieben wird, könnte das gravierende Auswirkungen auf das Klima haben. 2022 veröffentlichten dreißig führende Meereskundlerinnen und -kundler eine Abhandlung, in der sie ihre Sorge über die unabsehbaren Folgen des Tiefseebergbaus zum Ausdruck brachten und die Vermutung äußerten, dass er den Klimawandel noch beschleunigen könnte.[43]

Der Ozean besitzt die Fähigkeit, Kohlenstoff zu binden oder in einen Kreislauf einzugliedern. Wenn wir ihm diese Fähigkeit nehmen oder sie auch nur einschränken, besteht die Gefahr, den Klimawandel zu beschleunigen – zumal in einer Zeit, in der die Weltgemeinschaft ohnehin daran scheitert, den Kohlendioxidausstoß zu senken.

Der Tiefseebergbau bedeutet weder das Ende des Rohstoffabbaus, noch fördert er die Kreislaufwirtschaft. Vielmehr ersetzt er die eine Form der Rohstoffgewinnung durch eine andere. Derzeit rüstet die Metals Company gemeinsam mit ihrem Partner Allseas aus der Schweiz ein Bohrschiff, das einst der brasilianischen Erdölfirma Petrobas gehörte, zu einem Schiff um, das Manganknollen einsammeln soll. Technologie und Verfahren, die von der Öl- und Gasindustrie entwickelt wurden, werden nicht etwa ersetzt, sondern lediglich dem neuen Bedarf angepasst. Die Schiffe, die im Tiefseebergbau Verwendung finden, werden sowohl auf dem Weg zu ihrem Einsatzort als auch während der langen Schürfphasen mitten im Pazifik mit Schweröl betrieben. Noch vermag niemand zu sagen, wie groß die Emissionen sind, die durch den kommerziellen Tiefseebergbau entstehen, wenn er erst einmal Fahrt aufgenommen hat. Berechnungen zufolge könnte der Abbau von drei Millionen Tonnen Manganknollen im Pazifik 482 000 Tonnen CO_2 verursachen. Das entspricht in etwa der Menge, die durch den jährlichen Energieverbrauch von 55 000 Haushalten in den USA anfällt.[44]

Der Gewinn, der sich mit dieser neuen Industrie erzielen lässt, scheint den Aufwand, den sie erfordert, interessanterweise kaum wert. Im Jahr 2020 schätzte die Nichtregierungsorganisation Fauna & Flora International den möglichen Ertrag aus dem Tiefseebergbau auf jährlich zwei Milliarden Dollar. Dem stehen jedoch Verluste durch die Beeinträchtigung der Fischerei in den nahe gelegenen pazifischen Inselstaaten gegenüber, wo sie nicht nur für Beschäftigung sorgt, sondern mit neunzig Prozent auch den Löwenanteil der Versorgung mit Proteinen übernimmt. Zudem ist die handwerkliche Fischerei ein wesentlicher Bestandteil der Kultur. Die Bewohner mehrerer Orte an der Küste von Papua-Neuguinea tun sich regelmäßig zur Jagd auf Haie zusammen, die sie mit Singen und Rufen anlocken, um sie anschließend mit der bloßen Hand zu fangen. Die Älteren klagen schon heute darüber, dass die Vorbereitung des Tiefseebergbaus die Haie abschreckt und so einen uralten Brauch bedroht, der die Menschen vor Ort mit dem Meer verbindet.[45]

Der Tiefseebergbau droht auch andere Industriezweige zu verdrängen, die noch in den Kinderschuhen stecken, etwa die sogenannte aquatische Biotechnologie, der ein wirtschaftliches Potenzial von 6,4 Milliarden Dollar attestiert wird, das sie bis 2025 erreichen könnte. Eines der bekanntesten und profitabelsten virenhemmenden Medikamente, die je entwickelt wurden, wird aus zwei chemischen Stoffen gewonnen, die im Meeresschwamm *Tectitethya Crypta* gefunden wurden. Es wird seit 1987 in der HIV-Therapie eingesetzt.[46] In San Diego, wo ich lebe, schießen Biotech-Firmen wie Pilze aus dem Boden. Bislang werden die meisten aus dem Meer stammenden Stoffe für neue Medikamente aus Korallen und Schwämmen gewonnen, die im Flachwasser leben und leicht abzubauen sind. 2020 war ein gutes halbes Dutzend Medikamente zugelassen, deren Bestandteile aus dem Meer stammten, achtundzwanzig weitere befanden sich in der klinischen Erprobung, ihre Zulassung war nur noch eine Frage der Zeit. (Pharmafirmen arbeiten mit Nachdruck daran, Stoffe, die noch aus dem Meer stammen, synthetisch herstellen zu können, um für die Produktion von neuen Medikamenten keine Tiere töten zu müssen.)[47] Ein Stoff, der vor allem in Glasschwämmen anzutreffen ist, verspricht große Wirkung im Kampf gegen den Krankenhauskeim MRSA, der vermehrt sein Unwesen treibt. Die Weltgesundheitsorganisation hat die wachsende Antibiotikaresistenz zu einer der zehn größten Bedrohungen der Gegenwart erklärt, und nicht zuletzt die Coronapandemie hat uns allen vor Augen geführt, dass dringend neue Medikamente benötigt werden, um dieser und anderen Bedrohungen begegnen zu können. Deshalb experimentiert die Biotech-Industrie mit einer Vielzahl von Produkten, die aus dem Meer stammen. Die Methanemission in der Tierhaltung soll mithilfe von Rotalgen gesenkt, Grundnahrungsmittel sollen durch den Zusatz von Nährstoffen verbessert werden.

Ob unbekannte Tierarten, rege Biodiversität oder wirtschaftliche und kulturelle Bedeutung des Meeres – es ist klar, dass der Meeresboden der Tiefsee nicht die Wüstenei ist, als die die Metals Company sie uns präsentiert. Wahr hingegen ist, dass der Meeresgrund oft den Anschein macht, als sei er öd und leer – und die Karten, die ihn darstellen, transportieren in der Regel genau diesen Eindruck. Dort ist der Ozean eine große blaue Fläche, ein »Leerraum«, auf dem unsere Augen keinen Halt finden, wenn sie von einem Kontinent zum anderen wandern. So tragen auch diese Karten zu dem Mythos bei, laut dem der Meeresboden leer und unbelebt ist und eine Erkundung sich nicht lohnt.

Befürworter des Tiefseebergbaus neigen dazu, Einwände beiseitezuwischen, die von Wissenschaftlern wie Patricia Esquete vorgebracht werden, die ein Moratorium fordern, bis mehr Daten über den Lebensraum Tiefsee vorliegen. Dass Wissenschaftler mehr Daten haben wollen, gehört zu ihrem Beruf. Trotzdem darf gefragt werden, wann wir genug über die Tiefsee wissen, um über den Bergbau entscheiden zu können. Und wer entscheidet, wann dieser Zeitpunkt gekommen ist? Als ich Esquete fragte, blieb sie eine Antwort schuldig, aber sie erklärte mir, dass für die Wissenschaft eines als sicher gilt: »Wenn wir erst einmal anfangen, wird vieles für immer verloren gehen.« Dass sie von Portugal nach Jamaika gereist ist, um auf dem Jahrestreffen der Internationalen Meeresbodenbehörde flammende Appelle an die Versammlung zu richten, liegt an der Zwei-Jahres-Frist, die Nauru gestellt hat. Die macht ihr größte Sorgen, weil sie davon überzeugt ist, dass zwei Jahre viel zu wenig sind.

4.

Der letzte Tag des Treffens fand unter Ausschluss der Öffentlichkeit statt. Während die Delegierten hinter verschlossenen Türen darüber stritten, was aus der Frist von zwei Jahren folgte, verließen Esquete und ich den Tagungsort, um in Kingston zu Mittag zu essen. Während des Treffens hatten wir vom beschwerlichen Alltag unserer Gastgeber nur wenig mitbekommen, Delegierte waren von der Polizei aus den Hotels abgeholt und dorthin wieder zurückgebracht worden. Auf den Fluren des Konferenzzentrums patrouillierten Wachleute. Kaum hatten wir diese Schutzzone verlassen, sahen wir uns der rauen jamaikanischen Lebensrealität gegenüber. Der Asphalt war von Löchern übersät, die Kratern glichen, der Geruch von Jauche und Rauch waberte durch die Straßen. Auf einer Mole stand ein Mann, der eine Leine an einer leeren Plastikflasche befestigt hatte und beides als Angel benutzte. Als wir ihn fragten, ob seine Mühen von Erfolg gekrönt wären, zeigte er auf ein paar kleine, silbrig glänzende Fische, die er abends als Einlage für eine Suppe verwenden wollte. Wir kamen an einem Hund vorbei, der mit einer stark blutenden Pfote im Schatten lag und seine letzten Atemzüge tat. All das ereignete sich auf wenigen Quadratmetern im Hafenviertel von Kingston, das von prachtvollen Hochhäusern umstanden ist. Wir gingen in ein Café und bestellten bei einem jungen Mädchen, das dem Aussehen nach eher in die Schule gehörte, etwas zu essen.

Arvid Pardos Traum war, dass der Tiefseebergbau den Graben zwischen Arm und Reich zuschütten könnte. Doch die ISA wirkte eher wie eine reiche Insel, die in einem Meer aus Armut gelandet war. In den 1980er-Jahren bewarb sich Jamaika mit dem Argument um den Sitz der ISA, dass eine Behörde, die sich soziale Gerechtigkeit auf die Fahnen schrieb, in einem Entwicklungsland ansässig sein sollte. Es bekam den Zuschlag, doch der Wohlstand, für den eine solche internationale Organisation steht, blieb innerhalb der engen und streng bewachten Grenzen ihres Sitzes. Die Verhandlungen über den internationalen Meeresboden sind so zu einem Austragungsort des Kampfes zwischen Arm und Reich geworden, zwischen dem globalen Norden und dem globalen Süden.

Von den drei Formen des Meeresbodens, auf dem Bergbau realisiert werden soll, scheint die Ausbeutung der Tiefsee-Ebenen und damit der Abbau von Manganknollen die beste Umweltbilanz aufzuweisen. Hydrothermale Quellen sollen als Schürfstellen für Zink und Gold dienen, die im Kampf gegen den Klimawandel keine Rolle spielen.[48] Unterseeische Berge gelten als wenig ertragreich.[49] Manganknollen liegen leicht zugänglich am Boden und enthalten große Mengen an Nickel und Kobalt, die für die nachhaltige Energieversorgung benötigt werden und sich an Land nur unter großen Mühen abbauen lassen. Als weiteres Argument für den Tiefseebergbau wird deshalb in Anschlag gebracht, dass ruinöse Abbauverfahren in Entwicklungsländern ein Ende haben könnten. Ein Gutteil des Kobalts, das jedes Jahr auf den Markt kommt, stammt aus der Demokratischen Republik Kongo, wo die Industrie weitgehend unreguliert und Kinderarbeit verbreitet ist. Auf den Philippinen, in Indonesien und Neukaledonien werden für den Abbau von Nickel Regenwälder abgeholzt und Gewässer verseucht. Die Hersteller von Elektroautos sind dazu übergegangen, für die Batterien statt Kobalt und Nickel lieber Lithium-Eisenphosphat und andere Alternativen zu verwenden.[50] Eine Garantie, dass sich mit dem Beginn des Tiefseebergbaus der herkömmliche Bergbau an Land ändert, kann und will aber niemand geben. Vermutlich würden beide nebeneinander weiterbestehen, wenn auch mit weniger Erträgen für die armen Länder, deren Haupteinnahmequelle oft der Abbau von Rohstoffen ist. Diese Sorge treibt offenbar auch die Länder Südamerikas und Afrikas um, die vom Bergbau abhängig sind und in der Internationalen Meeresbodenbehörde zu den entschiedenen Gegnern des Tiefseebergbaus gehören.[51] Die afrikanischen Länder haben ausgerechnet, wie viele Staaten von den zur Diskussion stehenden Lizenzgebühren der ISA profitieren würden, die dafür gedacht sind, ressourcenintensive Volkswirtschaften zu entschädigen. Das Ergebnis war, dass für jedes Land pro Jahr kaum mehr als 100 000 Dollar herausspringen würden. »Die Gruppe der afrikanischen Länder vermag nicht zu erkennen, dass das ein fairer Ausgleich sein könnte«, erklärte der algerische ISA-Delegierte im Februar 2019.

Aus dem Begriff des »gemeinsamen Erbes«, der im Seerechtsübereinkommen verankert ist, folgt, dass Staaten und nicht Firmen vom Tiefseebergbau profitieren sollen. Doch im Laufe der Zeit ist ein ausgeklügeltes Netzwerk aus Briefkastenfirmen, Subunternehmern und Personengesellschaften entstanden, die sämtlich im globalen Norden angesiedelt sind und schleichend die Kontrolle über die ertragreichsten Regionen des Meeresbodens übernommen haben. Die Abbauregionen in der CCZ werden von vier Unternehmen kontrolliert, die aus den reichen Industrienationen stammen. Bei dem ISA-Treffen 2019 ergriff auch Gerard Barron das Wort, der Geschäftsführer der Metals Company, jener Firma also, die im Wettlauf um den Abbau in der CCZ an der Spitze liegt. Seine Rede hielt er im Namen und über das Mikrofon des Delegierten aus Nauru. »Den Ausdruck Tiefseebergbau höre ich nur sehr ungern«, erklärte er – die Firma selbst spricht lieber von »Ernte«.[52] Barron ist Australier, die Firma, die er leitet, hat ihren Sitz in Kanada. Dort oder in anderen Staaten des globalen Nordens sind auch die meisten Anteilseigner zu Hause. Eine Recherche der *New York Times* deckte auf, dass die Erträge aus dem Tiefseebergbau nicht, wie Arvid Pardo vorschwebte, den Entwicklungsländern zugutekommen; vielmehr hatte die ISA vertrauliche Daten Firmen wie der Metals Company zur Verfügung gestellt, was es ihnen ermöglichte, sich zunächst die wichtigsten Abbaugebiete zu sichern, um sich anschließend unter den Entwicklungsländern Verbündete zu suchen, die ihr Vorgehen nachträglich legitimierten. (Die ISA stritt jeden »unangemessenen oder ungesetzlichen Umgang mit vertraulichen Daten« ab.) Ein Ortsvorsteher aus Tonga berichtete der *New York Times*, dass seinem Heimatland als Gegenleistung für die Unterstützung der Metals Company ein halbes Prozent des Ertrages aus dem abgebauten Material in Aussicht gestellt worden war.[53]

Falls Sie noch nie von der Metals Company gehört haben sollten, ist das wenig verwunderlich. Die Firma gibt es erst seit September 2021. Kurz nachdem der Präsident von Nauru im Sommer 2021 der ISA die Frist von zwei Jahren gesetzt hatte, schloss sich ein Vorläufer der Metals Company namens DeepGreen Metals mit einer Kapitalgesellschaft zusammen und firmiert seither unter dem neuen Namen.[54] Wenn die Anzeichen nicht trügen, wird die Metals Company die erste Firma sein, die kommerziellen Tiefseebergbau betreibt. Ein Jahrzehnt zuvor sah es noch so aus, als wollte ihr eine andere Firma diesen Platz streitig machen. Nautilus Minerals war ähnlich konstruiert und stützte sich auf die gleichen Geldgeber wie DeepGreen und die Metals Company, darunter auch Gerard Barron, der schon zu jenen Investoren gehörte, die in der Vorgängergesellschaft aktiv waren. Nautilus Minerals erwirkte bei der ISA die Erlaubnis, im Namen von Tonga und Nauru in der CCZ nach Bodenschätzen zu suchen. Diese Genehmigung wurde unterdessen auf die Metals Company übertragen. Parallel schloss Nautilus Minerals aber auch einen Vertrag mit Papua-Neuguinea, der es der Firma ermöglichte, hydrothermale Quellen auszubeuten, die innerhalb der Hoheitsgewässer des Landes liegen. Weil die Regelungen der ISA nur für internationale Gewässer gelten, konnte Nautilus Minerals mit der Arbeit beginnen, bevor der Kodex für den Tiefseebergbau beschlossen war.

Weltweit sind etwa sechshundert hydrothermale Quellen bekannt, die sich entlang der mittelozeanischen Rücken sowie von Bruch- und Subduktionszonen ziehen. Diese Quellen sind jeweils circa 2000 Quadratmeter groß und bilden üppige, in sich geschlossene Ökosysteme.[55] Das fragliche Gebiet vor Papua-Neuguinea beherbergt Manganvorräte, die nach zwei Jahren Ausbeutung erschöpft sein dürften – deutlich zu wenig, um mit Gewinn abgebaut zu werden.[56] Nautilus Minerals plante deshalb, die Quellen mit Presslufthämmern aufzubrechen, die Schlämme abzupumpen und alles überschüssige Material wieder ins Meer zu leiten. Das klingt nicht von ungefähr nach dem Verfahren, mit dem die Metals Company in der CCZ Manganknollen abtragen will. Ein Kamin, der aus den Gewässern vor Papua-Neuguinea stammt, lässt sich in einer Vitrine bestaunen, die vor dem Kartenraum im Hauptquartier der ISA steht. Es handelt sich um ein Geschenk der Firma Nautilus Minerals, das aus dem Film *Der Herr der Ringe* zu stammen scheint. Neben der Vitrine hängt das Foto eines Roboterarms, der den Kamin aus dem Meeresgrund herauslöst.

Im Jahr 2018 konnte die Firma die Rechnungen für ein neues Schiff, das sie in Auftrag gegeben hatte, nicht bezahlen und musste im Jahr darauf Konkurs anmelden. Die Regierung von Papua-Neuguinea hatte viel Geld in die Firma gesteckt, um an dem Projekt mitzuverdienen. Nun mussten das Land und seine Bevölkerung mehr als 120 Millionen Dollar abschreiben.[57] Regierungsvertreter sprechen heute offen von einem Irrtum, und das Land lehnt zusammen mit anderen Pazifikstaaten unterdessen den Tiefseebergbau ab.[58] Die beiden Geschäftsführer von Nautilus Minerals, David Heydon und Gerard Barron, hatten sich übrigens rechtzeitig vor dem Konkurs mit einem schönen Gewinn in der Tasche aus der Firma zurückgezogen und DeepGreen gegründet. Über Barron heißt es, er habe »aus einem Investment von 226 000 Dollar einen Gewinn von 31 Millionen Dollar gemacht, indem er seine Anteile zum Höchstpreis veräußert hat«.[59]

Während des Treffens der Internationalen Meeresbodenbehörde verlangte Duncan Currie, ein Anwalt, der die Interessen der Deep Sea Conservation Coalition vertrat, eines Zusammenschlusses verschiedenster Nichtregierungsorganisationen, Auskunft darüber, wer Firmen wie die Metals Company oder deren Ableger kontrolliere. »Die Frage stellt sich mit einiger Dringlichkeit, wenn man bedenkt, dass die heutigen Akteure aus einer Firma hervorgegangen sind, die auf Kosten von Papua-Neuguinea und seiner Bevölkerung pleitegegangen ist.«[60]

Ein Vertreter der Metals Company verfolgte die Debatte von seinem Platz im Rücken der Delegation von Tonga aus, ohne sich selbst einzumischen. Mit vielen Delegierten schien er allerdings bestens bekannt zu sein, denn ich konnte beobachten, wie er sich in den Pausen unter sie mischte und einige von ihnen mit dem Vornamen ansprach. Als ich ihn um ein kurzes Gespräch bat, vertröstete er mich mit der Aufforderung, die Fragen vorher schriftlich einzureichen. Auch wenn es meiner Auffassung von Journalismus widerspricht, ließ ich mich darauf ein und schickte ihm einige Fragen. Auf eine Antwort oder ein Gespräch warte ich bis heute.

Ein Vertreter der Föderierten Staaten von Mikronesien vertraute mir hingegen an, dass die Pazifikanrainer in vielen Fragen einig seien, nicht aber in ihrer Haltung zum Tiefseebergbau. Sein Land, Fidschi, Palau, Tuvalu, Samoa und Guam seien dagegen, Tonga, Nauru, Kiribati und die Cookinseln dafür. Kiribati ist eines der am wenigsten entwickelten Länder der Erde, seine Zukunft ist durch den Anstieg der Meeresspiegel ungewiss. 2022 brach unweit von Tonga ein unterseeischer Vulkan aus. Der nachfolgende Ascheregen und ein Tsunami richteten Schäden in Höhe von 90 Millionen Dollar an – etwa ein Fünftel des Bruttosozialproduktes. Der gesamte Pazifikraum leidet bis heute unter den Folgen der Coronapandemie, die den Tourismus quasi zum Erliegen brachte. Die Wirtschaftsleistung von Fidschi ging 2020 deshalb um 19 Prozent zurück. Solche Verluste lassen ein riskantes, aber gewinnträchtiges Unterfangen wie den Tiefseebergbau interessant erscheinen, erst recht für Länder, die ohnehin benachteiligt sind und nur wenige Möglichkeiten haben, auf anderem Wege an Geld zu kommen.[61]

Die Regierung von Nauru hat schon mehrfach Entscheidungen getroffen, die sich als unglücklich erwiesen. Haupteinnahmequelle war über viele Jahre hinweg Guano – die Hinterlassenschaft von Seevögeln, die die Insel bei ihren Pazifiküberquerungen als Zwischenstopp nutzen. Abbau und Export des als Dünger eingesetzten »Rohstoffes« hat Land und Leute reich gemacht, im Boden der ohnehin kleinen Insel aber auch tiefe Narben hinterlassen. Das Geld, das ins Land kam, wurde in die unterschiedlichsten Geschäftsfelder in Übersee investiert wie Casinos, Hotels und sogar ein Musical in London, das sich aber schnell als Flop erwies. Vom Tiefseebergbau erhofft sich Nauru Einnahmen von 100 Millionen Dollar pro Jahr.[62] Noch aber ist nicht ausgeschlossen, dass es der Metals Company und Nauru so ergeht wie ehedem Nautilus Minerals und Papua-Neuguinea. Als die Metals Company 2021 in der Hoffnung an die Börse ging, mehrere Hundert Millionen Dollar einsammeln zu können, äußerten potenzielle Investoren Zweifel daran, dass das Geschäftsfeld Tiefseebergbau zukunftsträchtig sei. Der Börsengang geriet zum Rohrkrepierer, die Einnahmen blieben weit unter der Erwartung, und der Aktienkurs sank auf einen Schlag um elf Prozent.

Arme Länder sind für das Geld von Bergbauunternehmen empfänglich, aber das gilt mitunter auch für Wissenschaftlerinnen und Wissenschaftler. Wenn in Interviews das Thema Tiefseebergbau angeschnitten wird, äußern sich viele Meereskundler und Kartografen eigentümlich uneindeutig. Sie scheinen davon auszugehen, dass die Industrie über kurz oder lang mit dem Meeresboden auch die Arbeit der Wissenschaft umkrempeln wird. Und für viele ist das bereits geschehen. Von Lisa Levin stammt die Schätzung, dass etwa die Hälfte der Forscher auf dem Gebiet der Biologie der Tiefsee bei der Datenerhebung mit Bergbaufirmen oder staatlichen Einrichtungen zusammenarbeitet, die kommerzielle Zwecke verfolgen. Die Metals Company gibt an, für Erkundungen allein in der Clarion-Clipperton-Zone 75 Millionen Dollar aufgewendet zu haben.[63]

Wissenschaft und Wirtschaft sind seit Langem eng miteinander verzahnt. Benjamin Franklin veröffentlichte einst die erste Karte des Golfstroms. Darin verarbeitet ist das Wissen von Walfängern, die bei ihrer Jagd nach Waltran dem Verlauf der Strömung folgten. Die Bell Laboratories, die Forschungsabteilung des Telefonriesen AT&T, hat Marie Tharp ermöglicht, ihre Karte des Mittelatlantischen Rückens zu zeichnen – nicht weil sie helfen wollten, das Rätsel um die Plattentektonik zu lösen, sondern um in Erfahrung zu bringen, wie die unterseeischen Kabel auf dem Grund des Atlantiks vor Schäden bewahrt werden konnten. »Selbst die bahnbrechendsten Erkenntnisse, die wir als wissenschaftliche Leistung bewundern, verdanken sich letztlich der Zusammenarbeit mit der Industrie«, erklärte Vicki Ferrini, Leiterin des Atlantic and Indian Ocean Regional Center bei Seabed 2030 und bekennende Bewunderin von Marie Tharp.

Richard Jenkins, der Gründer von Saildrone, äußerte sich ähnlich. Um den Meeresboden zu vermessen, genügt das Geld, das Regierungen zur Verfügung stellen, schlicht nicht, und so muss sich die Industrie beteiligen. Ein Fachmann der Internationalen Meeresbodenbehörde, der mit der Definition der Grenzen des Kontinentalschelfs befasst ist, erklärte mir auf Nachfrage, dass sich vermutlich niemand für den Meeresgrund interessieren würde, wenn es dort nichts zu holen gäbe. Als in den 1980er- und 90er-Jahren die Metallpreise in den Keller gingen und die Bergbaufirmen ihre Tiefseepläne ad acta legten, kam auch die Tiefseeforschung fast zum Erliegen. Seit 2010 ist das Interesse am Tiefseebergbau wieder gewachsen, parallel steht auch für die Tiefseeforschung wieder mehr Geld zur Verfügung.[64] Wissenschaft und Industrie sind wie Partner, die miteinander fremdeln. Tiefseeforschung ist ein teures Unterfangen, sodass Wissenschaftler die Gelder und die Bergarbeiter die Fachleute jener Firmen benötigen, die laut den Statuten der Internationalen Meeresbodenbehörde verpflichtet sind, sich an der Forschung zu beteiligen, wenn sie an der Ausbeutung des Meeresbodens teilhaben wollen. Problematisch wird es, wenn die Industrie die Fragen vorgibt, mit denen sich die Wissenschaft befassen soll, Einfluss auf die Ergebnisse nimmt oder den freien Zugang zu Daten behindert.

Nach dem Essen gingen Patricia Esquete und ich zurück zur ISA, um herauszufinden, ob Gäste wieder zugelassen waren. Auf dem Weg ins Tagungszentrum kamen wir an Spruchbändern vorbei, auf denen die Behörden Jamaikas ihr Engagement für Wissenschaft, Vielfalt und Umweltschutz erklärten. Fast zwanzig Jahre lang waren jene Basisdaten, die Mitgliedsländer im Auftrag der ISA erhoben hatten, unter Verschluss, Zugang hatten lediglich Prospektoren, Wissenschaftler und Angestellte der ISA. (Von Zeit zu Zeit lieferten publizierte Studien einige Informationen.) Das änderte sich 2019, als die ISA eine komplette Datenbank für die Öffentlichkeit freigab. Doch die Forschung zeigte sich enttäuscht, weil die Daten, die von Bergbaufirmen stammten, entweder unvollständig oder widersprüchlich waren. So finden sich dort etwa keine Daten über Rohstoffe, weil diese als firmeneigen gelten, obwohl die Manganknollen einen Großteil des Lebensraums bilden. In der östlichen CCZ lebt etwa die Hälfte aller größeren Tiere auf diesen Knollen, sodass sich den Forschern für diese Regionen bestenfalls das halbe Bild bietet. »Es gibt zwar jede Menge Daten, aber die Qualität zwischen den beteiligten Firmen schwankt extrem. Unterm Strich ist die CCZ deutlich zu wenig beprobt«, erklärte Craig Smith von der Universität Hawaii 2019 in einem Gespräch mit *National Geographic*.[65]

Die ISA betreibt ein Programm, das jungen Wissenschaftlerinnen und Wissenschaftlern aus Entwicklungsländern den Aufenthalt auf Förderschiffen vermittelt. Als ich mit einem Wissenschaftler aus Afrika sprach, der an dem Programm teilgenommen hatte, sah der sich außerstande, mir etwas zu den Versuchen zu sagen, die er an Bord durchgeführt hatte. Grund war eine Vereinbarung, die er mit der Metals Company geschlossen hatte und die ihn zur Vertraulichkeit verpflichtete. Solche Vereinbarungen sind in der Industrie gang und gäbe, in der Wissenschaft aber eher unbekannt. Dort werden Erkenntnisse in der Regel auch veröffentlicht. Jeffrey Drazen, Professor für Ozeanografie an der Universität von Hawaii, nennt solche Vertraulichkeitsvereinbarungen »mit der Wissenschaft unvereinbar«.[66] Die Metals Company hat Drazens Forschung zu den Auswirkungen des Tiefseebergbaus auf die Wassersäule finanziell unterstützt, und das *Wall Street Journal* will von zwei anonymen Quellen erfahren haben, dass Drazen sich mit der Drohung konfrontiert sah, ihm die Förderung zu entziehen, würde er sich kritisch zum Tiefseebergbau äußern. Drazen weigert sich beharrlich, sich dazu zu äußern.[67]

Im Jahr 2017 kam es zu einem Bruch zwischen der ISA und der internationalen Tiefseeforschung. Gut zwei Jahrzehnte lang hatten Wissenschaftler das Hydrothermalsystem »Lost City« untersucht, eine unterseeische Stadt voller hydrothermaler Kamine, die sich bis zu sechzig Meter vom Boden des Atlantiks erheben. Hier leben Mikroorganismen und Magnesium- und Kalkminerale, die seit 30 000 Jahren den Baustoff für Lost City liefern. Um das Geheimnis zu lüften, wie Leben auf die Erde kam, könnte dies der ideale Ort sein. Seit der Entdeckung im Jahr 2000 hoffen Wissenschaftler, hier auch Hinweise auf mögliches Leben auf anderen Planeten zu finden. 2017 beschloss die ISA, die Tiefsee um Lost City für die Ausbeutung freizugeben, die Rechte dazu gingen an Polen.[68] Die Wissenschaftler, von denen einige ihre gesamte Karriere mit der Erforschung des Gebietes verbracht hatten, waren bestürzt und beklagten, dass man sie nicht angehört hatte. Sie setzten eine Petition mit der Forderung auf, den Tiefseebergbau einzustellen, bis mehr über den Meeresgrund bekannt ist. Obwohl mehr als siebenhundert Wissenschaftlerinnen und Wissenschaftler unterschrieben haben, nennt der Generalsekretär der ISA, Michael Lodge, die Petition unwissenschaftlich und erkenntnisfeindlich.[69] Den Namen Lost City verdankt das Gebiet der Sage von Atlantis und dem Mythos einer entwickelten Gesellschaft, die von der Technik, die sie erfunden hat, vernichtet wird. Der Name passt zu einem Ort, den der Tiefseebergbau zerstören könnte, ehe Wissenschaftler Gelegenheit hatten, die Geheimnisse zu entschlüsseln, die dort bewahrt sind.

5.

An einem grauen Dezembertag fuhren Aktivisten von Greenpeace mit einem Boot durch das Hafenbecken im niederländischen Rotterdam und machten neben der turmhohen Bordwand eines 228 Meter langen Schiffes fest, das auf den passenden Namen *Hidden Gem* getauft worden war. Das einstige Ölbohrschiff sollte im Auftrag der Metals Company und dessen Schweizer Partnerfirma Allseas zu einem Bergbauschiff umgerüstet werden. Um ihren Protest gegen die Aktivitäten der Bergbaufirmen kundzutun, hat sich Greenpeace darauf verlegt, ihre Schiffe zu empfangen, wenn sie in den Hafen einlaufen, oder sie sogar auf See hinaus zu begleiten. Als die Aktivisten nun mithilfe von Leinen die Bordwand erstiegen, drang aus dem Inneren des Schiffes das Dröhnen der Umbauarbeiten zu ihnen. Oben angekommen, breiteten sie ein Transparent mit der Parole STOPPT DEN TIEFSEEBERGBAU! aus.

Es war der letzte Tag des Treffens der Internationalen Meeresbodenbehörde, und nun wurde auch klar, warum Arlo Hemphill, der Delegierte von Greenpeace, die ganze Woche über so gereizt gewesen war. »Jetzt fällt alles von mir ab, aber die Woche war nicht lustig. Ich stand ziemlich unter Druck«, erklärte er, betonte jedoch, dass er mit der Aktion selbst nichts zu tun hätte. So war der Stress wenigstens zum Teil auf gutmeinende Kollegen zurückzuführen, die um seine Sicherheit auf Jamaika besorgt gewesen waren. Ein weiterer Faktor war die Metals Company, deren Vertreter Hemphill quasi gegenübersaßen. Sollte sich die Firma zu einer Reaktion auf die Greenpeace-Aktion entschließen, gäbe Hemphill eine ideale Zielscheibe ab. Am Ende aber war die Sorge im geschützten Raum der ISA-Konferenz eher deplatziert.

Wie standen die Delegierten zu der Aktion? Als ich mich umhörte, zeigten sich die meisten ahnungslos, andere hingegen amüsiert. »Greenpeace trägt in der Regel ziemlich dick auf«, meinte ein europäischer Entsandter achselzuckend. Andere zeigten sich beeindruckt von Greenpeace' Fähigkeit, den Finger in die Wunde zu legen, um auf Probleme aufmerksam zu machen, die nicht im Fokus der internationalen Öffentlichkeit stehen. Die Delegierten auf der Konferenz mühten sich schon seit Jahren vergeblich, eine strittige Angelegenheit zu schlichten, von der die meisten Menschen noch nie gehört hatten.

Viele Fachleute und Beobachter der Konferenz, mit denen ich gesprochen habe, verweigerten mir eine Antwort auf die Frage, ob der Tiefseebergbau in naher Zukunft Realität werden könnte. »Als Wissenschaftlerin halte ich mich lieber zurück«, erklärte Aletta Mondré, Politikwissenschaftlerin an der Universität Kiel, lachend. »Die Chance, dass ich mich irre, ist einfach zu groß.« In ihrer Forschung über die ISA ist sie auf Unterlagen aus den 1950er-Jahren gestoßen, die den Beginn des kommerziellen Tiefseebergbaus für die nächsten zehn Jahre vorhersagt. »Als ich anfing, mich mit dem Thema zu befassen, ging es mir wie den meisten. ›Noch ist es Zukunftsmusik, aber das wird sich mit Sicherheit in den nächsten zwei, drei Jahren ändern‹, habe ich gedacht. Und das ist auch schon wieder zehn Jahre her.«

Den Bedarf an Metallen vorherzusagen, ist kompliziert, aber einige seriöse Prognosen verheißen, dass die Vorräte schon sehr bald knapp werden und der Bedarf zunehmend durch Recycling und neuartige Verfahren gedeckt werden muss.[70] (Andere halten derlei Vorhersagen für irreführend, weil sie vom derzeitigen Verbrauch ausgehen und die wachsende Bedeutung von Recycling und alternativen Technologien außer Acht lassen.) Aber selbst der Bedarf an Metallen für hehre Ziele wie den Kampf gegen den Klimawandel könnte so groß sein, dass der Widerstand gegen den Abbau am Meeresboden in sich zusammenfällt.

Immerhin ein Gesprächspartner, den ich nach seiner Einschätzung zur Entwicklung des Tiefseebergbaus fragte, machte aus seinem Herzen keine Mördergrube und gab bereitwillig Auskunft. Als ich Victor Vescovo erzählte, dass ich nach Kingston reisen wollte, um an der ISA-Tagung teilzunehmen, setzte er eine spöttische Miene auf. Ich möge mich auf allerlei Gelaber einstellen, riet er mir, ohne das Wort Gelaber zu gebrauchen. Tiefseebergbau, sagte er im Brustton der Überzeugung, wird es nicht geben, vor allem, weil er unwirtschaftlich ist. »Wer auch nur einen Hauch Erfahrung im Handel mit Metallen hat, weiß, dass der Preis sinkt, wenn man den Markt mit Rohstoff flutet. Ich spreche aus bitterer Erfahrung, weil ich mal Geld in eine Firma gesteckt habe, die Kupfer recyceln wollte. Ich frage mich, ob die Bergbaufirmen das bedacht haben. Nach meinem Dafürhalten kann sich das nie und nimmer rechnen.«

Ebenfalls aus eigener Erfahrung weiß Victor, wie teuer die Arbeit auf hoher See ist. Dinge gehen kaputt oder verloren, etwa ein 350 000 Dollar teurer Greifarm, der im Atlantik versinkt und die ganze Expedition zu beenden droht, ehe sie begonnen hat. Im Jahr 2021 verfolgte Greenpeace ein Schiff, das die belgische Firma Global Sea Mineral Resources gechartert hatte, und wurde Zeuge, wie ein 25 Tonnen schwerer knallgrüner Mangan-Kollektor im Atlantik versank und erst nach mehreren Tagen geborgen werden konnte. Anfang 2023 gelangte Bildmaterial von Bord der *Hidden Gem* an die Öffentlichkeit, das die Erprobung von Bohrtechnik der Metals Company im Pazifik dokumentiert. Das Video zeigt, wie Abraum direkt in den Ozean geleitet und nicht durch Schläuche in tiefere Regionen gepumpt wird. Die Metals Company redete sich mit einer angeblichen »Panne« heraus, die unterdessen behoben sei. Das konnte nicht verhindern, dass der Aktienkurs kurz darauf um zwölf Prozent sank. »Die Wahrscheinlichkeit, dass die Technik versagt, ist enorm hoch«, meinte Victor, »und es sind zu viele Menschen beteiligt, die viel zu wenig über die extremen Bedingungen in der Tiefsee wissen.«

Als Geschäftsmann, der an den Grund des Ozeans getaucht ist, hat Victor Vescovo einen profunden Einblick in die Welt des Tiefseebergbaus. Ändert es die Einstellung, wenn man den Meeresboden mit eigenen Augen gesehen hat? Sieht man Dinge, die einem beim Blick auf die Karte verborgen bleiben? Ich hatte immer gehofft, eines Tages selbst mit einem U-Boot in die Tiefe tauchen zu können. Ein halbes Dutzend Organisationen habe ich angeschrieben, um mir den sehnlichen Wunsch zu erfüllen. Und siehe da, kurz nach meiner Rückkehr aus Jamaika schien mein Wunsch in Erfüllung zu gehen.

Kapitel 11

BIS ZUM GRUND UND WEITER

Sucht sie auf keiner Karte;
wirkliche Orte stehen nie darauf.

Herman Melville: *Moby Dick*, 1851

1.

Als tiefste und älteste Meerestiefe ist das Challengertief der Star unter den Tiefen. Es befindet sich im Pazifik, dem größten Ozean des Planeten. Am 28. April 2019 begann Victor Vescovo den Abstieg in das Challengertief. In der Luft hätte der Abstieg bis zum tiefsten Punkt der Erde etwa vier Minuten gedauert. Im Wasser brauchte er viereinhalb Stunden. Sein Tauchboot glitt langsam und gemächlich durch das tiefschwarze Element, das mit jedem Meter kälter und dichter wurde.

Seit die Expedition mit dem bezeichnenden Namen Five Deeps vor fünf Monaten auf dem Atlantik begonnen hatte, war viel passiert. Nach der desaströsen Fahrt durch den Südlichen Ozean war der Chefwissenschaftler Alan Jamieson fest entschlossen, die Brocken hinzuschmeißen, aber während des Aufenthalts in der englischen Heimat hatte er sich besonnen. »Als ich ankam, dachte ich, das war's. Aber dann fiel mir ein, dass meine komplette Ausrüstung noch auf dem Schiff war, und um sie von Bord zu holen, hätte ich nach Indonesien fliegen und vor den Augen meiner Kolleginnen und Kollegen alles einpacken müssen«, meinte er mit Wehmut in der Stimme. »Die halbe Crew ist in meinem Alter und stammt aus Schottland. Es fühlte sich fast so an, als hätten wir gemeinsam das Schiff gestohlen und aufs Meer entführt.« Kurzerhand beschloss er, die Fahrt durch den Indischen Ozean mitzumachen, wo Victor in den Sundagraben tauchen wollte. Als »Lohn« durfte er kurz darauf an einem Tauchgang in die Dunkelzone teilnehmen, woraufhin sich seine Laune schlagartig besserte.

Bis in die 1950er-Jahre wurde der Indische Ozean von der Wissenschaft weitgehend ignoriert, und bis heute ist er das am wenigsten bekannte der fünf Weltmeere. Deshalb war Jamieson zuversichtlich, einige bedeutende Entdeckungen machen zu können.[1] Prompt fanden die Lander neue Tierarten und brachten filmische Belege für das außergewöhnliche Verhalten bekannter Arten mit. Ein Video zeigt einen Kraken in einer Tiefe, in der noch kein Artgenosse gesichtet worden war. Damit war der Beweis erbracht, dass der Lebensraum dieser Art 99 Prozent der Ozeane umfasst.[2] Und zum ersten Mal konnte Jamieson eine zuvor unbekannte Tierart mit eigenen Augen sehen. Es handelte sich um eine Seescheide, der sie den Namen Snoop Dog verpassten.[3] »Es war wirklich großartig. Wir waren nur fünf Tage vor Ort, aber in dieser Zeit haben wir mehr über den Indischen Ozean gelernt als in den fünfzehn Jahren zuvor.« Zudem war sie dazu angetan, Jamiesons Zweifel am wissenschaftlichen Wert der Expedition endgültig zu zerstreuen.

Auch Cassie Bongiovanni und ihr Team aus Kartografen konnten sich über Neuentdeckungen freuen. Für die tiefste Stelle im Indischen Ozean standen zwei Kandidaten zur Auswahl: der Sundagraben und der Diamantinagraben, der aber kein Graben, sondern eine Bruchzone ist, also ein Spalt in einer tektonischen Platte. Brauchbare Karten gab es von beiden nicht, und die vorhandenen Daten stammten größtenteils von Satelliten. Also machte sich ein

Team, zu dem auch Aileen Bohan, weitere Kartografen der GEBCO sowie ein Bordoffizier gehörten, daran, die Gräben mithilfe der Lander zu vermessen. Dabei stellte sich heraus, dass der Sundagraben um knapp 68 Meter tiefer ist als der Diamantinagraben.[4]

Schließlich und endlich ging die Fahrt weiter in den Pazifischen Ozean, wo sich erweisen sollte, ob die *Limiting Factor* auch der tiefsten Stelle auf dem Globus gewachsen war. Das Interesse an Victors historischem Tauchgang war so groß, dass an Bord der *Pressure Drop* keine Koje frei geblieben war. Nur drei Menschen hatten bislang den Grund des Challengertiefs erreicht: 1960 waren es der Meeresforscher Jacques Piccard und der Marineleutnant Don Walsh, 2012 folgte ihnen James Cameron. Keines der Teams wurde von Kartografen begleitet, und keines hatte ein leistungsfähiges Echolot an Bord. 1960 hatte das Team Sprengstoff ins Wasser geworfen und gezündet, um anhand des Schalls die Tiefe abschätzen zu können. »Die genaue Tiefe interessierte uns nicht sonderlich. Wir wussten nur, dass es umso tiefer wird, je länger der Schall brauchte, um zum Schiff zurückzukehren«, gestand Don Walsh später. Gemeinsam mit Piccard erreichte er eine Tiefe von 10 916 Metern – ein Rekord, der fünfzig Jahre Bestand haben sollte. James Cameron steuerte bei seinem Tauchgang eine unwesentlich flachere Stelle an und kam bis in 10 898 Meter Tiefe. Als Trostpreis blieb ihm ein Rekord für den tiefsten Tauchgang einer einzelnen Person.

Der Marianengraben ist einer der am besten kartierten Tiefseegräben der Welt. Das Center for Coastal and Ocean Mapping der Universität von New Hampshire, wo Cassie studiert hatte, hat den Graben mit dem EM 122 vermessen, einem Vorläufer des EM 124. Die Karte, die so entstand, floss in das Projekt mit dem Namen »Law of the Sea« ein, das die kartografische Behörde der USA mit dem erklärten Ziel aufgesetzt hat, das Hoheitsgebiet der USA vor der Küste zu vergrößern. Diese Karten zählen zu den elaboriertesten und präzisesten in der Welt der Hydrografie.

Cassie Bongiovanni hat diese Karten nie gesehen. »Ich wollte unbelastet in die Arbeit am Challengertief einsteigen und es behandeln wie jeden beliebigen Meeresgraben. Hätte ich gewusst, wo andere die tiefste Stelle verorten, hätte ich mich möglicherweise beeinflussen lassen«, sagte sie zur Erklärung. Cassie zufolge ist James Cameron auf einer Art Brücke oder Berg mitten im Challengertief gelandet. Sie selbst hingegen hat in nur zwei nautischen Meilen Entfernung eine tiefere Stelle entdeckt. Falls ihre Berechnungen stimmten, könnte sie Victor zum tiefsten Punkt des Planeten dirigieren und ihm so an nur einem Tag zwei neue Rekorde sichern: den für das Erreichen des tiefsten Punktes und den für den tiefsten Solo-Tauchgang.

2.

Einer der drei Menschen, die in das Challengertief getaucht waren, befand sich an Bord der *Pressure Drop*. Für Don Walsh stand 1960 deutlich mehr auf dem Spiel als 2019, und zwar sowohl was seine persönliche Sicherheit betraf als auch hinsichtlich der politischen Weltlage, die seinerzeit vom Kalten Krieg bestimmt wurde. Die Sowjetunion hatte im Wettrennen im Weltraum einen Etappensieg errungen, was die USA durch den Erwerb eines Bathyskaphen auszugleichen versuchte, den der Schweizer Physiker Auguste Piccard entwickelt hatte. In den 1930er-Jahren hatte Piccard Heliumballons gebaut, die zur Erforschung der Stratosphäre verwendet wurden. Dreißig Jahre später strebte er in die entgegengesetzte Richtung: auf den Grund des Ozeans.

Der Bathyskaph bestand aus einer druckfesten Stahlkugel, auf der große Tanks montiert waren, in denen 100 000 Liter Benzin steckten. Eine derart leicht entflammbare Flüssigkeit direkt über dem Kopf zu wissen, sei kein sonderlich beruhigendes Gefühl gewesen, erinnerte sich Walsh.[5] Weil Benzin leichter ist als Wasser, wird es unter Druck nicht komprimiert, sondern verleiht dem Bathyscaphen Auftrieb. Um sinken zu können, wird in weitere Tanks Wasser gefüllt, das das Tauchboot beschwert. Soll der Aufenthalt in der Tiefe beendet werden, wirft der Bathyskaph acht Tonnen Eisenschrot ab, das er als Ballast mitführt, und beginnt den Aufstieg an die Oberfläche. Bei der Rekordfahrt war neben Don Walsh noch Jacques Piccard an Bord, der Sohn von Auguste Piccard. Um sich im Falle eines Scheiterns, womöglich sogar mit tödlichen Folgen für die Insassen, nicht zu blamieren, hielt die U.S. Navy das Vorhaben geheim, so Walsh.

Im Januar 1960 verließ die USS *Lewis* den Hafen von Guam und steuerte das Challengertief an, das etwa sechzig Seemeilen entfernt war. Die USS *Wandank* folgte mit bescheidenen fünf Knoten Fahrt und dem Bathyskaphen im Schlepp.[6] Derweil suchte die *Lewis* vor Ort nach der tiefsten Stelle. Dafür wurde TNT ins Wasser geworfen und anschließend gestoppt, wie viel Zeit verging, bis das Echo eintraf. Als die *Wandank* den Bestimmungsort erreicht hatte, glaubten die Beteiligten die passende Stelle für den Tauchgang zu kennen. In einem Tal zwischen den bis zu acht Meter hohen Wellen stiegen Walsh und Piccard von der *Lewis* aus in den Bathyskaphen um und begannen den Abstieg, bis sie nach mehreren Stunden und in 9448 Meter Tiefe einen gedämpften Knall hörten. Sie sahen sich verwundert an und versuchten die Ursache zu ergründen, aber alle Systeme schienen einwandfrei zu funktionieren. Daher setzten sie den Abstieg fort, wobei der Druck auf den Bathyskaphen mit jedem Meter zunahm. Fünf Stunden nach dem Beginn der Fahrt entdeckten sie schließlich unter sich den schlammigen Meeresgrund.[7] Auf jedem Quadratzentimeter ihres Tauchbootes lastete ein Druck von gut einer Tonne, was etwa dem Druck entspricht, der auf der Venus herrscht. Walsh schaltete einen Außenscheinwerfer ein, um aus einem der Fenster zu schauen, über die die Kugel verfügte. Da entdeckte er einen großen Riss im Acrylglas. Die Ursache für den Knall war gefunden. Die beiden Männer konnten sich aber schnell davon überzeugen, dass der Außendruck das Fenster abdichtete und keine Gefahr für Leib und Leben bestand.

»Nachdem wir auf dem Grund gelandet waren, haben wir uns die Hände geschüttelt und unserer Erleichterung und Freude Ausdruck verliehen«, berichtete Walsh später. »Unser kleines Team hatte fest daran geglaubt, dass wir es schaffen, und nun hatten wir es geschafft.«[8] Nach zwanzig Minuten Aufenthalt begannen sie den Aufstieg. Oben angekommen, wurden die beiden Piloten nach Washington verfrachtet, wo sie wie Helden empfangen und von Präsident Eisenhower begrüßt wurden. Don Walsh ging davon aus, dass Piccard und ihm eine Vielzahl weiterer Aquanauten folgen würden.

Doch nur zwei Jahre später, 1962, verkündete der frisch gewählte neue Präsident der USA, John F. Kennedy, den Aufbruch zu einer neuen Grenze. »Wir haben uns entschlossen, zum Mond zu fliegen«, sagte er bei einer Rede an der Rice-Universität in Houston. »Wir haben uns entschlossen, noch in diesem Jahrzehnt zum Mond zu fliegen ..., weil es dazu dient, das Beste aus unseren Energien und Fähigkeiten zu organisieren und zu messen, weil die Herausforderung eine ist, der wir uns stellen wollen, die wir nicht verschieben wollen. ... Und daher erbitten wir Gottes Segen, während wir die Segel setzen und aufbrechen in das riskanteste und gefährlichste und größte Abenteuer, zu dem sich jemals ein Mensch aufgemacht hat.« Einen kurzen Moment lang hatte der Tauchgang im Marianengraben die Aufmerksamkeit der Menschen auf die Tiefen des Meeres gelenkt. Kennedys Rede lenkte ihre Vorstellungskraft Richtung Himmel. Das neue Ziel war der Weltraum, und der ersetzte den Ozean.

Gar nicht einverstanden zeigte sich der Schriftsteller und bekennende Liebhaber des Meeres John Steinbeck, der beklagte, dass die Erforschung des Weltraums uns lediglich davon abhalten würde, uns mit den Wundern unseres Planeten zu befassen. »Es mutet unrealistisch, unvernünftig, romantisch und zutiefst menschlich an, dass wir uns mit Leidenschaft in die Raketentechnik stürzen, wenn unter der Meeresoberfläche drei Fünftel unseres Kontinents und mehr als drei Fünftel seiner Schätze unbekannt, unentdeckt und herrenlos sind.«[9] Die zweite Hälfte des 20. Jahrhunderts sollte diese Bedenken bekräftigen. Die Förderung für die Erkundung der Ozeane ging dramatisch zurück, während die Begeisterung der Öffentlichkeit für die Erkundung des Weltraums keine Grenzen zu kennen schien.

Der Heißhunger nach allem, was mit der Raumfahrt zu tun hat, lässt sich heute im Internet nachvollziehen, wo etwa viermal so viele Suchanfragen zum Weltraum gestellt werden wie zur Erkundung der Meere.[10] Die Auftritte von NASA, Blue Origin und SpaceX in den sozialen Medien werden von zig Millionen Menschen verfolgt. Vergleichbare, auf das Meer bezogene Auftritte können sich glücklich schätzen, wenn sie auf eine Million Zugriffe kommen. Im Vorfeld des ersten Raketenstarts von SpaceX im Jahr 2020 verfolgten zahllose Menschen die Bilder, die live von der Startrampe im Süden von Texas gestreamt wurden. »Selbst mitten in der Nacht, wenn nichts passiert und man nur eine leere Startrampe sieht, schauen noch zweitausend Menschen zu, und ein paar Dutzend von ihnen unterhalten sich über wer weiß was«, erklärte der Betreiber des YouTube-Channels gegenüber einer Zeitung.[11]

Ginge es nur um Popularität, wären solche Zahlen nebensächlich. Aber natürlich schlägt sich Popularität in finanzieller Unterstützung nieder. Der Unterschied im Interesse an der Tiefsee und dem Weltraum ist eine Erklärung für die Unterschiede des Budgets von NOAA und NASA. Die meisten Meeresforscher haben den Kampf gegen die ungleiche Verteilung inzwischen aufgegeben und sich der Begeisterung für die Raumfahrt angeschlossen. Viele Forschungsschiffe sind nach berühmten Astronauten benannt, wie die *Neil Armstrong* der Woods Hole Oceanographic Institution und die *Sally Ride* der Scripps Institution of Oceanography. Wissenschaftler bauen Reizwörter wie *Ozeanische Welten* in Förderanträge ein, um ihr eigenes Forschungsgebiet aufzuwerten, indem sie es mit der Raumfahrt verknüpfen.

3.

Der Ozean und der Weltraum sind zwei Pole der Forschung, und selbstverständlich haben sie hinsichtlich der Ziele und der Technik manches gemein. Tauchboote sind so konstruiert, dass sie großer Kälte, hohem Druck und den zersetzenden Kräften von Salzwasser standhalten. Sie sind in der Lage, Routinearbeiten selbsttätig auszuführen, ohne dass Wartung oder Reparaturen erforderlich wären. Mond- oder Marsfahrzeuge und Raumschiffe sind vergleichbar extremen Bedingungen ausgesetzt und sollen doch viele Jahre lang funktionieren, um das Universum zu erforschen, ohne je zur Erde zurückzukehren. Astro- und Aquanauten trainieren auf vergleichbare Weise für vergleichbar gewaltige Herausforderungen. Die Astronauten der NASA simulieren Weltraumspaziergänge auf dem Grund eines riesigen Schwimmbeckens.

Den Preis, der für solche Unternehmungen zu zahlen ist, können nur reiche Länder aufbringen, und so kommen die beiden Forschungsbereiche auch in der Frage überein, wer daran teilnehmen darf. Bis vor Kurzem waren das vor allem handverlesene Fachkräfte des Militärs und der Wissenschaft. Doch nach Jahrzehnten des Neoliberalismus, der staatliche Institutionen geschwächt und vermögenden Einzelpersonen und Unternehmen erlaubt hat, kaum oder gar keine Steuern zu zahlen, ist es heute auch reichen Privatpersonen möglich, Raumfahrtunternehmen zu betreiben, die staatlichen Organisationen Konkurrenz machen. Und zu den Kunden von Firmen, die Reisen in die Tiefsee oder in den Weltraum anbieten, gehören Behörden nicht minder als ultrareiche Individuen. So lässt die NASA ihre Astronauten unterdessen von der privaten SpaceX zur Internationalen Raumstation bringen und wieder abholen. Der Besitzer der Firma, Elon Musk, – der zwar zu den reichsten Menschen der Welt zählt, auf die Umsätze des Autoherstellers Tesla aber 2021 keine Steuern an die USA abgeführt hat[12] – träumt davon, Flüge zum Mars eines Tages für den kleinen Geldbeutel anbieten zu können. Natürlich wäre der Welt eher mit weniger versponnenen Zielen gedient, etwa dem, auf der Erde eine nachhaltige Lebensweise durchzusetzen.

Die beiden Forschungsbereiche kommen auch darin überein, dass sie an Orten nach Leben suchen, an denen extreme Bedingungen herrschen. Im Jet Propulsion Laboratory im kalifornischen Pasadena betreibt die NASA eine Abteilung, die sich mit den Gemeinsamkeiten des Lebens am Meeresgrund und in anderen »ozeanischen Welten« wie dem Jupitermond Europa oder dem Saturnmond Enceladus befasst, auf denen es Wasser gibt. Meeresforscher ihrerseits tun sich immer öfter mit der Weltraumforschung zusammen, um leichter an Geld zu kommen. Die NASA hat den Spieß umgedreht und sich der Geowissenschaften angenommen. Damit reagiert sie auf das wachsende Umweltbewusstsein der Öffentlichkeit und erschließt sich zugleich neue Fördermittel.[13]

Die Fahrt der *Nautilus* entlang der kalifornischen Küste, an der ich teilnehmen durfte, ist ein gutes Beispiel dafür. Die NASA hatte die Expedition finanziert, um mittels Tauchgängen in die Tiefsee mehr über extreme Lebensformen zu erfahren. Unmittelbar vor der Küste von Santa Barbara fällt der Meeresboden um 500 Meter ab und geht in ein ebenes Becken über, um auf Höhe der Channel Islands wieder steil anzusteigen. In dieser Badewanne herrschen stabile Umweltbedingungen, die ideal sind, um Lebensformen zu finden und zu untersuchen, die unter hohem Druck leben und mit wenig oder gänzlich ohne Sauerstoff und Sonnenlicht auskommen. Sie dienen als Muster für jene Lebensformen, die wir auf weit entfernten Planeten vermuten, können aber auch dafür verwendet werden, kommende Reisen durch den Weltraum zu simulieren.

Die Reise auf den Grund des Meeres blieb mir letztlich versagt. Näher als in dem Moment, in dem ich dem Tauchroboter *Hercules* bei der Arbeit im Santa-Barbara-Kanal zusehen konnte, bin ich ihr nicht gekommen. Patrick Lahey, der stets zuvorkommende Chef von Triton Submarines, wollte mich auf einen Probetauchgang vor den Bahamas mitnehmen, zu dem es aber nie gekommen ist. Andere Hoffnungen keimten auf und zerschlugen sich wieder. Dass meine Chancen ohnehin nur sehr gering waren, war mir von Anfang an bewusst gewesen. Viele Wissenschaftlerinnen und Wissenschaftler, die weitaus berufener sind, warten Jahrzehnte auf einen Platz in einem Tauchboot. Und die vielen zahlenden Kundinnen und Kunden haben ohnehin Vorrang. Als ich Victor Vescovo fragte, ob er mich in der *Limiting Factor* mitnehmen würde, erwiderte er, dass der Spaß 750 000 Dollar koste – weit mehr, als ich je aufbringen könnte, aber verglichen mit den 28 Millionen Dollar, die Blue Origin für einen Flug an die Grenze des Weltraums verlangt und bekommen hat, ein Schnäppchen.

Die Tauchgänge des Rovers vor der Küste von Santa Barbara, die ich beobachten durfte, vermittelten mir einen Eindruck von den Gemeinsamkeiten, die die Erkundung der Tiefsee mit der Erkundung des Weltalls verbinden. Die Wissenschaft hat viele Jahre damit verbracht, die Lebensformen im Santa-Barbara-Kanal zu untersuchen. Doch auch wenn der Grund dieser Badewanne der wohl am besten dokumentierte Meeresboden der Erde ist, überrascht er unaufhörlich mit neuen Erkenntnissen über das Leben in der Tiefsee. Während meiner Zeit an Bord der *Nautilus* wurde ich Zeugin, wie Wissenschaftler Muscheln vom Meeresboden holten, in deren Kiemen sich ein Bakterium fand, das es den Muscheln erlaubte, bis zu zehn Monate lang ohne Sauerstoff auszukommen. Die Forscher fahndeten auch nach Foraminiferen, mitunter auch Kammerlinge genannt, mikroskopisch kleinen Organismen, die unter dem Elektronenmikroskop regelrecht hübsch aussehen und wie Tannenzapfen oder Tulpenzwiebeln geformt sind. Foraminiferen sind vermutlich vor 541 Millionen Jahren im Präkambrium entstanden, weshalb sie einen tiefen Einblick in die Erdgeschichte erlauben. Und vielleicht geben sie auch preis, wie es um die Zukunft unserer Ozeane bestellt ist. Sie gedeihen in sogenannten Totzonen, die sich aufgrund des Klimawandels und der zunehmenden Umweltverschmutzung ausbreiten. Die meisten Menschen denken bei dem Wort Totzone an Flussmündungen, wo Düngemittel und Abfall eine Phytoplanktonblüte auslösen, wodurch dem Wasser Sauerstoff entzogen wird. Solche Totzonen entstehen aber auch auf natürlichem Wege, vornehmlich in stehenden Gewässern wie dem Santa-Barbara-Kanal. Die Bezeichnung Totzone ist allerdings irreführend, da, wie die Foraminiferen belegen, dort durchaus Leben anzutreffen ist. Und weil sich diese Zonen auch in den Ozeanen ausbreiten, denen zunehmend der Sauerstoff ausgeht, werden sich vermutlich auch die Foraminiferen vermehren.

Beim ersten Tauchgang der Reise, die ich begleitete, suchten die Wissenschaftler nach mikrobiellen Matten, in denen Foraminiferen und andere faszinierende Mikroorganismen koexistieren. An Bord befanden sich so viele aufgeregte Menschen, die den ersten Fund miterleben wollten, dass sich in dem kleinen Verschlag unterhalb des Kontrollraums schließlich ein halbes Dutzend Neugierige drängte. Die Kabine, die eigentlich als Fernsehraum diente, war mit einer Mischung aus nautischen Motiven und Erinnerungsstücken der NASA dekoriert. Auf einer Seite reihte sich auf der holzvertäfelten Wand ein Bullauge an das nächste, davor stand ein Ledersofa, gegenüber eine Reihe von Computermonitoren, auf denen permanent neue Daten und Videos eintrudelten. Dem Tauchgang folgten die Forscher wortlos und gebannt. Er begann an der Oberfläche des blauen Wassers, in dem sich die Sonne spiegelte. Schon nach wenigen Sekunden war das Tageslicht erloschen, und Helligkeit kam nur mehr aus den Scheinwerfern des Rovers, deren Licht die Dunkelheit durchbrach und Millionen kleinster Partikel illuminierte, die vorbeiwirbelten. Diese Partikel konnten den Tod, aber auch das Leben bedeuten. Entweder handelte es sich um Plankton, oder es war Mikroplastik, vielleicht aber auch Meeresschnee. Mit diesem poetischen Wort werden Überreste oder Ausscheidungen mariner Organismen bezeichnet.

Beim Blick auf die Partikel vor dem Hintergrund des dunklen Ozeans erinnerte ich mich daran, dass Victor Vescovo ein ganz ähnliches Bild beschrieben hatte, als er über seinen Tauchgang in die Tiefe gesprochen hatte. Nun war es mir vergönnt, es selbst vor Augen zu haben. Und plötzlich wusste ich, woher ich es kannte: vom nächtlichen Sternenhimmel! Wir versanken im Ozean, aber es wirkte, als schweiften wir durchs Weltall, um uns her ein Meer aus Sternen. »Man könnte meinen, wir wären mit Lichtgeschwindigkeit unterwegs«, sekundierte in diesem Augenblick ein Forscher hinter mir.

»Sind da Matten oder nicht?«, fragte Nicole Raineault, die Expeditionsleiterin. Darum ging es. Der Santa-Barbara-Kanal wird von Zeit zu Zeit durchgespült, und dabei schwemmt alles Leben fort, das sich auf den mikrobiellen Matten gebildet hat. Ohne diese Matten gäbe es kein Leben, das die Forscher bergen und untersuchen könnten. Raineault hatte sich auf den Boden und unmittelbar vor einen Monitor gesetzt, von wo aus sie die Vermutungen ihrer Mitarbeiter abfragte. Als unter dem Rover der Meeresboden auftauchte, erinnerte die Szene an einen Sonnenaufgang. Schaut man in den dunklen Nachthimmel, bekommt man kaum mit, wie das Licht allmählich zurückkehrt. Sich dessen bewusst wird man erst dann, wenn es wieder richtig hell ist. Ganz ähnlich ist es auch in der Tiefsee: Der schwarze Ozean änderte seine Farbe kaum merklich zu einem dunklen Blau, und erst mit einiger Verspätung begriff ich, dass die Lichtkegel der Scheinwerfer des Rovers vom Meeresboden zurückgeworfen wurden. Dann ging es rasend schnell, und ich konnte Einzelheiten am Meeresboden erkennen. Neben mir beugten sich die Wissenschaftler erwartungsvoll vor. Der Moment der Wahrheit war gekommen.

Ein Forscher, der sich geweigert hatte, eine Prognose abzugeben, klebte förmlich vor dem Monitor, seine Nase berührte fast die Mattscheibe. *Hercules* hielt kurz inne und schwebte etwa zwanzig Meter über dem weichen Grund. Der Forscher spornte ihn ungeduldig an: »Na los, komm schon!«, und tatsächlich setzte sich der Rover wieder in Bewegung und tauchte tiefer. Seine Kameras fingen einen ebenen, weichen, gräulich schimmernden Meeresboden ein, auf dem helle weiße Flecken zu sehen waren. »Wer sagt's denn!«, rief der Forscher überschwänglich, riss sich vom Monitor los und griff nach seinem Telefon. »Wir haben die Matten.« Der Raum brach in Jubel aus, Beifall brandete auf. Wir hatten gefunden, was wir gesucht hatten: den Meeresboden und die extremen Lebensformen, die dort gedeihen.

4.

Jahrzehntelang haben sich Umweltschützer und Wissenschaftler den Kopf über die Frage zerbrochen, warum die Gesellschaft lieber den Weltraum als die Weltmeere erkundet, obwohl es zwischen den beiden doch viele Gemeinsamkeiten gibt. Die Gründe sind politisch, psychologisch und, wie John Steinbeck schon vor vielen Jahren meinte, »überaus menschlich«. Der Kalte Krieg ist sicherlich mitverantwortlich dafür, dass viel Geld in die Raumfahrt floss. (Nicht verschwiegen werden soll aber, dass das Militär viel Geld in die Erforschung der Tiefsee gesteckt hat, vor allem zu Zeiten von Marie Tharp und Bruce Heezen.) Dass es in Kriegszeiten von Vorteil ist, am Himmel wie auf dem Meer präsent zu sein, liegt auf der Hand. Die Vereinigten Staaten und die Sowjetunion wollten den Rivalen ausspionieren, Raketen und Sprengköpfe abschießen, der Bevölkerung aber mehr als nur militärische Erfolgsmeldungen präsentieren. Der Flug zum Mond war ideal dafür. »Die Technologie, die den Menschen zum Mond bringt, kann auch einen Atomsprengkopf um die halbe Welt transportieren«, schrieb Carl Sagan 1989 in seinem berühmten Essay, mit dem er sich für die nukleare Abrüstung einsetzte.[14]

Der Mondflug der NASA lieferte aber auch einen Hinweis darauf, warum die Menschen den Weltraum höher schätzen als die Weltmeere. Bei der Frage, was die Öffentlichkeit für wichtig befindet, spielt Angst eine Rolle, was Umweltschützer, die sich für den Wolf einsetzen, aus leidvoller Erfahrung wissen.[15] In nahezu allen seefahrenden Kulturen gibt es Legenden von Seemonstern, die für die Angst vor der Tiefe stehen. In der nordischen Mythologie ist es der Riesenkrake, bei den Peruanern die Schlange Yacumama, die den Amazonas unsicher macht. Und auch wenn die Gefahr, von einem Hai angegriffen zu werden, verschwindend gering ist, geistert er bis heute als blutrünstiges Monster durch die Fantasie der Menschen. Ein nicht unbeträchtlicher Teil von ihnen meidet instinktiv tiefe Gewässer – aber warum eigentlich? Auf seiner Expedition zu den tiefsten Punkten der Erde mag Victor eine Antwort darauf gefunden haben. Nicht ein Lichtstrahl gelangt bis auf den Meeresboden, was Victor zu der Formulierung veranlasste, dass er noch nie ein solches Schwarz gesehen habe wie durch das Bullauge seines Tauchbootes. »Es war phänomenal«, schrieb er mir. »Man sah im Wortsinne nichts, so allumfassend war die Dunkelheit.« Mehrfach schaltete er die Lichter im Tauchboot aus, schaute durch die Scheibe und starrte angestrengt in den Abgrund. Dabei fiel ihm eine Formulierung des Philosophen Friedrich Nietzsche ein. »Wer mit Ungeheuern kämpft, mag zusehn, daß er nicht dabei zum Ungeheuer wird. Und wenn du lange in einen Abgrund blickst, blickt der Abgrund auch in dich hinein.«[16] Vielleicht ist das der wahre Grund dafür, dass wir die Erforschung der Tiefsee vernachlässigen: Wir haben Angst, die Dunkelheit könnte uns vernichten.

Auch die Religion kennt Mythen, die nachhaltig wirken. Der Himmel ist oben, die Hölle unten. Gläubige aller Religionen beten zu einem Gott, der in der Höhe residiert, und suchen im Blick nach oben Rat und Trost. Umgekehrt fürchten sie sich vor dem, was in der Tiefe ist, wo sie entweder in einem Grab oder – schlimmer – in der Hölle landen und für ihre Sünden büßen müssen. Und auch wenn man selbst weder an einen Gott noch an ein Leben nach dem Tod glaubt, wirken die dazugehörigen kulturellen Prägungen nach. Zu den Sternen zu schauen und sich in eine bessere Welt hinter dem Horizont zu sehnen, ist ein Phänomen, das alle Menschen kennen. Dieselbe Triebfeder lässt uns reisen und fragen, wie das Leben jenseits der engen Grenzen, die uns gesetzt sind, wohl beschaffen sein mag. Die Kehrseite der Medaille ist, dass wir nach Zerstreuung suchen, uns die Fähigkeit abhandenkommt, in uns hineinzuschauen und uns zu fragen, wie die bessere Welt, die wir uns für eine unbestimmte Zukunft erträumen, an Ort und Stelle und im Hier und Jetzt aussehen könnte.

In der Einsamkeit am Walden Pond hat der amerikanische Schriftsteller Henry David Thoreau über die Unstetigkeit des Menschen nachgedacht. Thoreau lebte im 19. Jahrhundert, zu einer Zeit, die auch »zweites Zeitalter der Entdeckungen« genannt wird. Damals strebten mutige Menschen in die Arktis, zum Amazonas, zur Antarktis und in viele andere kaum zugängliche und unkartierte Gegenden der Erde. Thoreau faszinierten diese Reisen, und er verfolgte sie intensiv, aber er misstraute auch dem unstillbaren Drang, neue Welten zu entdecken und sich einzuverleiben. Und so kam er zu dem Schluss, »daß es leichter ist, viele tausend Meilen weit durch Schnee und Eis, durch Sturm und Kannibalen auf einem Regierungsschiffe, von fünfhundert hilfsbereiten Männern und Jünglingen begleitet, zu segeln, als das *eigene* Meer zu erforschen – den Atlantischen oder Stillen Ozean der eigenen Einsamkeit«.[17] Die Erkundung der äußeren Welt muss laut Thoreau mit der Hinwendung in unser Innerstes Hand in Hand gehen, soll sie nicht zu einem bloßen Abhaken von Posten auf einer Einkaufsliste werden. Zugleich nehmen seine Worte eine Zeit vorweg, zu der die Erkundung des Ozeans abgeschlossen ist und wir uns neuen, noch aufregenderen Grenzen zuwenden können.

So stellt sich die Situation heute dar: Etwa ein Viertel des Meeresgrundes ist kartiert, weniger als ein Prozent der Tiefsee erforscht. Gleichzeitig fließen Milliardensummen in die Erkundung des Weltalls und – vor allem – in die militärische Aufrüstung im All. Der Ozean, seine Bewohner, seine Geografie, seine wirtschaftliche und kulturelle Bedeutung sind nicht einmal ansatzweise begriffen, und doch gilt dem Meer nur ein Bruchteil der Aufgeregtheit, mit der der Vorstoß in die andere Richtung bedacht wird. Der Fluss des Geldes und der Lauf der Geopolitik haben ihren Anteil daran, aber das gilt auch für die blinden Flecken in der Psychologie der Menschen. Zu Beginn des 21. Jahrhunderts war noch kein Mensch zu den tiefsten Stellen aller Weltmeere getaucht. Mehr noch, wir wussten nicht einmal, wo genau diese Stellen waren, bis Victor Vescovo und Cassie Bongiovanni sich aufgemacht haben, sie zu finden.

5.

Als die *Limiting Factor* aus dem Challengertief aufgetaucht war, öffnete Victor Vescovo die Luke und streckte eine Hand mit vier erhobenen Fingern heraus: für jeden erreichten tiefsten Punkt einen. Fehlte nur noch einer. Drei Stunden lang hatte er sich am Grund des Pazifischen Ozeans aufgehalten. Die Besatzung der *Pressure Drop* hatte an strategisch günstigen Punkten Lander über Bord gegeben, die Victor in der Gewissheit abgefahren war, in jedem Fall den tiefsten Punkt erreicht zu haben. Nicht dass jemand seinen Rekord in Zweifel zog! Die Lander waren mit Ködern bestückt, die gallertartige Lebewesen anlockten. So konnte Victor beobachten, wie Seegurken, auch als Holothurien bekannt, und Würmer der Tiefsee zusammenkamen, um sich an dem Köder zu stärken.

Die Messgeräte der *Limiting Factor* zeichneten eine maximale Tiefe von 10 928 Metern auf – mehr, als James Cameron 2012 sowie Walsh und Piccard 1960 erreicht hatten. Per Pressemitteilung wurde die Welt über Victors doppelten Weltrekord informiert. Die Nachricht machte nicht nur viele Schlagzeilen, sondern löste auch einige Zacken in der Krone von James Cameron, der zeitgleich in Neuseeland an der Fortsetzung seines Films *Avatar* arbeitete. Derweil hatte Cassie durchaus Zweifel an den Zahlen, die die *Limiting Factor* ermittelt hatte. Victor hatte sich auf die höheren und damit rekordverdächtigen Messwerte berufen, während Cassie eher den nicht ganz so beeindruckenden Angaben traute, die EM 124 geliefert hatte. »Ich fürchte, ich kann die 10 928 Meter, von denen du ausgehst, nicht bestätigen«, habe Cassie gesagt, so Victor. Schließlich lenkte er ein und nannte in einer weiteren Pressemitteilung einen Wert von 10 924 Metern mit einer möglichen Abweichung von 15,24 Metern in beide Richtungen.[18] Doch da war der Schaden schon angerichtet. Cameron hatte die wichtigsten Nachrichtenagenturen kontaktiert und sie aufgefordert, Victors vermeintlichen

Rekord zu hinterfragen. »Tiefer, als ich war, kann er nicht gewesen sein. Dort unten ist es flach wie ein Brett. Vielleicht hat sein Messgerät etwa anderes angezeigt als meins, aber tiefer als ich war er mit Sicherheit nicht.«[19]

Larry Mayer, der Direktor des Center for Coastal and Ocean Mapping an der Universität von New Hampshire, hat Victor gegenüber hingegen die Richtigkeit von Cassies Messungen im Marianengraben bestätigt. James Cameron mag aus der Luke seines Tauchbootes sehr wohl einen ebenen Meeresgrund gesehen haben, aber er konnte ja auch kaum fünfzig Meter weit gucken und deshalb nicht beurteilen, ob es dahinter nicht gänzlich anders aussah. Und während Victor die Aufmerksamkeit, die durch Camerons Protest auf den Tauchgang gelenkt wurde, durchaus zu genießen wusste, empfand es Cassie als extrem belastend, unvermittelt im Rampenlicht zu stehen. Es war ihr erster Job nach dem Studium, und nun sah sie sich und ihre Arbeit von einem der berühmtesten Regisseure der Welt in der *New York Times* mit den Worten verunglimpft, etwas könne »zum Rekord erklärt werden, ohne dass ein Beweis vorliegt«.

Später ist die *Limiting Factor* noch mehrfach ins Challengertief getaucht. Wissenschaftlich begleitet wurde Victor Vescovo von einer erfahrenen Hydrografin und der fortschrittlichsten Technik, um die Tiefe, die er erreichte, zweifelsfrei ermitteln zu können. Solchen Aufwand hatte James Cameron nicht betrieben. Dabei ist es vor allem die Arbeit der Hydrografen, die alle Daten mehrfach überprüfen, bevor sie ihnen trauen, die über den Wert einer Mission in die Tiefsee entscheiden. »Ich verfolge keine persönlichen Zwecke oder Interessen«, erklärte mir Cassie. »Ich ermittle Daten, und damit hat es sich.«

Der Zank um den Rekord machte einen weiteren Grund dafür kenntlich, dass sich die Öffentlichkeit mehr für den Weltraum interessiert. Eine Raummission mag vor allem nationale Interessen verfolgen, aber wenn sie erfolgreich ist, reichen ihre Folgen weit über diese Interessen hinaus. Unabhängig von der Nationalität kann jeder Mensch in den Himmel schauen und sich fragen: »Was wäre, wenn?« Und selbst wenn diplomatische Beziehungen zwischen Staaten zusammenbrechen, arbeiten Astronauten aus aller Welt noch gemeinsam in der Internationalen Raumstation ISS.[20] Einen solchen übergreifenden Zusammenhang vermag der Ozean nicht zu spenden. Die Tiefsee bleibt ein Streitobjekt zwischen Partikularinteressen und zugleich ein Friedhof für die Hinterlassenschaften der Kriege, die wir uns liefern. Die Internationale Meeresbodenbehörde bemüht sich seit Jahren um verbindliche Regeln für eine Industrie, von der niemand weiß, ob sie profitabel sein wird, die aber mit Sicherheit ein Ökosystem zerstören wird, das nicht einem Land, sondern der Menschheit gehört. Für Außenstehende wirkt der Konflikt zwischen James Cameron und Victor Vescovo wie eine Fortsetzung bekannter Muster mit anderen Mitteln: Zwei reiche weiße Männer streiten um einen Weltrekord, den nur wenige Menschen überhaupt zur Kenntnis genommen haben.

6.

Die *Pressure Drop* machte sich auf den Weg in den Arktischen Ozean, um auch den fünften und letzten Tauchgang der Expedition zu absolvieren. Im Sommer 2019 beobachtete die Besatzung von Deck aus, wie Victor zum Grund des Molloytiefs tauchte, das circa 170 Kilometer westlich von Spitzbergen liegt. Bis er ihn erreichte, vergingen zwei Stunden, zwei weitere Stunden lang blieb er auf dem Meeresboden, und erneut zwei Stunden brauchte er für den Aufstieg. Als er die Luke seines Tauchbootes öffnete, wurde er von lautem Jubel und Feuerwerk begrüßt. Nun durfte er sich als erster Mensch bezeichnen, der die tiefsten Punkte aller fünf Weltmeere erreicht hatte. Eine Welle der Erleichterung durchfloss ihn, die ihn an jene Empfindungen erinnerte, die er auf dem Gipfel des Mount Everest verspürt hatte. »Ein Windhauch genügt, um eine Expedition wie diese zum Scheitern zu bringen«, erklärte er. »Entsprechend groß ist die Erleichterung, wenn man es geschafft hat.« Aus der Erleichterung wurde sehr schnell Begeisterung: Er hatte etwas erreicht, was noch niemandem gelungen war. Das hieß aber auch, dass die Expedition namens Five Deeps beendet war. Nach zwei weiteren, eher wissenschaftlich motivierten Tauchgängen kehrte das Schiff zum skandinavischen Festland zurück – gerade rechtzeitig, um einem schweren Sturm zu entgehen. Im Inneren des Schiffes ergänzte Victor derweil die Liste der Rekorde mit einer letzten Zahl: »Molloytief – 5550 Meter.«

Von Skandinavien aus ging es weiter nach London, wo Victor und Mitglieder seines Teams auf Einladung der Royal Geographic Society einen Vortrag über die erfolgreiche Expedition hielten. Im historischen Ballsaal der Gesellschaft stand Alan Jamieson auf einer Bühne und trug eine Reihe beeindruckender Zahlen vor: 40 000 biologische Proben, Daten zu fast 1,5 Millionen Meter Wassersäule, mehr als 500 Stunden Videomaterial und eine Unmenge an Informationen über die biologische Diversität im Abyssopelagial und im Hadopelagial. Diese Daten auszuwerten und zu verstehen, was sie zu sagen haben, würde Jahre dauern, erklärte er und sagte voraus, dass sich mit ihrer Hilfe viele Lücken im Wissen über die Entwicklung des Lebens auf der Erde würden schließen lassen.

Auch Cassie sprach an diesem Abend. Ihr Thema waren die fast 700 000 Quadratkilometer, die sie kartiert hatte, die meisten davon zum allerersten Mal in der Geschichte, die vielen Hundert unterseeischen Berge, die sie aufgespürt, und die Vermessung wichtiger Gräben, Bruch- und Subduktionszonen, die sie rund um den Globus verfolgt hatte.[21] Diese Bilanz war aller Ehren wert, doch kaum hatte sie die Bühne verlassen, stellte sich die Frage, wie es weitergehen sollte. »Die Leute sprachen mich an und meinten: ›Du hast Maßstäbe gesetzt, aber was kann jetzt noch kommen?‹«, berichtete sie. Die inzwischen siebenundzwanzig Jahre alte Hydrografin hatte sich auf eine achtzehn Monate währende faszinierende Reise rund um die Welt begeben, und nun fiel der Druck, unter dem sie die ganze Zeit gestanden hatte, mit einem Schlag von ihr ab. »Nachdem ich das Schiff verlassen hatte, war ich seit langer Zeit zum ersten Mal wieder drei Tage lang allein. Da konnte ich die Tränen nicht länger zurückhalten.« Sie wusste ja nicht, ob sie je wieder auf das Schiff zurückkehren und die Besatzung wiedersehen würde. Die Expedition war beendet, und alle, die daran beteiligt gewesen waren, gingen ihrer Wege.

Victor hatte von Anfang an vorgehabt, die Ausrüstung nach dem Ende von Five Deeps zu verkaufen. Das Triton Hadal Exploration System, zu dem das Tauchboot, das Schiff, das Fächerecholot EM 124, die Begleitschiffe und die Lander zählten, wurde für 51 Millionen Dollar angeboten. Das Team von Triton hatte sich an den Kosten der Expedition beteiligt und griff auf sein Netzwerk zurück, um einen Käufer zu finden. Fast dreihundert Meeresforschungseinrichtungen auf dem ganzen Globus wurden kontaktiert, dazu Tausende Vermögensverwaltungen reicher Privatpersonen. Hochglanzbroschüren wurden an Kapitäne, Reedereien und Designer von Superjachten versandt. Mehrere illustre Namen wurden als Käufer gehandelt: der Hedgefonds-Manager Ray Dalio, der hinter der Firma OceanX steht, der australische Milliardär und Philanthrop Andrew Forrest, ein Konteradmiral der NOAA. Doch niemand wollte die *Limiting Factor* haben. Das Tauchboot hatte alles erreicht, wofür es gebaut worden war. Es war ein Unikat, das überall auf der Welt eingesetzt werden und jede noch so tiefe Stelle im Ozean erreichen konnte. Doch auch das genügte nicht, um das Interesse von Menschen zu erregen, die mehr als genügend Geld besaßen, um es sich zu kaufen.

Auch andere Faktoren mögen für die geringe Resonanz auf das Verkaufsangebot eine Rolle gespielt haben, darunter die Coronapandemie und die damit zusammenhängende eingeschränkte Bewegungsfreiheit. Dass das Interesse an dem Tauchboot, das immerhin Rekorde aufgestellt hatte, gleich null war, kam für das Team von Five Deeps dennoch überraschend. »Ich habe keine Erklärung dafür, dass niemand die Technik haben wollte, weder staatliche noch private Institutionen«, sagte Victor. »Seit vielen Jahren hören wir dieselbe Leier: ›Der Weltraum ist aufregend, unbekannt und herausfordernd.‹ Für den Ozean gilt dasselbe, aber für den bleibt kein Cent übrig.« Zu Beginn des neuen Jahrtausends gab es eine kurze Phase, in der die Erkundung der Meere boomte, aber der Enthusiasmus war auch schnell wieder verflogen.

Da es kein ernst zu nehmendes Angebot für das Triton Hadal Exploration System gab, entschloss sich Victor, es weiterhin selbst zu nutzen, und begab sich auf die unterschiedlichsten Expeditionen, die von der Suche nach einem französischen U-Boot, das 1968 im Mittelmeer gesunken war, bis zu Tauchgängen zu den tiefsten Stellen im Mittelmeer und im Roten Meer reichten. Auch in das Challengertief kehrte er zurück, mal in Begleitung der ersten Frau und Astronautin, die dort ankam, dann des ersten Angehörigen der US-Marine und des ersten Menschen asiatischer Abstammung, der den tiefsten Punkt der Erde erreichte. Gemeinsam mit dem Wissenschaftler Clifford Kapono »bestieg« er zum ersten Mal den Mauna Kea auf Hawaii vom Fuß in 6000 Meter Tiefe bis zum Gipfel in 4000 Meter Höhe über dem Meeresspiegel. Dabei absolvierten sie einen rekordträchtigen Triathlon: Sie tauchten mit der *Limiting Factor* zum Fuß des Berges, brachten die gut vierzig Kilometer zurück an Land mit einem Auslegerkanu hinter sich, fuhren sechzig Kilometer weit mit dem Fahrrad bergauf, bis die Straße endete, und legten die verbleibenden zehn Kilometer bis zum Gipfel zu Fuß zurück.[22] All diese Unternehmungen dienten auch als Werbemaßnahme für das gesamte System. Die Welt sollte sehen, wie leistungsfähig es war.

Cassie erholte sich derweil in ihrem Elternhaus in Dallas von ihrer anderthalbjährigen Reise um die Welt und machte sich Gedanken darüber, was als Nächstes anstünde. Heraus kam der Entschluss, sich Victor Vescovos Caladan Oceanic Expeditions anzuschließen und wieder einmal an Bord eines Schiffes Kartierung zu betreiben. Vor allem eine Reise hatte es ihr angetan: die Vermessung des Pazifischen Feuerrings. Im August 2020 stach die *Pressure Drop* in See, um die Folgen zu untersuchen, die sich rund um den größten Ozean des Planeten aus dem Aufeinandertreffen von zwei tektonischen Platten ergeben. Die meisten Erd- und Seebeben sowie Vulkanausbrüche auf der Erde sind diesem Feuerring zuzuschreiben, so auch das Erdbeben, das sich 2011 vor der Küste Japans ereignete, und der Vulkanausbruch unweit von Tonga im Jahr 2022. Trotz der Zerstörungen, die der Feuerring bereits angerichtet hat, sind die Gräben und Subduktionszonen weitgehend unkartiert und unverstanden. Im Zuge der Expedition konnte Cassie acht Gräben zum ersten Mal kartieren, darunter den Philippinengraben, den Yapgraben, den Palaugraben, den Kurilengraben und den Aleutengraben. »Ich sammle Gräben wie Pokémonfiguren«, scherzte sie, was sie aber nicht davon abhielt, für Victors Entschluss, den Feuerring zu kartieren, großen Respekt zu empfinden. »Er muss es ja nicht tun, aber die Weltgemeinschaft profitiert enorm davon.« Auch bei dieser Expedition gab es Gelegenheiten, Rekorde aufzustellen, aber der Großteil der Reise, insbesondere die zweite Hälfte, war ganz der Kartierung des Meeresbodens gewidmet. Cassie hatte das dringende Gefühl, dass Five Deeps Victor verändert hatte: Er war nicht länger nur der Abenteurer, der von Rekord zu Rekord eilte, sondern stand den Wissenschaftlern bedingungslos zur Seite. Alan Jamieson, der auch auf dieser Expedition dabei war, teilte übrigens Cassies Eindruck.

»Meine Haltung lautet: ›Wenn es wissenschaftlich irrelevant ist, ist es nichts für mich.‹ Victor hingegen ist eher der Typ, der sagt: ›Ich bin Entdecker, Wissenschaft interessiert mich nicht.‹ An einem bestimmten Punkt haben wir uns einander angenähert«, erklärte Jamieson mir. Cassie konnte auf dieser Reise ein Jubiläum besonderer Art begehen, als sie zusammen mit ihrem Team den einmillionsten Quadratkilometer kartierte – eine Fläche, die größer ist als ihre Heimat Texas. Alle Karten, die entstanden, gingen umgehend an Seabed 2030. Nach jeder Etappe zog sie sich in ihr Elternhaus zurück und destillierte aus den gesammelten Daten Karten. Victor lebte ganz in der Nähe. Eines Tages im Jahr 2020 kam er vorbei, um sich die neue Kartierungs-Software anzusehen, die sie installiert hatte. Sie nutzte den Moment, um ihren Abschied als leitende Kartografin der Caladan Oceanic Expeditions zu nehmen. »Ich wollte schon immer Abenteuer erleben, aber darin erschöpft sich mein Ehrgeiz nicht«, erklärte sie ihren Schritt.

Die Jahre auf See hatten sie verändert. Ihre Abschlussarbeit an der Universität hatte sie über die Prioritäten geschrieben, die die NOAA bei der Kartierung des Meeresbodens setzt – ein ideales Thema, um einen Job in einer Regierungsbehörde zu bekommen. »Beim Kartieren geht's vor allem um die Frage, wie wir die Seefahrt sicherer machen können, auch wenn die Mittel, die dafür zur Verfügung stehen, limitiert sind«, so Cassie. Die Zeit an Bord der *Pressure Drop* hatte sie gelehrt, dass die Kartierung des Ozeans zu mehr zu gebrauchen war. Meereskarten legen wichtige Teile der Menschheitsgeschichte offen und helfen dabei, Küstengebiete bewohnbar zu machen, sie werfen neue Fragen auf, auf die wir ohne sie nie gekommen wären. Five Deeps, so ging ihr auf, konnte da nur ein Anfang sein. Sie wollte daran mitarbeiten, mithilfe von Karten des Meeresbodens die drängendsten Fragen der Biologie und der Geologie anzugehen. »Und das ist nur ein Vorgeschmack auf die Wissenschaft, die uns erwartet«, so ihr Versprechen.

Etwa zur selben Zeit, in der sich Cassie aus Victors Projekt verabschiedete, wurde im National Institute of Water and Atmospheric Research von Neuseeland (NIWA) eine Stelle frei. Sollte sie den Posten bekommen, würde sie mit Kevin Mackay zusammenarbeiten, jenem SCUFN-Mitglied, das auch das Regionalbüro von Seabed 2030 für den südlichen und den westlichen Pazifik leitet. Allein in dieser Region hatte Cassie 530 000 Quadratkilometer Meeresgrund kartiert, sie würde also an jenen Karten arbeiten, zu denen sie selbst die Daten geliefert hatte. »In meinen Ohren klang das wie eine logische Fortsetzung«, erklärte sie. Schließlich nahm sie aber einen Job an, der näher an zu Hause war. Heute arbeitet sie als Ingenieurwissenschaftlerin an der Universität von Texas in Austin.

Im Sommer 2022 reiste die erste Touristengruppe zum Wrack der *Titanic* in knapp 4000 Meter Tiefe. Preis: 250 000 Dollar pro Kopf.[23] Wo Touristen sind, können die Bergbaufirmen nicht weit sein. Kurz nachdem Victor Vescovo im Challengertief zwei neue Weltrekorde aufgestellt hatte, schickte China zwei bemannte Tauchboote zum Grund des Marianengrabens. Der Chefkonstrukteur der Tauchboote sagte später gegenüber einer Zeitung, dass das Team an einer »Schatzkarte« für die Tiefsee arbeitete.[24]

Gegen Ende des Jahres 2022 war Victor es leid, die Beschwerlichkeiten auf sich zu nehmen, die mit der Erkundung des Ozeans verbunden sind. Wracks wie das der *Titanic*, die in internationalen Gewässern liegen, ausgenommen, befinden sich die meisten reizvollen und wissenschaftlich relevanten Ziele näher an Land und damit in der ausschließlichen Wirtschaftszone irgendeines Küstenstaates. Ein unscheinbar wirkender Satz im Seerechtsübereinkommen mit schwerwiegenden Folgen erlaubt es solchen Staaten, die wissenschaftliche Forschung in der AWZ, die immerhin 200 Seemeilen umfasst, zu regulieren. Nun interpretiert jedes Land den Begriff »wissenschaftliche Forschung« anders, und Victor hat erleben müssen, dass seine Anfragen, in den betreffenden Gebieten Messungen und Tauchgänge durchzuführen, entweder unbeantwortet blieben oder abgelehnt wurden. »Ich bin es leid, in Regionen, für die ich eine Genehmigung brauche, wissenschaftliche Forschung zu betreiben«, gestand er mir. In seiner Erfahrung scheint sich eine Art Naturgesetz der Neuentdeckungen zu wiederholen: Je mehr Pioniere eine bestehende Grenze überschreiten, desto voller wird es dahinter und desto komplizierter wird die Forschung, bis die einstige Grenze keine Grenze mehr ist. Dann begeben sich Entdecker auf die Suche nach neuen Grenzen, die sie verschieben können.

Im Juni 2022 nahm Victor am fünften privaten Raumflug teil, den Blue Origin ausrichtete, jene kommerzielle Raumfahrtagentur, die der Amazon-Chef Jeff Bezos gegründet hat.[25] Die zahlenden Gäste erwarteten »zehn Minuten reinster Freude«. Wenige Monate später, im November 2022, verkaufte Victor das Triton Hadal Exploration System an den Amerikaner Gabe Newell, der mit Videospielen Milliarden verdient und ein Meeresforschungsinstitut namens Inkfish gegründet hatte. Victor selbst will sich künftig mit solchen Meeresgegenden befassen, für die keine Genehmigungen erforderlich sind, und in autonome Tauchtechnik oder automatisiertes Wracktauchen investieren. In den vier Jahren, in denen sie die Weltmeere bereiste, hat die *Pressure Drop* fast vier Millionen Quadratkilometer Meeresboden vermessen, was ungefähr der halben Größe Brasiliens entspricht.

Ist die Vermessung eines Ortes gleichbedeutend damit, dass man ihn kennt? Auf meinem Telefon kann ich mir die Karte der Gegend ansehen, in der ich lebe, und mir eine sehr genaue Vorstellung davon machen, aber wenn ich sie mir mit eigenen Augen ansehe, bietet sich mir ein ganz anderes Bild, in das auch Unerwartetes einfließt. Bei einer Karte des Meeresbodens verhält es sich nicht anders: Sie ermöglicht ein erstes Kennenlernen, wirft aber mehr Fragen auf, als sie beantwortet. Viele Rätsel bleiben zu lösen, Auseinandersetzungen zu führen, Lebewesen und Formationen zu benennen, Wracks zu untersuchen, Menschheitsgeschichte aufzudecken. Vielleicht können wir ja sogar das größte aller Rätsel klären: woher wir kommen und wie wir hergekommen sind. Die Geburtsstätte allen Lebens auf der Erde liegt irgendwo dort unten auf dem Meeresboden, verborgen in Spalten und Rissen. Dort hat sich der erste Lebensfunke entzündet und ein Feuer entfacht. Den Meeresboden kennenzulernen, heißt also immer auch, uns selbst kennenzulernen.

NACHWORT

Eine Weltkarte, in der Utopia nicht verzeichnet ist, ist keines Blickes wert.

Oscar Wilde: *Der Sozialismus und die Seele des Menschen*, 1891

Bei meiner Arbeit an einem Buch über den Versuch, bis 2030 den gesamten Ozean zu vermessen, bin ich auch auf andere Ziele und Vorhersagen gestoßen, die sich auf dasselbe Jahr beziehen. Folgende Funde habe ich gemacht: Meeresschützer haben angekündigt, bis 2030 dreißig Prozent des Ozeans unter Schutz zu stellen; der Autoverkehr in den USA soll zu 95 Prozent von Elektrofahrzeugen abgedeckt werden, die G7, ein Zusammenschluss der führenden Industrienationen, will keine Kohle mehr verbrennen; durch den globalen Klimawandel werden etwa 100 Millionen Menschen verarmen; der Handel mit Proteinen, die von Insekten stammen, wird einen Umsatz von acht Milliarden Dollar erzielen. Und so weiter und so fort. Solche Prognosen gehören in Wissenschaft und Politik unterdessen zum guten Ton. Sie helfen dabei, sich auf Ziele zu verständigen, in die Zukunft zu blicken und einen Eindruck davon zu bekommen, was wir in den nächsten Jahren tun oder lassen müssen. Manche Prognosen reichen an Wunschdenken heran, andere sind reine Schwarzseherei, aber in der Summe scheinen sie mir eine Art Wegenetz zu bieten, über das wir die Zukunft angehen können.

Die wissenschaftliche Gemeinschaft wartet sehnsüchtig auf Seabed 2030. Die Entdeckungen auf den Gebieten der Archäologie, der Biologie und der Geologie versprechen bahnbrechend zu werden, der Nutzen für den Umweltschutz und die Seefahrt dürfte unbestreitbar sein. Im Jahr 2022 hat Seabed 2030 eine aktualisierte GEBCO-Karte veröffentlicht, die 23,4 Prozent des Meeresbodens in hoher Auflösung darstellt – im Vergleich zum Vorläufer ein Zuwachs von der Größe Europas. Die Wissenschaft reibt sich die Hände, aber wie sieht es mit dem Rest der Welt aus? In Anbetracht der Vernachlässigung des Ozeans und der Angst vor ihm stellt sich die Frage, ob der Mensch tatsächlich der berufene Verwalter des größten Lebensraums auf der Erde ist. Seabed 2030 wird kein Türöffner für den Tiefseebergbau sein, aber je mehr die Ressourcen an Land schwinden, desto größer wird die Bereitschaft, auf dem Grund des Meeres nach ihnen zu suchen. Auch unbewohnte Landschaften sind Landschaften, die kartiert werden können, schrieb der Journalist Stephen Hall. »Auf den Karten, die so entstehen, können sich menschliche Schicksale auf ganz und gar nicht harmlose Weise entfalten.«[1] Auf dem Treffen der Internationalen Meeresbodenbehörde auf Jamaika ist mir eine dieser ganz und gar nicht harmlosen Weisen begegnet: Regierungsvertreter und internationales Recht sehen sich massivem Druck von Firmen ausgesetzt, die darauf drängen, den Meeresboden auszubeuten, auch wenn der als Erbe der Menschheit deklariert ist. Mehr als durch alle Regeln und Maßnahmen, die sich Menschen ausdenken, ist er wohl durch seine Unzugänglichkeit geschützt.

Zum Vergleich lohnt der Blick darauf, wie es zwei extremen und nur spärlich bewohnten Gebieten ergangen ist, seit sie im 20. Jahrhundert auf Karten gebannt wurden: die Antarktis und das Amazonasgebiet. Ersteres ist ein eisiger Kontinent, dessen Existenz sich schon die alten Griechen ausmalten, der aber erst 1820 entdeckt wurde, Letzteres ein heißer und feuchter Dschungel, in dem neben zahllosen Giftschlangen auch mehrere indigene Völker ohne Kontakt zueinander leben. Im 19. Jahrhundert standen diese beiden Regionen im Zentrum des Interesses von Abenteurern und Entdeckern. Beide sind von Wasser umgeben, was, dem Meeresboden nicht unähnlich, den Zugang und die Vermessung enorm erschwert. Der eigentliche Kontinent Antarktika liegt unter Schnee und Eis verborgen, sodass niemand weiß, wie er aussieht. Über dem Dschungel des Amazonas hängen dicke Wolken, die eine Vermessung aus der Luft unmöglich machen. Ist die Antarktis ein Kontinent? Wo ist die Quelle des Amazonas? In der Royal Geographic Society in London wurde über diese Orte, die sich der Kartierung entzogen, erregt debattiert. Mitte des 20. Jahrhunderts gelang es mithilfe modernster Radartechnologie, den Eisschild der Antarktis zu durchdringen und sich vom Flugzeug aus ein Bild vom Profil des darunter liegenden Festlands der Antarktis zu machen.[2] In den 1960er- und 1970er-Jahren konnte die Wolkendecke über dem südamerikanischen Regenwald mithilfe von luftgestütztem Seitensichtradar und Laser aufgeschnitten und die erste detaillierte Karte des Amazonasgebietes erstellt werden.

Seit es von beiden Regionen Karten gibt, nehmen beide ein unterschiedliches Schicksal. Die Antarktis, der siebte Kontinent, ist durch ein internationales Abkommen geschützt, das die Freiheit der wissenschaftlichen Forschung und die ausschließlich friedliche Nutzung bis zum Jahr 2048 garantiert. Dem Amazonasgebiet blieb ein solcher Schutz versagt. Vielmehr nahm die brasilianische Regierung die Existenz der Karten zum Anlass, den Regenwald wirtschaftlich auszubeuten und dafür auch eine großflächige Abholzung in Kauf zu nehmen. 2021 verpflichtete sich Brasilien, die Abholzung spätestens 2030 einzustellen. Ungeachtet dessen erreichte sie im selben Jahr 2021 den höchsten Wert seit fünfzehn Jahren.

Der internationale Meeresboden gleicht eher der unbewohnten Antarktis denn dem Amazonasgebiet, das sich über mehrere südamerikanische Länder erstreckt und von indigenen Völkern bewohnt wird. Die Vereinten Nationen bemühen sich darum, eine Vereinbarung für die Hochsee zustande zu bringen – ein kühnes Unterfangen, das durchaus mit der Entstehung des Antarktis-Vertrages vergleichbar ist, dem ersten internationalen Abkommen, das nach dem Zweiten Weltkrieg abgeschlossen wurde.[3] Im März 2023 einigten sich die beteiligten 193 Staaten darauf, den Schutz der Biodiversität der Hochsee über nationales Recht zu stellen. Noch wartet das Hochseeabkommen auf seine Ratifizierung, aber schon jetzt ist es die Grundlage für den nachhaltigen und ressourcenschonenden Umgang mit dem gesamten Ozean – von der Wasseroberfläche bis zum Grund. Der Ozean ist der größte und am wenigsten erforschte Lebensraum der Erde und musste bislang doch auf den gebührenden Schutz verzichten. Die Aufmerksamkeit, die ihm galt, reichte nie an die heran, die der Weltraum auf sich zog, selbst wenn der für das Leben auf der Erde nur eine untergeordnete Rolle spielt.

Am Ende des Jahrzehnts werden wir womöglich noch immer nicht über eine vollständige Karte des Meeresbodens verfügen, aber wenn Seabed 2030 eines Tages sein Ziel erreicht, beginnt hoffentlich eine neue Ära in unserem Umgang mit der Tiefsee. Diese bizarre und grandiose Welt ist kein weißer Fleck, der beschrieben und ad acta gelegt werden will. Sie ist das letzte große Geheimnis, das die Erde zu bieten hat, die Geburtsstätte allen Lebens, ein ungenutzter Arzneischrank, ein Bollwerk gegen den Klimawandel und der Schlüssel zur Entdeckung von Lebensformen jenseits unserer Vorstellungskraft. Wenn wir diese Welt nicht für die wissenschaftliche Untersuchung sichern, verpassen wir die historische Chance, etwas über unsere Vergangenheit und zugleich über unsere Zukunft zu erfahren. Mit der Karte in der Hand werden wir den richtigen Weg hoffentlich finden.

DANK

Die Idee für dieses Buch entstand, während ich damit beschäftigt war, die Veröffentlichung eines anderen Buches vor mir herzuschieben. Im Magazin *Smithsonian* begegnete mir ein Artikel von Kyle Frischkorn mit dem Titel »Warum die erste vollständige Karte des Meeresbodens unterschiedliche Reaktionen auslöst«, und auch wenn er eher kurz geraten war, war er mir Anlass für genussvolle Stunden, in denen ich mir ausmalte, wie ein Buch über die Kartierung des Meeresbodens aussehen könnte. Meine ersten Gespräche mit Vicki Ferrini vom Lamont-Doherty Earth Observatory, Aileen Bohan vom irischen Geological Survey, Jyotika Virmani und Carlie Wiener vom Schmidt Ocean Institute sowie Luc Cuyvers von der Gallifrey Foundation waren ungemein aufschlussreich. Ein Artikel, den ich daraufhin für den *Guardian* schrieb, war die Grundlage für dieses Buch. Mein erster Dank gilt daher Chris Michael, der für dieses Projekt Pate stand.

Das Rückgrat dieses Buches lieferten zwei Schiffe und deren Besatzungen. Deshalb gilt ein großer Dank den Mitgliedern von Five Deeps Expedition, darunter Victor Vescovo, Alan Jamieson, Heather Stewart, Patrick Lahey, Rob McCallum und vor allem Cassie Bongiovanni, die mir in mehreren Gesprächen über Zoom das Abc der Hydrografie beigebracht hat und der ich gar nicht genug danken kann. Als Nächstes möchte ich der Besatzung der *Nautilus* danken, vor allem Nicole Raineault, die eine Landratte wie mich für neun

Tage an Bord genommen und, was ihr nicht hoch genug anzurechnen ist, sogar ihre Kabine mit mir geteilt hat. Sie ist ein wahrer Engel. Mein Dank gilt auch den Hydrografen und Hydrografinnen Renato Kane, Erin Heffron und Anne Hartwell, die mir geduldig die Details ihrer Arbeit erklärt und mich über ihre Schulter haben schauen lassen, darüber hinaus auch Brooke Travis, Sarah Lott, Michael Hannaford, Virginia Edgcomb, Kris Krasnosky, D. J. Yousavich, Tim Burbank, Christopher Powers und Megan Cook für ihre Gastfreundschaft und Hilfe.

Zu Dank verpflichtet bin ich auch all jenen, deren Geschichten, Wissen und Einblicke in dieses Buch eingeflossen sind: Rob Beaman, David Sandwell, Mike Coffin, Hyun-Chul Han, Jamie McMichael-Phillips, Helen Snaith, Philip Steinberg, Kevin Mackay, Larry Mayer, Richard Jenkins, Brian Connon, Tim Kearns, Julien Desrochers, Annamaria DeAngelis, Robin Falconer, Mitsuyuki Unno, John Hall, Jennifer Jencks, Shirley Tagalik, Kukik Baker, Joe Karetak, Andrew »Balum« Muckpah, Aupaa Irkok, Brian Calder, Mathieu Rondeau, Denis Hains, Shawn Joy, Morgan Smith, Michael Faught, Barbara Clark, Patricia Esquete, Karoline Postel-Vinay und Arlo Hemphill.

Darüber hinaus haben hinter den Kulissen weitere Personen Rat und Tat beigesteuert: Rika Anderson, Yves Guillam, Victoria Weda, Alissa Johnson, Lisa Levin, Andrew Friedman, Jacqueline Mammerickx, Bruce Strickrott, Jon Copley, Oliver Steeds, Lisa Hynes, Nicole Trenholm, Alice Doyle, Dan Fornari, Craig Young, Tomer und Ofer Ketter, Kirill Novolselskiy, Evert Flier, Diana Krawczyk, Andrew Goodwillie, Bob Fisher, Chris German, Jessi Halligan, Laurie Barge, Charles Kohnen, Peter Girguis, Guy »Harley« Means, Nick Bentley, Ximena Smith, Lindsay Gee, Debora Hansen Kleist, Karl Zinglersen, Ulrich Schwarz-Schampera, Hali Felt, Michael Smith, Lucas Owlijoot, Joe Shamee, Jacques John Mikiyungiak und Jeff Kingston.

Viele Freunde und Kolleginnen haben den Text in den unterschiedlichsten Bearbeitungszuständen gelesen und wertvolle Hinweise gegeben: Ryan Hardy, Philip Steinberg, Ron Doel, Aletta Mondré, Starla Robinson, Rosemary Sullivan und Helen Scales. Meine geschätzten Mitstreiterinnen und Mitstreiter in der San Diego Science Writing Association (Xochitl Rojas-Rocha, Monica May, Jared Whitlock, Ramin Skibba, Mario Aguilera, Patricia Fernandez und Brittany Fair) haben mich aufgebaut, wann immer es nötig war. Ein besonderer Dank geht an Michael Miller, der mir einige Pflichten abgenommen hat, damit ich gegen Ende der Arbeit die Termine einhalten konnte.

Ohne die finanzielle Unterstützung durch den Canada Council for Arts hätte ich weder die Arbeit der Inuit an einer Karte der Küstengebiete vor Ort verfolgen noch am ISA-Kongress auf Jamaika teilnehmen können. Ich bin sehr froh, Bürgerin eines Landes zu sein, das Kreative in allen Phasen ihrer Laufbahn unterstützt. Großzügige Förderung wurde mir zudem durch den Fund for Investigative Journalism zuteil. Rechtliche Fragen konnte ich mit Jennifer Nelson und Celine Rohr vom Reporters Committee for Freedom of the Press klären. Bei der Überprüfung von Fakten war mir Emily Latimer behilflich.

Danken möchte ich auch meiner Agentin Suzy Evans, die von Anfang an an dieses Buch geglaubt hat und für mich die fantastischen Lektorinnen Karen Rinaldi und Rachel Kambury von Harper Wave sowie Alan Sheppard von Goose Lane Editions gefunden hat.

Schließlich und endlich möchte ich meiner Familie und meinen Freunden einen herzlichen Dank für ihre Unterstützung aussprechen, allen voran meinem Mann, der mir geduldig zugehört hat, wenn ich über das Buch sprach, das Manuskript gelesen und – weil Mathematik mir Angst macht – sämtliche Zahlen nachgerechnet hat. Ich liebe dich.

LITERATUR

Atwood, Roger: *Stealing History. Tomb Raiders, Smugglers, and the Looting of the Ancient World*, New York 2004

Brown, Lloyd A.: *The Story of Maps*, Boston 1949

Grann, David: *Die versunkene Stadt Z. Expedition ohne Wiederkehr – das Geheimnis des Amazonas*, Köln 2010

Harley, J. Brian: *The New Nature of Maps. Essays in the History of Cartography*, Baltimore 2001

Hayton, Bill: *The South China Sea. The Struggle for Power in Asia*, New Haven 2014

Kunzig, Robert: *Der unsichtbare Kontinent. Die Entdeckung der Meerestiefe*, Hamburg 2002

Menard, Henry William: *The Ocean of Truth. A Personal History of Global Tectonics*, Princeton 1986

Oreskes, Naomi: *Plate Tectonics. An Insider's History of the Modern Theory of the Earth*, Boulder 2001

dies.: *Science on a Mission. How Military Funding Shaped What We Do and Don't Know About the Ocean*, Chicago 2021

Raff, Jennifer: *Origin. A Genetic History of the Americas*, New York 2022

Rozwadowski, Helen M.: *Fathoming the Ocean. The Discovery and Exploration of the Deep Sea*, Cambridge, MA 2005

Scales, Helen: *The Brilliant Abyss. Exploring the Majestic Hidden Life of the Deep Ocean, and the Looming Threat That Imperils It*, New York 2021

Schulten, Susan: *A History of America in 100 Maps*, Chicago 2018

Starosielski, Nicole: *The Undersea Network*, Durham 2015

Steinberg, Philip, Jeremy Tasch, Hannes Gerhardt: *Contesting the Arctic. Politics and Imaginaries in the Circumpolar North*, London 2015

Tester, Frank, Peter Kulchyski: *Tammarniit (Mistakes). Inuit Relocation in the Eastern Arctic, 1939–63*, Vancouver 2011

Wilford, John Noble: *The Mapmakers. The Story of the Great Pioneers in Cartography from Antiquity to the Space Age*, New York 1981

Wood, Denis, John Fels: *The Power of Maps*, New York 1992

Young, Josh: *Expedition Deep Ocean. The First Descent to the Bottom of the World's Oceans*, New York 2020

ANMERKUNGEN

VORWORT

1 Dana Goodyear: »Without Sylvia Earle, We'd Be Living on Google Dirt«, in: *New Yorker*, 20. Juni 2022

2 Vgl. Helen Scales: The Brilliant Abyss. Exploring the Majestic Hidden Life of the Deep Ocean, and the Looming Threat That Imperils It, New York 2021, S. 4

3 Vgl. Casey Dreier: »The Cost of Perseverance, in Context«, in: The Planetary Society, 29. Juli 2020

4 Vgl. Ramin Skibba: »Why NASA Wants to Go Back to the Moon«, in: *Wired*, 12. August 2022

1. EXPEDITION IN DIE TIEFE

1 OECD: The Ocean Economy in 2030, Paris 2016

2 Vgl. Nicole Starosielski: The Undersea Network, Durham 2015

3 Kapitän Nemo ist der Erbauer und Kapitän des U-Bootes *Nautilus* aus Jules Vernes Roman *20 000 Meilen unter dem Meer*. Der Einfluss dieses viktorianischen Science-Fictions, der 1870 erschien, kann nicht überschätzt werden. Das gilt vor allem für die fantastische Welt im Inneren des U-Bootes. Der Name *Nautilus* ist in der Meeresforschung weit verbreitet, er schmückt Schiffe und Tiefseebergbaufirmen gleichermaßen, erinnert aber auch an die Geschichte und das noch zu bergende Potenzial der Meeresforschung.

4 Vgl. Josh Young: Expedition Deep Ocean: The First Descent to the Bottom of the World's Oceans, New York 2020, S. 1–13

5 Vgl. Richard Mendick: »Richard Branson Abandons Ambitious Plan to Pilot Submarines to Deepest Points of Five Oceans«, in: *National Post*, 14. Dezember 2014

6 Vgl. Young: Expedition Deep Ocean, a. a. O., S. 20

7 Vgl. David Grann: Die versunkene Stadt Z. Expedition ohne Wiederkehr – das Geheimnis des Amazonas, Köln 2010

8 Vgl. Ben Taub: »Thirty-Six Thousand Feet Under the Sea«, in: *New Yorker*, Mai 2020

9 Vgl. »New Dives to Challenger Deep Raise Old Questions About Privatization and Exploration«, in: *DSM Observer*, 21. Juli 2020

10 Vgl. Anne-Cathrin Wölfl u. a.: »Seafloor Mapping – The Challenge of a Truly Global Ocean Bathymetry«, in: *Frontiers Marine Science* 6, 5. Juni 2019

11 Robert Kunzig: Der unsichtbare Kontinent. Die Entdeckung der Meerestiefe, Hamburg 2002, S. 76

12 Vgl. Scales: The Brilliant Abyss, a. a. O., S. 5

13 Angaben zur Auflösung von Karten des Meeresbodens beziehen sich hier und im Folgenden auf die jeweils kleinste abbildbare Rasterzelle, in diesem Fall vier mal vier Kilometer.

14 Vgl. David T. Sandwell u. a.: »New Global Marine Gravity Model from CryoSat-2 and Jason-1 Reveals Buried Tectonic Structure«, in: *Science* 346, Nr. 6205, 3. Oktober 2014, S. 65–67
15 Vgl. Jon Copley: »Just How Little Do We Know About the Ocean Floor?«, in: *The Conversation*, 9. Oktober 2014
16 Bleibt die Frage, wie lange es dauert, ein solches »Stück« zu vermessen. Die Antwort hängt von mehreren Faktoren ab, etwa der Frequenz des Echolots und der Meerestiefe. Dabei verhält es sich exakt anders, als man vermuten würde: Flache Küstengewässer zu vermessen, dauert länger als tiefe Meeresteile. Man stelle sich ein Echolot vor, das am Rumpf eines Schiffes befestigt und auf den Meeresboden ausgerichtet ist wie ein Scheinwerfer auf eine Wand. Je näher der Scheinwerfer der Wand ist, desto kleiner wird der Lichtkegel, je weiter weg, desto größer. Für unser Echolot bedeutet das, dass es in tiefem Wasser ein größeres »Stück« in den Blick nehmen kann als in flachem Wasser, wo das Schiff mehr Vermessungslinien abfahren muss, um ein vergleichbar großes Stück Meeresboden zu vermessen.
17 John Noble Wilford: The Mapmakers: The Story of the Great Pioneers in Cartography from Antiquity to the Space Age, New York 1981, S. 328
18 Vgl. Young: Expedition Deep Ocean, a. a. O., S. 98
19 Vgl. etwa »Director James Cameron Reveals He Directs Movies Just to Make Money for Deep Sea Exploration«, in: *Daily Telegraph*, 29. Mai 2018
20 Vgl. Taub: »Thirty-Six Thousand Feet Under the Sea«, a. a. O.
21 Vgl. Young: Expedition Deep Ocean, a. a. O., S. 52 ff.

2. SCHIFF GESUCHT

1 Vgl. Wölfl u. a.: »Seafloor Mapping – The Challenge of a Truly Global Ocean Bathymetry«, a. a. O.
2 Vgl. Alan J. Jamieson u. a.: »Fear and Loathing of the Deep Ocean: Why Don't People Care About the Deep Sea?«, in: *ICES Journal of Marine Science* 78, Nr. 3 (Juli 2021)
3 The Nippon Foundation-GEBCO Seabed 2030 Project: »Deep Ambition: How to Map the World«, 2020
4 Vgl. Alan J. Jamieson und Thomas Linley: »The Moon Analogy. Guest: Monty Priede«, *The Deep-Sea Podcast*, Episode 001, vom 8. Juli 2020
5 Vgl. K. Picard, B. Brooke und M. F. Coffin: »Geological Insights from Malaysia Airlines Flight MH370 Search«, in: *EOS*, 6. März 2017
6 Die *Nautilus* wurde 1967 auf der Peene-Werft in Wolgast als Trawler gebaut und ab 1970 vom Institut für Meeresforschung der Akademie der Wissenschaften der DDR eingesetzt. Später fuhr sie unter dem Namen *A. v. Humboldt* für das Leibniz-Institut für Ostseeforschung in Warnemünde. Seit 2009 fährt sie unter dem aktuellen Namen.
7 2023 wurde das Fächerecholot vom Typ EM 302 an Bord der *Nautilus* durch ein moderneres Gerät vom Typ Kongsberg Simrad EC 150-3C ersetzt.
8 Vgl. Evan Lubofsky: »The Discovery of Hydrothermal Vents«, in: *Oceanus*, 11. Juni 2018
9 Vgl. William J. Broad: »*Titanic* Wreck was Surprise Yield of Underwater Tests«, in: *New York Times*, 8. September 1985
10 Richard Henry Dana jun.: Zwei Jahre vor dem Mast, Leipzig 1988, S. 76
11 Donald J. Trump: »Memorandum on Ocean Mapping of the United States Exclusive Economic Zone and the Shoreline and Nearshore of Alaska«, White House, 19. November 2019

12 »The Mysterious ›False Bottom‹ of the Twilight Zone«, Woods Hole Oceanographic Institution, 26. April 2022
13 Vgl. Natacha Aguilar de Soto u. a.: »Anthropogenic Noise Causes Body Malformations and Delays Development in Marine Larvae«, in: *Scientific Reports* 3, 3. Oktober 2013
14 Vgl. Sophie L. Nedelec u. a.: »Anthropogenic Noise Playback Impairs Embryonic Development and Increases Mortality in a Marine Invertrebrate«, in: *Scientific Reports* 4, 31. Juli 2014
15 Vgl. Ian T. Jones, Jenni A. Stanley und T. Aran Mooney: »Impulsive Pile Driving Noise Eilicits Alarm Responses in Squid (*Doryteuthis Pealeii*)«, in: *Marine Pollution Bulletin* 150, Januar 2020
16 Vgl. Joy E. Stanistreet u. a.: »Changes in the Acoustic Activity of Beaked Whales and Sperm Whales Recorded During a Naval Training Exercise off Eastern Canada«, in: *Scientific Reports* 12, Nr. 1, 7. Februar 2022
17 Vgl. Anne E. Simonis u. a.: »Co-occurence of Beaked Whale Strandings and Naval Sonar in the Mariana Islands, Western Pacific«, in: *Proceedings of the Royal Society B: Biological Sciences* 287, Nr. 1921, 26. Februar 2020

3. AM GRUND DES ATLANTIKS

1 Vgl. Young: Expedition Deep Ocean: The First Descent to the Bottom of the World's Oceans, New York 2020, S. 52 ff.
2 Vgl. Ben Taub: »Thirty-Six Thousand Feet Under the Sea«, in: *New Yorker*, Mai 2020
3 Vgl. Heather A. Stewart und Alan J. Jamieson: »The Five Deeps: The Location and the Depth of the Deepest Place in Each of the World's Oceans«, in: *Earth-Science Reviews* 197, Oktober 2019
4 Vgl. Young: Expedition Deep Ocean, a. a. O., S. 140 f.
5 Vgl. William J. Broad: »So You Think You Dove the Deepest? James Cameron Doesn't«, in: *New York Times*, 16. September 2019
6 Vgl. Taub: »Thirty-Six Thousand Feet Under the Sea«, a. a. O.
7 Vgl. Young: Expedition Deep Ocean, a. a. O., S. XIV
8 Vgl. Kelsey Kennedy: »The Forgotten Documents of a 1918 Tsunami in Puerto Rico«, in: *Atlas Obscura*, 5. Juli 2017
9 Zu hören in der Dokumentation *Expedition Deep Ocean* von Discovery Channel.
10 Scales: The Brilliant Abyss, a. a. O., S. 4
11 Vgl. »Prince of Monaco Here on His Yacht«, in: *New York Times*, 11. September 1913
12 Vgl. International Hydrographic Organization: Measuring and Charting the Ocean: One Hundred Years of International Cooperation in Hydrography, Hamburg 2020, S. 27
13 Vgl. Lloyd A. Brown: The Story of Maps, Boston 1949, S. 144
14 Vgl. Jacqueline Carpine-Lancre u. a.: History of GEBCO: 1903–2003, Utrecht 2003, S. 13
15 Vgl. David E. Kaplan und Alec Dubro: Yakuza: The Explosive Account of Japan's Criminal Underworld, San Francisco 1986, S. 79
16 Vgl. »Obituary: Ryiochi Sasakawa«, in: *Independent*, 19. Juli 1995
17 Vgl. »The Godfather-san«, in: *Time*, 26. August 1974
18 Kaplan und Dubro: Yakuza, a. a. O., S. 261 f.
19 Jeff Kingston: »Japanese Revisionist's Meddling Backfires«, in: *Critical Asian Studies* 51, Nr. 3, 23. Juni 2019
20 Um den Unterschied zwischen Hydrografie und Bathymetrie zu beschreiben, ist eine alte Redensart unter Seeleuten hilfreich. Sie lautet: »Ein Schiff kann ein Boot sein, aber ein Boot kein Schiff.« Analog gilt: Hydrografie kann Bathymetrie sein, aber Bathymetrie nicht Hydrografie. Bathymetrie ist die Messung der

topografischen Gestalt des Meeresbodens. Die Hydrografie schließt dies mit ein, kennt aber zahllose weitere Messungen, etwa die vertikale und horizontale Position von Schiffen, Gezeiten und Strömungen. Deshalb sind hydrografische Messungen für die Seefahrt bedeutender als bathymetrische.

21 Heather A. Stewart und Alan J. Jamieson: The Five Deeps, a. a. O.

4. MARIE THARP UND DIE KARTE, DIE DIE WELT VERÄNDERTE

1 Henry David Thoreau: Kap Cod, Wien 2014, S. 151

2 Susan Schulten: A History of America in 100 Maps, Chicago 2018, S. 262

3 John Noble Wilford: The Mapmakers: The Story of the Great Pioneers in Cartography from Antiquity to the Space Age, New York 1981, S. 280

4 Vgl. Hali Felt: Soundings: The Story of the Remarkable Woman Who Mapped the Ocean Floor, New York 2012, S. 273

5 Marie Tharp: »Connect the Dots: Mapping the Seafloor and Discovering the Mid-ocean Ridge«, in: Laurence Lippsett (Hg.): Lamont-Doherty Earth Observatory of Columbia: Twelve Perspectives on the First Fifty Years, Palisades 1999

6 So äußerte sich Marie Tharp in einem Gespräch mit Ronald Doel am 14. September 1994.

7 Vgl. Naomi Oreskes: Science on a Mission: How Military Funding Shaped What We Do and Don't Know About the Ocean, Chicago 2021, S. 262

8 Interview mit Ronald Doel

9 Tharp: Connect the Dots, a. a. O.

10 Kesner in einem Interview mit Ronald Doel am 1. Oktober 1995

11 Vgl. Ronald E. Doel, Tanya J. Levin und Mason K. Marker: »Extending Modern Cartography to the Ocean Depths: Military Patronage, Cold War Priorities, and the Heezen-Tharp Mapping Project, 1952–1959«, in: *Journal of Historical Geography* 32, Nr. 3, Juli 2006

12 Kunzig: Der unsichtbare Kontinent, a. a. O., S. 69

13 Vgl. Bruce Heezen, Marie Tharp und William Ewing: The Floors of the Oceans: I. The North Atlantic, Special Paper 65, New York 1959

14 Vgl. Kunzig: Der unsichtbare Kontinent, a. a. O., S. 45 f.

15 Tharp: Connect the Dots, a. a. O.

16 Vgl. das Gespräch mit Doel

17 Tharp: Connect the Dots, a. a. O.

18 Henry William Menard: The Ocean of Truth: A Personal History of Global Tectonics, Princeton 1986, S. 26

19 Vgl. ebd., S. 27

20 Naomi Oreskes: Plate Tectonics: An Insider's History of the Modern Theory of the Earth, Boulder 2001, S. 7 ff.

21 Zitiert nach Kunzig, a. a. O., S. 42

22 Vgl. Helen M. Rozwadowski: Fathomming the Ocean: The Discovery and Exploration of the Deep Sea, Cambridge 2005, S. 30

23 Ebd., S. 62

24 Eine andere evolutionsbiologische Theorie ging davon aus, dass Lebewesen der Tiefsee sich aus Artgenossen entwickelt hatten, die im Flachwasser beheimatet und in die Tiefe migriert waren. Heute wissen wir, dass auch die gegenläufige Bewegung möglich ist, Leben also aus der Tiefe nach oben wandern kann.

25 Vgl. Rosalind Williams: Notes on the Underground: An Essay on Technology, Society, and the Imagination, Cambridge 1990, S. 193

26 Vgl. das Gespräch Kesner mit Doel

27 Vgl. Menard: The Ocean of Truth, a. a. O., S. 42

28 Tharp: Connect the Dots, a. a. O.

29 Oreskes: Science on a Mission, a. a. O., S. 244

30 Vgl. Menard: The Ocean of Truth, a. a. O., S. 107

31 Aus dem Gespräch mit Doel
32 Enrico Bonatti und Kathleen Crane: »Oceanography and Women: early Challenges«, in: *Oceanography* 25, Nr. 5, Dezember 2012, S. 32
33 Vgl. ebd., S. 37
34 Aus einem Gespräch von Marie Tharp mit Tanya Levin vom 28. Juni 1997
35 Vgl. Menard: The Ocean of Truth, a. a. O., S. 61
36 Zitiert nach Schulten: A History of America in 100 Maps, a. a. O., S. 18
37 Vgl. Marie DeNoia Aronsohn: Lamont's Marie Tharp: She Drew the Maps That Shook the World, Columbia Climate School, 27. Juli 2020
38 Gespräch Kesner mit Doel
39 Vgl. Laurie Lawlor: Super Woman: Six Scientists Who Changed the World, New York 2017
40 Menard: The Ocean of Truth, a. a. O., S. 29
41 Tharp: Connect the Dots, a. a. O.
42 Ebd.
43 Vgl. Menard: The Ocean of Truth, a. a. O., S. 94 f.
44 Gespräch Tharp mit Levin
45 Vgl. Oreskes: Plate Tectonics, a. a. O., S. XX
46 Ebd., S. XI f.
47 Vgl. Heezen, Tharp und Ewing: The Floors of the Oceans, a. a. O.
48 Gespräch mit Levin
49 Kunzig: Der unsichtbare Kontinent, a. a. O., S. 74
50 Vgl. Simon Winchester: Land: How the Hunger for Ownership Shaped the Modern World, New York 2021
51 Stephen Hall: Mapping the Next Millennium: How Computer-Driven Cartography Is Revolutionizing the Face of Science, New York 1992
52 Gespräch mit Levin
53 Ebd.
54 Tharp: Connect the Dots, a. a. O.
55 Gespräch mit Doel
56 Menard: The Ocean of Truth, a. a. O., S. 199
57 Vgl. ebd.
58 Ebd., S. 201
59 Gespräch mit Doel
60 Ebd.
61 Ebd.
62 Vgl. Menard: The Ocean of Truth, a. a. O., S. 199
63 Vgl. Kunzig: Der unsichtbare Kontinent, a. a. O., S. 68
64 Gespräch mit Doel
65 Ebd.
66 Vgl. Schulten: A History of America in 100 Maps, a. a. O., S. 12 ff.
67 Gespräch mit Doel
68 Valerie J. Nelson: »Marie Tharp, 86: Pioneering Maps Altered Views on Seafloor Geology«, in: *Los Angeles Times*, 4. September 2006

5. DER EINSAMSTE OZEAN DER WELT

1 Vgl. Young: Expedition Deep Ocean, a. a. O., S. 170
2 Vgl. Sarah Gibbens: »There's a New Ocean Now – Can You Name All 5?«, in: *National Geographic*, 6. August 2021
3 Vgl. Derek Lundy: Godforsaken Sea: The True Story of a Race Through the World's Most Dangerous Waters, Chapel Hill 1998, S. 5
4 Vgl. Young: Expedition of the Sea, a. a. O., S. 175
5 Vgl. »Licence to Krill«, in: *Greenpeace International*, 12. März 2018
6 Vgl. Kendall R. Jones u. a.: »The Location and Protection Status of Earth's Diminishing Marine Wilderness«, in: *Current Biology* 28, Nr. 5, 6. August 2018
7 Vgl. Young: Expedition Deep Ocean, a. a. O., S. 179 f.
8 Vgl. ebd., S. 184
9 Vgl. ebd., S. 184 f.
10 Helen Scales: The Brilliant Abyss, a. a. O., S. 21
11 Vgl. Young: Expedition Deep Ocean, a. a. O., S. 186

12 Lloyd A. Brown: The Story of Maps, Boston 1949, S. 149
13 Vgl. Winchester: Land, a. a. O.

6. BENENNEN UND BESITZEN

1 Vgl. Jacqueline Carpine-Lancre u. a.: History of GEBCO 1903–2003, Utrecht 2003, S. 107
2 Ebd., S. 109
3 J. Brian Harley: Maps, Knowledge, and Power, in: Geographic Thought: A Praxis Perspective, hg. von George L. Henderson und Marvin Waterstone, London 2009, S. 134 f.
4 Bill Hayton: The South China Sea: The Struggle for Power in Asia, New Haven 2014, S. 92 f.
5 Carpine-Lancre u. a.: History of GEBCO, a. a. O., S. 109
6 2022 stellte Seabed 2030 neue Ziele bei der Vermessung vor. Ziel sollen nun in allen Gewässertiefen Auflösungen zwischen 100 und 800 Meter sein.
7 Vgl. Tegg Westbrook: »The Global Positioning System and Military Jamming: Geographies of Electronic Warfare«, in: *Journal of Strategic Security* 12, Nr. 2, 2019, S. 1 f.
8 Hayton: The South China Sea, a. a. O., S. 2
9 Vgl. Max Fisher: »The South China Sea: Explaining the Dispute«, in: *New York Times*, 14. Juli 2016
10 Vgl. Zachery Haver: »China Trademarked Hundreds of South China Sea Landmarks«, in: *BenarNews*, 13. April 2021
11 Vgl. Yukie Yoshikawa: »The US-Japan-China Mistrust Spiral and Okinotorishima«, in: *Asia-Pacific Journal* 5, Nr. 10, 1. Oktober 2007
12 In einer Reaktion auf Chinas Einwand bot die Nippon Foundation an, für eine Million Dollar einen Leuchtturm auf Okinotorishima zu errichten, um so den Anspruch Japans zu bekräftigen, dass die Inseln auch dem sicheren Schiffsverkehr dienen.
13 Vgl. F. Pappalardi, S. J. Dunham und M. E. Leblang: »HMS Scott – United Kingdom Ocean Survey Ship«, in: *OCEANS 2000 MTS/IEEE Conference and Exhibition, Conference Proceedings, Vol. 2*, Providence 2000, S. 961 ff.
14 Vgl. Hall: Mapping the Next Millennium, a. a. O., S. 79 ff.
15 2021 unterzeichnete die Scripps Institution of Oceanography einen Kooperationsvertrag mit Seabed 2030. Die Zusammenarbeit ist seither deutlich enger geworden.
16 In den Jahren 2020 und 2021 änderte Frankreich den Kurs und steuerte Karten des Indischen Ozeans bei.
17 Vgl. John K. Hall: »Insider's View. Arctic Low-Budget Hydrography Update«, in: *Hydro International*, Mai 2008

7. DATENSAMMLUNG FÜR EINE KARTE DER ARKTIS

1 Der Arktische Ozean ist der einzige, der nicht bis in das Hadopelagial reicht, das bei 6000 Metern beginnt. Dem Molloytief, der tiefsten Stelle des Ozeans, fehlen dazu immerhin 440 Meter.
2 Vgl. etwa Jackie Dawson u. a.: »Temporal and Spatial Patterns of Ship Traffic in the Canadian Arctic from 1990 to 2015«, in: *Arctic* 71, Nr. 1, 2018, S. 15–26
3 Vgl. Grant Sims: »A Clot in the Heart of the Earth«, in: *Outside*, Juni 1989
4 Vgl. Karen Nasmith und Michal Sullivan: Climate Change Adaptation Action Plan for Hamlet of Arviat, Canadian Institute of Planners, Juli 2010
5 Vgl. Joshua Rapp Learn: »Arctic Search-and-Rescue Missions Double as Climate warms«, in: *National Geographic*, 19. September 2016
6 Vgl. »RCMP Charge 30-Year-Old After Fatal Hit and Run«, in: *Nunatsiaq News*, 27. September 2021

7 Vgl. Helen Epstein: »The Highest Suicide Rate in the World«, in: *New York Review of Books*, 10. Oktober 2019

8 Vgl. Jake Eggleston und Jason Pope: »Land Subsidience and Relative Sea-Level Rise in the Southern Chesapeake Bay Region«, in: *Circular* (U. S. Geological Survey Circular 1392), 2013

9 Vgl. Frédéric Laugrand, Jarich Oosten und David Serkoak: »›The Saddest Time of My Life‹: Relocating the Ahiarmiut from Ennadai Lake (1950–1958)«, in: *Polar Record* 46, Nr. 2, April 2010, S. 113–35

10 Vgl. Sarah Rogers: »Nunavut Man Dies in Kivalliq Polar Bear Attack«, in: *Nunatsiaq News*, 4. Juli 2018

11 Vgl. Julien Desrochers: »Aqqiumavvik Society HydroBlock Training«, in: *M2Ocean*, August 2021, S. 19–21

12 Vgl. Safety & Shipping Review 2021, Allianz Global Corporate & Specialty, August 2021

13 Vgl. Wilford: The Mapmakers, a. a. O., S. 167

14 Vgl. Philip Steinberg, Jeremy Tasch und Hannes Gerhardt: Contesting the Arctic: Politics and Imaginaries in the Circumpolar North, London 2015, S. 40

15 Vgl. Richard Kemeny: »Fight for the Arctic Ocean Is a Boon for Science«, in: *Scientific American*, 18. Juli 2019

16 Vgl. Max Fisher: »Canada Just Enlisted Santa Claus in Its Effort to Control the Arctic«, in: *Washington Post*, 26. Dezember 2013

17 Vgl. Jane George: »Nowqy Wants Amundsen's Maud Back from Nunavut«, in: *Nunatsiaq News*, 16. Mai 2011

18 Vgl. Katrin Bennhold und Jim Tankersley: »Ukraine War's Latest Victim? The Fight Against Climate Change«, in: *New York Times*, 26. Juni 2022

8. ROBOTER AUF SEE

1 Vgl. Brian Connon: »Who Is Goint to Map the High Seas?«, in: *Hydro International*, 17. August 2021

2 Gegen Ende des Jahres 2022 überbot das Emirates Team New Zealand Jenkins' Rekord. Auf einem Salzsee in Australien erreichte es eine Geschwindigkeit von 222,43 km/h, Anfang 2023 überbot sich das Team selbst und erreichte 225,58 km/h.

3 Vgl. Dongxiao Zhang u. a.: »Comparing Air-Sea Flux Measurements from a New Unmanned Surface Vehicle and Proven Platforms During the SPURS-2 Field Campaign«, in: *Oceanography* 32, Nr. 2, Juni 2019

4 Saildrone legt Wert auf die Feststellung, dass ihre Technik die Menschen nicht ersetzen, sondern deren Möglichkeiten vergrößern soll. Es wäre allerdings nicht das erste Mal, dass eine Erfindung Folgen zeitigt, die nicht intendiert waren und doch Industrie wie Gesellschaft nachhaltig verändern.

5 Denis Wood mit John Fels: The Power of Maps, New York 1992, S. 7

6 Vgl. Wilford: The Mapmakers, a. a. O., S. 259

7 Vgl. Brown: The Story of Maps, a. a. O., S. 255

8 Vgl. Hall: Mapping the Next Millennium, a. a. O., S. 384

9 Vgl. Brown: The Story of Maps, a. a. O., S. 280

10 Vgl. Larry Mayer u. a.: »The Nippon Foundation-GEBCO Seabed 2030 Project: The Quest to See the World's Oceans Completely Mapped by 2030«, in: *Geosciences* 8, Nr. 2, 8. Februar 2018, S. 63

11 Vgl. Brown: The Story of Maps, a. a. O., S. 300

12 Vgl. Wilford: The Mapmakers, a. a. O., S. 259

13 Vgl. Carpine-Lancre u. a.: History of GEBCO, a. a. O., S. 12

14 Vgl. Brown: The Story of Maps, a. a. O., S. 302
15 Vgl. Wilford: The Mapmakers, a. a. O., S. 236
16 Vgl. ebd., S. 250
17 Brown: The Story of Maps, a. a. O., S. 304
18 Vgl. Miles Harvey: The Island of Lost Maps: A True Story of Cartographic Crime, New York 2000, S. 155
19 Vgl. Wilford: The Mapmakers, a. a. O., S. 251

9. BEGRABENE GESCHICHTE

1 Vgl. Mackenzie E. Gerringer u. a.: »*Pseudoliparis swirei* sp. Nov.: A Newly-Discovered Hadal Snailfisch from the Mariana Trench«, in: *Zootaxa* 4358, Nr. 1, November 2017, S. 161–77
2 Vgl. Sarah Durn: »The Northernmost Island in the World Was Just Discovered by Accident«, in: *Atlas Obscura*, 8. September 2021
3 Vgl. Henry Fountain: »At the Bottom of an Icy Sea, One of History's Great Wrecks Is Found«, in: *New York Times*, 9. März 2022
4 Vgl. Neil Vigdor: »Sprawling Coral Reef Resembling Roses Is Discovered off Tahiti«, in: *New York Times*, 20. Januar 2022. Über die Frage, wer was entdeckt hatte, entbrannte ein Streit. Fischer vor Ort wiesen darauf hin, dass ihnen das Tiefwasserriff seit Langem bekannt gewesen sei, während sich die Forscher darüber beklagten, dass ihr »wissenschaftlicher Fund« von der Presse nicht angemessen gewürdigt worden sei.
5 Vgl. Jay Bennett: »Less Than 1 Percent of Shipwrecks Have Been Explored«, in: *Popular Mechanics*, 18. Januar 2016
6 Vgl. Shawn Joy: »The Trouble With the Curve: Reevaluating the Gulf of Mexico Sea-Level Curve«, in: *Quaternary International* 523, Nr. 2, Juli 2019
7 Vgl. Ole Grøn u. a.: »Acoustic Mapping of Submerged Stone Age Sites – a HALD Approach«, in: *Remote Sensing* 13, Nr. 3, Januar 2021
8 Vgl. Megan Cannon: »7,000-Year-Old Native American Burial Site Found Underwater«, in: *National Geographic*, 28. Februar 2018
9 Vgl. Ole Grøn u. a.: »Detecting Human-Knapped Flint with Marine High-Resolution Reflection Seismics«, in: *Underwater Technology* 35, Nr. 2, Juli 2018
10 Vgl. Jennifer Raff: Origin: A Genetic History of the Americas, New York 2022, S. 73
11 Vgl. Thomas Curwen: »Heroes, Villains, Charlatans, Enigmas: Why I Followed the Calico Story«, in: *Los Angeles Times*, 14. Juli 2021
12 Vgl. Stuart J. Fiedel: »Initial Human Colonization of the Americas: An Overview of the Issues and the Evidence«, in: *Radiocarbon* 44, Nr. 2, 2002
13 Vgl. Jessi J. Halligan u. a.: »Pre-Clovis Occupation 14,550 Years Ago at the Page-Ladson Site, Florida, and the Peopling of the Americas«, in: *Science Advances* 2, Nr. 5, 13. Mai 2016
14 Vgl. Raff: Origin, a. a. O., S. 78 f.
15 Vgl. Jennifer Raff: »Rejecting the Solutrean Hypothesis: The First People in the Americas Were Not from Europe«, in: *Guardian*, 21. Februar 2018
16 Barbara A Purdy: Florida's Prehistoric Stone Technology, Gainsville 1981, S. XI
17 Vgl. Schulten: A History of America in 100 Maps, a. a. O., S. 76 f.
18 Vgl. George M. Cole und John E. Ladson: The Wacissa Slave Canal, Monticello 2018, S. 23 f.
19 Vgl. Purdy: Florida's Prehistoric Stone Technology, a. a. O., S. 1
20 Vgl. Raff: Origin, a. a. O., S. 16
21 Vgl. Ben Montgomery: »North Florida Arrowhead Sting: What's the Point?«, in: *Tampa Bay Times*, 3. Januar 2014
22 Daniel Ruth: »Ridiculous Raiders of the Lost Artefacts«, in: *Tampa Bay Times*, 9. Januar 2014

23 Vgl. Robert Hanley: »Diving to Prove Indians Lived on Continental Shelf«, in: *New York Times*, 29. Juli 2003

10. BERGBAU IN DER TIEFE

1 Vgl. Kyle Frishkorn: »Why the First Complete Map of the Ocean Floor Is Stirring Controversial Waters«, in: *Smithsonian Magazine*, 13. Juli 2017

2 Stephen Hall: Mapping the Next Millennium: How Computer-Driven Cartography Is Revolutionizing the Face of Science, New York 1992, S. 386

3 Vgl. Kendall R. Jones u. a.: »The Location and Protection Status of Earth's Diminishing Marine Wilderness«, in: *Current Biology* 28, Nr. 15, 6. August 2018

4 Holly J. Niner u. a.: »Deep-Sea Mining with No Net Loss of Biodiversity – An Impossible Aim«, in: *Frontiers in Marine Science* 5, März 2018

5 Vgl. Helen Scales: The Brilliant Abyss: Exploring the Majestic Hidden Life of the Deep Ocean, and the Looming Threat That Imperils It, New York 2021, S. 192

6 Vgl. Luc Cuyvers u. a.: Deep Seabed Mining: A Rising Environmental Challenge, Gland 2018, S. 7

7 Vgl. Jenessa Duncombe: »The 2-Year Countdown to Deep-Sea Mining«, in: *EOS*, 24. Januar 2022

8 Vgl. Nathalie Seddon u. a.: »Understanding the Value and Limits of Nature-Based Solutions to Climate Change and Other Global Challenges«, in: *Philosophical Transactions of the Royal Society B: Biological Sciences* 375, Nr. 1794, 16. März 2020

9 Alan J. Jamieson und Thomas Linley: »Deep-Sea Mining Special«, in: *The Deep-Sea Podcast*, Folge 006, Armatus Oceanic, 10. Dezember 2020

10 Vgl. Jeffrey C. Drazen u. a.: »Midwater Ecosystems Must Be Considered When Evaluating Environmental Risks of Deep-Sea Mining«, in: *Proceedings of the National Academy of Sciences* 117, Nr. 30, 30. Juli 2020

11 2022 unterbreitete Chile den Vorschlag, die Ausbeutung des Meeresbodens für 15 Jahre auszusetzen, um zunächst mehr über die Folgen für das Leben in der Tiefsee herauszufinden. Palau, Fidschi, Samoa, Frankreich, Spanien, Neuseeland, Kanada, Deutschland und Costa Rica haben sich dem Vorschlag angeschlossen.

12 Cuyvers u. a.: Deep Seabed Mining: A Rising Environmental Challenge, (Gland, Schweiz: IUCN und Gallifrey Foundation, 2018), S. 35

13 Vgl. Elizabeth Kolbert: »Mining the Bottom of the Sea«, in: *New Yorker*, 26. Dezember 2021

14 Ian Urbina: The Outlaw Ocean: Journeys Across the Last Untamed Frontier, New York 2019, S. XI

15 Vgl. Karen McVeigh: »Disappearances, Danger and Death: What Is Happening to Fishery Observers?«, in: *Guardian*, 22. Mai 2020

16 Vgl. Jean Buttigieg: Arvid Pardo: A Diplomat with a Mission, 2016

17 Vgl. William Wertenbaker: »Mining the Wealth of the Ocean Deep«, in: *New York Times*, 17. Juli 1977

18 Elaine Woo: »Arvid Pardo, Former U. N. Diplomat from Malta«, in: *Los Angeles Times*, 18. Juli 1999

19 Vgl. Cuyvers u. a.: Deep Seabed Mining, a. a. O., S. 30 f.

20 Vgl. Scales: The Brilliant Abyss, a. a. O., S. 181 f.

21 Vgl. Kunzig: Der unsichtbare Kontinent, a. a. O., S. 103 ff.

22 Vgl. Helen M. Rozwadowski: Fathoming the Ocean: The Discovery and Exploration of the Deep Sea, Cambridge 2005, S. 136 ff.

23 Vgl. Alan J. Jamieson und Paul H. Yancey: »On the Validity of the *Trieste* Flatfish: Dispelling the Myth«, in: *Biological Bulletin* 222, Nr. 3, Juni 2012

24 Vgl. James Nestor: Deep: Freediving, Renegade Sciences, and What the Ocean

Tells Us About Ourselves, New York 2014, S. 208 f.

25 Vgl. Scales: The Brilliant Abyss, a. a. O., S. 190 ff.

26 Vgl. Monica Allen: An Intellectual History of the Common Heritage of Mankind as Applied to the Oceans, a. a. O., S. 96–101

27 Vgl. Aletta Mondré: Down Under the Sea, International Studies Association 2017

28 Vgl. J. Brian Harley: The New Nature of Maps: Essays in the History of Cartography, Baltimore 2001

29 Vgl. etwa Aryn Baker: »Seabed Mining May Solve Our Energy Crisis. But At What Cost?«, in: *Time*, 7. September 2021

30 Ebd.

31 Vgl. Schulten: A History of America in 100 Maps, a. a. O., S. 10

32 Joseph Conrad: Herz der Finsternis, Zürich 2005, S. 18

33 Harley: The New Nature of Maps, a. a. O.

34 Vgl. Scales: The Brilliant Abyss, a. a. O., S. 190

35 Vgl. Cuyvers u. a.: Deep Seabed Mining, a. a. O., S. 63 f.

36 Vgl. ebd.

37 Vgl. ebd., S. 192 ff.

38 Vgl. Scales: The Brilliant Abyss, a. a. O., 199

39 Jeffrey C. Drazen u. a.: »Midwater Ecosystems Must Be Considered When Evaluating Environmental Risks of Deep-Sea Mining«, in: *Proceedings of the National Academy of Sciences* 117, Nr. 30, 28. Juli 2020

40 Vgl. ebd.

41 Johnna Crider: »DeepGreen CEO Gerard Barron Opens Up About DeepGreen's Open Letter to BMW & Other Brands«, in: *CleanTechnica*, 14. April 2021

42 Vgl. Beth N. Orcutt u. a.: »Impacts of Deep-Sea Mining on Microbial Ecosystem Services«, in: *Limnology and Oceanography* 65, Nr. 7, Juli 2020

43 Diva J. Amon u. a.: »Assessment of Scientific Gaps Related to the Effective Environmental Management of Deep-Seabed Mining«, in: *Marine Policy* 138, 1. April 2022

44 Vgl. Luise Heinrich u. a.: »Quantifying the Fuel Consumption, Greenhouse Gas Emissions and Air Pollution of a Potential Commercial Manganese Nodule Mining Operation«, in: *Marine Policy* 114, April 2020

45 Vgl. Kalolaine Fainu: »Shark Calling: Locals Claim Ancient Custom Threatened by Seabed Mining«, in: *Guardian*, 30. September 2021

46 Vgl. Olive Heffernan: »Why a Landmark Treaty to Stop Ocean Biopiracy Could Stymie Research«, in: *Nature* 580, Nr. 7801, 27. März 2020

47 Vgl. Scales: The Brilliant Abyss, a. a. O., S. 130

48 Vgl. ebd., S. 220

49 Vgl. Cuyvers u. a.: Deep Seabed Mining, a. a. O., S. 55

50 Vgl. Matt McFarland: The Next Holy Grail for EV's: Batteries Free of Nickel and Cobalt, CNN, 1. Juni 2022

51 Vgl. Andrew Thaler: »Has Pulling the Trigger Already Backfired?«, in: *DSM Observer*, 26. August 2021

52 Gerard Barron: Address to ISA Council by Gerard Barron, CEO & Chairman of DeepGreen Metals, Member of the Nauru Delegation, ISA Council, Kingston, Jamaika, 27. Februar 2019

53 Vgl. Eric Lipton: »Secret Data, Tiny Islands and a Quest for Treasure on the Ocean Floor«, in: *New York Times*, 29. August 2022

54 Vgl. Chris Bryant: $ 500 Million of SPAC Cash Vanishes Under the Sea, Bloomberg, 13. September 2021

55 Vgl. Elin A. Thomas u. a.: »Assessing the Extinction Risk of Insular, Understudied Marine Species«, in: *Conservation Biology* 36, Nr. 2, April 2022

56 Vgl. Cuyvers u. a.: Deep Seabed Mining, a. a. O., S. 42

57 Vgl. Colin Filer, Jennifer Gabriel und Matthew G. Allen: »How PNG Lost US$ 120 Million and the Future of Deep-Sea Mining«, in: *Devpolicy Blog*, 28. April 2020

58 Vgl. Ben Doherty: »Collapse of PNG Deep-Sea Mining Venture Sparks Calls for Moratorium«, in: *Guardian*, 15. September 2019

59 Mining's Tesla Moment: DeepGreen Harvests Clean Metals from the Seafloor, Mining.com, 15. Juni 2017

60 Duncan Currie: Deep Sea Conservation Coalition Intervention, Beitrag zum International Seabed Authority Council Meeting, Kingston, Jamaika, 8. Dezember 2021

61 Vgl. Sue Farran: »COVID-19 Made Deep-Sea Mining More Tempting for Some Pacific Islands – This Could Be a Problem«, in: *The Conversation*, 14. Juni 2021

62 Vgl. Elizabeth Kolbert: »The Deep Sea Is Filled with Treasure, but It Comes at a Price«, in: *New Yorker*, 6. Juni 2021

63 Vgl. Elham Shabahat: »Antithetical to Science: When Deep-Sea Research Meets Mining Interest«, in: *Mongabay*, 4. Oktober 2021

64 Vgl. Philomène A. Verlaan und David S. Cronan: »Origin and Variability of Resource-Grade Marine Ferromanganese Nodules and Crusts in the Pacific Ocean: A Review of Biogeochemical and Physical Controls«, in: *Geochemistry* 82, Nr. 1, April 2022

65 Todd Woody: »Do We Know Enough About the Deep Sea to Mine It?«, in: *National Geographic*, 24. Juli 2019

66 Shabahat: Antithetical to Science, a. a. O.

67 Vgl. Justin Scheck, Eliot Brown und Ben Foldy: »Environmental Frenzy Stretches Meaning of ›Green‹«, in: *Wall Street Journal*, 24. Juni 2021

68 Vgl. David Edward Johnson: »Protecting the Lost City Hydrothermal Vent System: All Is Not Lost, or Is It?«, in: *Marine Policy* 197, September 2019

69 Vgl. Casson: Deep Trouble, a. a. O.

70 Vgl. Cuyvers u. a.: Deep Seabed Mining, a. a. O., S. 44

11. BIS ZUM GRUND UND WEITER

1 Vgl. Alan J. Jamieson u. a.: »Hadal Biodiversity, Habitats and Potential Chemosynthesis in the Java Trench, Eastern Indian Ocean«, in: *Frontiers in Marine Science* 9, 8. März 2022

2 Vgl. Alan J. Jamieson und Michael Vecchione: »First in Situ Observation of Cephalopoda at Hadal Depths«, in: *Marine Biology* 167, 26. Mai 2020

3 Vgl. Josh Young: Expedition Deep Ocean: The First Descent to the Bottom of the World's Oceans, New York 2020, S. 204

4 Vgl. Cassie Bongiovanni, Heather A. Stewart und Alan J. Jamieson: »High-Resolution Multibeam Sonar Bathymetry of the Deepest Place in Each Ocean«, in: *Geoscience Data Journal* 9, Nr. 1, Juni 2022

5 Vgl. Young: Expedition Deep Ocean, a. a. O., S. 17

6 Vgl. Don Walsh: »Diving Deeper than Any Human Ever Dove«, in: *Scientific American*, 1. April 2014

7 Vgl. ebd.

8 Ebd.

9 Rose Pastore: »John Steinbeck's 1966 Plea to Create a NASA for the Oceans«, in: *Popular Science*, 20. Mai 2014

10 Vgl. Jyotika I. Vrimani: »Ocean vs Space: Exploration and the Quest to Inspire the Public«, in: *Marine Technology News*, 7. Juni 2017

11 Alex Macon: »When SpaceX Rockets Take Flight (or Blow Up), LabPadre Is Watching«, in: *TexasMonthly*, 15. Dezember 2020

12 Vgl. Chris Isidore: Elon Musk's US Tax Bill: $ 11 Billion. Tesla's: $ 0, CNN, 10. Februar 2022

13 Vgl. Kim McQuaid: »Selling the Space Age: NASA and Earth's Environment, 1958–1990«, in: *Environment and History* 12, Nr. 2, Mai 2006

14 Carl Sagan: »The Gift of Apollo«, in: *Parade*, 11. Januar 2014

15 Vgl. Maria Johansson u. a.: »Is Human Fear Affecting Public Willingness to Pay for the Management and Conservation of Large Carnivores?«, in: *Society & Natural Resources* 25, Nr. 6, Juni 2012

16 Friedrich Nietzsche: Jenseits von Gut und Böse, 4. Hauptstück, Sprüche und Zwischenspiele 146, München 1988

17 Henry D. Thoreau: Walden oder Leben in den Wäldern, Jena 1922

18 Vgl. Bongiovanni, Stewart und Jamieson: High-Resolution Multibeam Sonar Bathymetry, a. a. O.

19 William J. Broad: »So You Think You Dove the Deepest? James Cameron Doesn't«, in: *New York Times*, 16. September 2019

20 Unterdessen hat Russland angekündigt, sich nach 2024 aus der ISS zurückzuziehen – ein Hinweis darauf, dass die Zeit der Zusammenarbeit im Weltraum beendet ist und ein neuer Wettlauf bevorsteht.

21 Vgl. Young: Expedition Deep Ocean, a. a. O., S. 273

22 Vgl. Adam Millward: »Earth's Tallest Mountain, Mauna Kea, Ascended for the First Time«, in: Guiness World Records, 29. Dezember 2021

23 Vgl. Amanda Holpuch: »New Titanic Footage Heralds Next Stage in Deep-Sea Tourism«, in: *New York Times*, 4. September 2022

24 Vgl. Randi Mann: Why China Is Diving for Treasure in the Mariana Trench, Weather Network, 11. November 2020

25 Vgl. Michael Verdon: »Meet the Modern-Day Adventurer Who Explores Space and Sea«, in: *Robb Report*, 19. Mai 2022

NACHWORT

1 Stephen Hall: Mapping the Next Millenium, a. a. O., S. 385

2 Vgl. John Noble Wilford: The Mapmakers, a. a. O., S. 313 ff.

3 Vgl. Morgan E. Visalli u. a.: »Data-Driven Approach for Highlighting Priority Areas for Protection in Marine Areas Beyond National Jurisdiction«, in: *Marine Policy* 122, Dezember 2020

Die Originalausgabe erschien 2023 unter dem Titel
*The Deepest Map. The High-Stakes Race to Chart
the World's Oceans* bei Harper Wave, einem Imprint
von HarperCollins*Publishers* LLC, New York.

1. Auflage 2025

Pickhuben 2, 20457 Hamburg
Lektorat Lisa Fabian, Lektorat Papierflieger
Typografie Iris Farnschläder / mareverlag
Schrift Garamond Premier Pro
Druck und Bindung CPI books GmbH, Germany
ISBN 978-3-86648-763-5

FSC www.fsc.org MIX Papier | Fördert gute Waldnutzung FSC® C083411

www.mare.de

Kontaktadresse nach EU-Sicherheitsverordnung:
produktsicherheit@mare.de

»Facettenreiche, farbenfrohe Geschichten darüber, wie über die Arktis fantasiert, philosophiert und geforscht wurde. … Von allen neueren Titeln über den Norden ist dies mit Abstand der beste.« *Trouw*

Adwin de Kluyver begibt sich auf die Spuren abenteuerlustiger Entdecker und unverbesserlicher Träumer, die sich tatsächlich oder in Gedanken auf den Weg gen Pol machten und dabei angetrieben wurden von den seltsamsten Vorstellungen (über ein subtropisches Polarmeer, unerschöpfliche Goldvorräte und Eingänge ins Innere der Erde) sowie von höchst wichtigen Fragen – wie derjenigen, ob die Erde eher einer Mandarine oder einer Zitrone gleicht.

Adwin de Kluyver
DER GETRÄUMTE NORDEN
Arktische Geschichten von waghalsigen Forschern, fragwürdigen Philosophen und unverbesserlichen Fantasten
Aus dem Niederländischen von Bärbel Jänicke

320 Seiten mit zahlreichen Karten, gebunden mit Schutzumschlag und Lesebändchen
€ 28,– [D]
ISBN 978-3-86648-717-8